U0156099

普通高等教育计算机类系列教材

数字图像处理及行业应用

王俊祥　赵　怡　张天助　编著

机械工业出版社

本书主要介绍了数字图像处理的基本概念、基本原理、常见方法和应用案例，并且融入了近年来数字图像处理领域的重要进展。全书共 11 章，包括绪论、数字图像处理基础、图像增强、图像复原、彩色图像处理、图像压缩、图像形态学及其应用、图像分割、图像特征提取、图像识别、图像处理的综合应用实例分析。本书注重理论和实际应用相结合，在讲解理论的同时配以大量的行业应用案例。

本书可作为高等学校信息与通信工程、计算机科学与技术、软件工程、自动化、人工智能等专业本科高年级或研究生的教材，也可作为数字图像处理、计算机视觉、机器视觉、人工智能等领域工程技术人员的参考书。

图书在版编目（CIP）数据

数字图像处理及行业应用/王俊祥，赵怡，张天助编著. —北京：机械工业出版社，2022.8
普通高等教育计算机类系列教材
ISBN 978-7-111-71180-3

Ⅰ.①数⋯　Ⅱ.①王⋯②赵⋯③张⋯　Ⅲ.①数字图像处理-高等学校-教材　Ⅳ.①TN911.73

中国版本图书馆 CIP 数据核字（2022）第 123633 号

机械工业出版社（北京市百万庄大街 22 号　邮政编码 100037）
策划编辑：刘琴琴　　　　　　责任编辑：刘琴琴　张翠翠
责任校对：张晓蓉　王　延　封面设计：张　静
责任印制：常天培
北京铭成印刷有限公司印刷
2022 年 10 月第 1 版第 1 次印刷
184mm×260mm·19.5 印张·480 千字
标准书号：ISBN 978-7-111-71180-3
定价：68.00 元

电话服务　　　　　　　　　　网络服务
客服电话：010-88361066　　机 工 官 网：www.cmpbook.com
　　　　　010-88379833　　机 工 官 博：weibo.com/cmp1952
　　　　　010-68326294　　金 书 网：www.golden-book.com
封底无防伪标均为盗版　机工教育服务网：www.cmpedu.com

前言
PREFACE

图像是重要的信息载体之一，数字图像处理关注的是图像的处理。数字图像处理是利用计算机对图像进行加工、转换和分析等操作的技术。随着科技发展进入数字化、网络化、智能化的新时代，数字图像处理技术的适用范围越来越广泛。数字图像处理技术与如今热门的人工智能、机器学习、信息安全等有着密切的联系。

本书可作为高等学校信息与通信工程、计算机科学与技术、软件工程、自动化、人工智能等专业"数字图像处理"课程的推荐教材。首先，随着信息技术的发展，"数字图像处理"课程所涵盖的内容需要与新技术衔接；其次，教育部积极推进新工科建设，为培养高素质复合型"新工科"人才提出了新要求。本书就是为适应这两种新变化的需要而编写的。

本书是在编著者认真分析并研究了 2010 年以来出版和再版的若干国内外同类优质教材特点的基础上，结合多年的教学经验编写而成的。同时，本书结合地方院校特色，力求体现以下思路：

1. 知识模块化，方便后续应用。 将数字图像处理的知识模块化讲解，将其分为数字图像处理基础、图像增强、图像复原、图像压缩、图像分割、图像识别等模块，使读者对数字图像处理的内容有全局的认识。应用案例的介绍同样围绕着知识模块开展，有利于读者对数字图像处理技术各种知识模块的运用。

2. 弱化数学分析、公式推导过程，从物理意义切入讲解。 "数字图像处理"课程的新概念、新知识点较多，服务的对象是初学者，课程的内容体系与其他相关先修专业课程（如"信号与系统"和"数字信号处理"）之间有紧密的衔接和交融，有一定的公式量。但考虑到过多的数学分析、公式推导会分散读者的注意力，甚至掩盖物理意义，因此本书从物理意义方面切入讲解，更适合基础薄弱的初学者。在这方面，本书尽量做到：物理意义阐述详尽、公式简明、鲜有数学公式推导、易学易懂。总之，本书力求做到增加可读性，减少读者阅读和学习的困难。

3. 以应用为导向，突显课程实用性。 "数字图像处理"是一门不仅涉及专业理论而且与工程实践密切相关的课程，它与先修课程"信号与系统"和"数字信号处理"有差别。后者是讲述信号的分析方法和处理方法的理论课程，"数字图像处理"却是以理论为基础结合实际应用的课程。本书配合大量的案例，向应用更进一步。另外，本书配合行业发展特色应用案例进行讲授，有车牌识别案例、陶瓷碗口圆度检测案例、墙地砖外形检测案例等符合时代特色的教学案例，从而培养读者的学习兴趣，最终培养面向行业的应用型人才。

4. 体现课程教学知识的可扩展性。随着信息技术的发展，数字图像处理相关的各领域的新技术不断涌现。面对新工科对人才培养的要求，课程教学应该与科技发展同步。本书的第 10 章对图像识别技术进行了介绍，图像识别技术可以与最新的智能技术对接，如人工智能技术、智能制造技术，从而增加读者的学习兴趣，开拓读者的视野和思路，适应现代科技对人才的要求。

本书第 1 章和第 11 章由王俊祥编写，第 2~5、7、8 章由赵怡编写，第 6、9、10 章由张天助编写。全书由王俊祥统编定稿。此外，在本书编写过程中李娇做了大量辅助工作。

在本书的编写过程中，编著者从所列参考文献中吸取了宝贵的成果和资料，在此谨向各参考文献的著译者表示衷心的感谢。

编著者深知，数字图像处理技术的范围广，新知识多，我们对这一领域的学习和研究水平十分有限，书中不妥之处在所难免，希望读者给予批评和指正。

编著者

目 录
CONTENTS

第 1 章

绪　论

"图"是物体投射或反射光的分布，而"像"是人类视觉系统对图的接收并在大脑中形成的印象，图像是客观和主观的结合。人类离不开图像，俗话说"百闻不如一见"，说明画面比文字更加形象、生动。数字图像处理主要有两个应用领域：一是为使机器能够理解而做的图像信息存储、传输和显示；二是为人类便于分析而做的图像信息的各类操作。如图 1-1 所示，本章将从几个方面进行介绍，包括数字图像处理的基本概念、数字图像处理的内容和方法、数字图像处理系统的构成、数字图像处理的特色应用等。

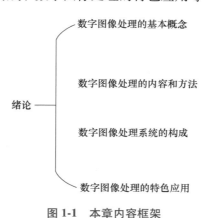

图 1-1　本章内容框架

1.1　数字图像处理的基本概念

1.1.1　图像的表示

当用数学方法描述图像信息时，通常着重考虑图像中点的性质，如一幅图像可以被看作是空间各个坐标点的结合。数学表达式为

$$I = f(x, y, z, \lambda, t) \tag{1-1}$$

式中，(x, y, z) 是空间坐标；λ 是波长；t 是时间；I 是强度（幅度）。该表达式可以代表一幅活动的、彩色的立体图像。

本书涉及的图像均为二维图像，一幅二维图像可以用一个二维的函数表示。早期的图像中，(x,y) 和 f 都是连续的（即模拟的），值可以是任意的实数。当 (x,y) 和 f 为离散数值时，则称图像为数字图像，是可以直接使用计算机进行处理的图像，本书第 2 章将介绍数字图像的矩阵表示方法。构成二维数字图像的基本单元称为像素（Pixel）。每个像素都有特定的位置（即 (x,y) 的值）以及幅值（即 f 的值）。

彩色图像有红、绿、蓝 3 个分量，第 5 章将介绍彩色图像的具体表示方法。而对于单色图像来说，只有强度（幅度）分量，也称为灰度。本书中大部分的研究对象是静止的单色图像。当研究的是静止图像时，公式与时间 t 无关；当研究的是单色图像时，与波长 λ 无关；对于平面二维图像，则与坐标 z 无关。因此，对于静止的、平面的、单色的图像，其数学表达式可简化为

$$I=f(x,y) \tag{1-2}$$

1.1.2　数字图像处理的目的

对数字图像进行处理和分析，利用 3 类典型的计算机处理来实现各种图像处理的目的，包括：

1）低级处理操作。低级处理操作的目的是改善图像质量，以达到真实的、清晰的或者其他一些特殊的视觉效果。输入和输出都为图像的低级处理操作有降低噪声的图像预处理操作、进行对比度增强的图像增强操作和图像的锐化操作。

2）中级处理操作。中级处理操作的目的是提取图像中包含的信息或者某些特征以便于计算机的分析和处理。中级处理操作的输入是图像，输出是输入图像中的特征，这些特征包括图像的边缘、不同物体的标识。

3）高级处理操作。对图像的分析和对图像中物体的总体理解是高级处理操作，高级处理操作执行与视觉相关的识别函数。输入是图像，输出是理解的信息，如图像中物体的属性、分类等。

1.2　数字图像处理的内容和方法

1.2.1　数字图像处理的内容

图 1-2 所示为数字图像处理的内容，有以下方面：

（1）图像数字化（获取）

图像数字化即图像采样和量化，是指把连续的图像信号变为离散的数字图像信号，以适应计算机的处理。

（2）图像增强

图像增强的目的是突出图像中所感兴趣的部分，如强化图像的高频分量，可使图像中的物体轮廓清晰，细节明显。

（3）图像复原

图像复原是指尽可能恢复图像的本来面貌。对图像整体而言，在复原处理时，需要寻求降质原因，以便通过图像降质的逆过程复原图像。

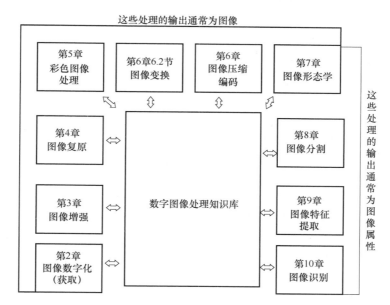

图 1-2 数字图像处理的内容

（4）彩色图像处理

彩色是一个强大的描绘子，彩色图像处理包括灰度图像到彩色图像的变换、彩色图像的彩色变换、补色和色调校正、彩色图像的分割等。彩色图像处理已经成为一个重要领域，彩色也是提取图像中感兴趣特征的基础。

（5）图像变换

图像变换是利用变换域的性质和特点，将图像转换到变换域中进行处理，并且大部分变换都有快速算法。

（6）图像压缩编码

图像编码指把数字化的图像数据按一定规则进行排列或运算的过程。图像压缩编码利用图像本身的内在特性，通过某种特殊的编码方式，达到减少原图像数据时空占用量的目的。

（7）图像形态学

图像形态学是一种特殊的数字图像处理方法和理论，以图像的形态特征为研究对象。它通过设计一整套变换（运算）、概念和算法来描述图像的基本特征。

（8）图像分割

图像分割指将图像中包含的物体按其灰度或几何特性分割，并进行处理分析，从中提取有效分量、数据等有用信息。图像分割是进一步进行图像处理如模式识别、机器视觉等技术的基础。

（9）图像特征提取

图像特征提取是图像分割和图像识别之前的步骤。图像分割和识别需要利用提取的特征。特征提取包含特征检测和特征描述。

（10）图像识别

图像识别主要是将从图像中提取的目标特征与特定目标固有的特征进行匹配，来识别不同的目标。图像理解输入的是图像，输出的是描述，这种描述是利用图像处理及模式识别等操作使得计算机去推演及理解图像表现出来的内容。图像识别属于模式识别的范畴，或者再深入一步说是人工智能的范畴。

本书主要内容正是涵盖以上数字图像处理的研究基础展开的。

1.2.2 数字图像处理的方法

数字图像处理的方法有空间域处理方法和变换域处理方法。后面章节的各类处理，都将根据这两类方法对图像进行处理分析。

（1）空间域处理方法

空间域是指由像素组成的空间，也就是图像域。空间域处理方法是直接作用于图像像素点的值并改变其特性的处理方法。空间域对应于信号处理中的时域。空间域处理方法如图 1-3 所示。$f(x,y)$表示输入的待处理的二维图像，$h(x,y)$表示空间域映射函数，$g(x,y)$表示输出的处理后的图像。

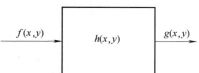

图 1-3　空间域处理方法

（2）变换域处理方法

变换域处理方法通过数学变换将图像数据由空间域转换到另一个数据域中，得到变换系数矩阵，然后对矩阵进行各种处理。一些图像处理操作在空间域难以实现，因此将空间域的图像数据转换到另外一个数据域去处理。某些情况下，数字图像的变换域更能突出图像中某些信息的特点，或更便于实现某种处理。图像变换的方法包括傅里叶变换（Fourier Transform，FT）、离散余弦变换（Discrete Cosine Transform，DCT）等。除上述提到的频域变换方法外，还有小波变换（Wavelet Transform，WT），该方法是多尺度分析工具，小波变换在时域和频域中都具有良好的局部特性。

变换域处理方法在减少计算量的同时，可以获得更有效的处理结果，例如，利用傅里叶变换在频域中对图像进行高通、低通、带通滤波处理等。变换域处理后的数据还需进行逆变换，转换回空间域，得到处理后的图像。变换域处理方法如图 1-4 所示。图 1-4 中，$f(x,y)$表示待处理图像，$F(u,v)$表示$f(x,y)$在变换域中转换后的结果，$H(u,v)$表示变换域的映射函数，$G(u,v)$表示$F(u,v)$经过变换域映射函数处理后的结果，$g(x,y)$表示用逆变换处理后变换回空间域的结果。

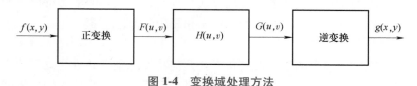

图 1-4　变换域处理方法

1.3　数字图像处理系统的构成

如今，图像处理系统朝着通用化、小型化的方向发展，小型机搭载专用图像处理硬件和软件。图 1-5 所示为数字图像处理系统的基本组件。

数字图像处理系统中的计算机是通用计算机，可以是个人计算机（PC）或者超级计算

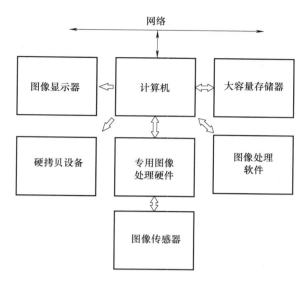

图 1-5　数字图像处理系统的基本组件

机。在数字图像处理系统中，良好配置的 PC 都适合完成图像处理任务。

专用图像处理硬件由数字化仪和执行其他原始操作的硬件组成。如算术逻辑单元，可对整个图像并行执行算术运算和逻辑运算。这种硬件称为前端子系统，它的显著特点是快。例如，在执行密集矩阵运算的图像处理系统中，需要一个甚至多个图形处理器（GPU）。

图像处理软件由执行特定任务的各个专用模块组成。设计优良的软件可为用户编写代码提供专用模块，如 MATLAB 图像处理工具箱、OpenCV 库。

数字图像处理系统必须提供大容量的存储器。对于 1024×1024 像素的未压缩图像，当每个像素灰度为 8 比特（bit）时，需要 1MB 的存储空间。

图像显示器主要是彩色平面监视器，由计算机系统中的部分图像和图形显示卡驱动。

用于记录图像的硬拷贝设备包括激光打印机、胶片相机、热敏设备、喷墨设备和数字单元（如 CD-ROM）。

1.4　数字图像处理的特色应用

现今，数字图像处理几乎渗透到了各个领域，表 1-1 所示的是数字图像处理的部分应用举例。本节提到的应用为某个领域的特色应用，作为后面章节内容的预告。第 11 章将会对数字图像处理在特色领域的应用做详细的介绍。

表 1-1　数字图像处理的部分应用举例

领　　域	应　用　内　容
物理化学	结晶分析、谱分析
生物医学	细胞分析、染色体分类、血球分类、X 光、CT
环境保护	水质及大气污染调查
地质	资源勘探、地图绘制

（续）

领　域	应　用　内　容
农林	植被分布调查、农作物估产
海洋	鱼群探察
水利	河流分布、水利及水害调查
气象	云图分析、灾害性检测等
通信	电视、可视电话图像通信
工业	工业探伤、计算机视觉、自动控制、机器人
法律公安	指纹识别、人像鉴定
交通	交通指挥、汽车识别
军事	侦察、成像融合、成像制导
宇航	星际照片处理
文化	多媒体、动画特技

（1）工业检测——圆形日用陶瓷的快速圆度检测

基于图像处理技术的圆形日用陶瓷圆度检测可代替人工陶瓷质量检测的机器视觉检测，可以检测生产线上的成品陶瓷碗的圆度是否符合质量标准，实例如图1-6所示。

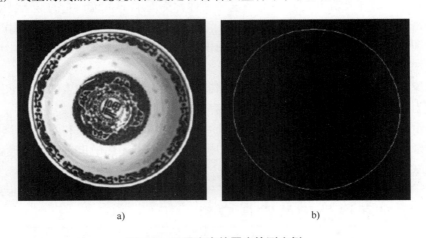

a)　　　　　　　　　　　　　　　　　b)

图1-6　日用陶瓷的圆度检测实例

a) 原陶瓷碗图像　b) 边缘检测后的陶瓷碗图像

其中涉及的数字图像处理技术包括：

1）图像的获取。通过相机获取线上陶瓷图像，涉及数字图像的获取方法、数字图像的表示方法，属于第2章的知识内容。

2）图像增强。为了提高陶瓷图像的对比度和层次感，需借助图像增强技术中的直方图均衡化等技术进行处理，为后续的缺陷检测提供便利，属于第3章的知识内容。

3）图像的去噪声。拍摄的陶瓷图像可能存在各种典型噪声（如高斯噪声、椒盐噪声）和运动模糊，需采用图像复原技术进行去噪处理，并借助运动模糊复原算法对图像进行复原，属于第4章的知识内容。

4）边缘检测。鉴于关注陶瓷外边界的圆度，不关注陶瓷内部的花纹信息，使用区域填充可将陶瓷外边界以内的区域填满，去除干扰，属于第 7 章的知识内容。利用边缘检测算子快速提取可能存在圆度缺陷的陶瓷外边界，属于第 8 章的知识内容。

（2）交通检测——车牌识别

车牌识别在检测报警、汽车出入登记、交通违法违章等方面的应用广泛。车牌识别也是数字图像处理的一个典型应用，实例如图 1-7 所示。

图 1-7　车牌识别实例

其中涉及的数字图像处理技术包括：

1）图像的获取。通过各种传感器（如摄像头等）获取车牌图像，这里涉及获取数字图像的方法，以及数字图像的表示方法，属于第 2 章的知识内容。

2）灰度化。将彩色图像转换为灰度图像，属于第 2 章的知识内容。

3）形态学运算。车牌定位中使用形态学运算进行腐蚀，属于第 7 章的知识内容。

4）边缘检测。利用边缘检测算子快速提取车牌边缘信息，属于第 8 章的知识内容。

5）图像分割。车牌中字符的分割，属于第 8 章的知识内容。

6）图像识别。对车牌中分割后的字符进行识别，属于第 10 章的知识内容。

1.5　本章小结

本章主要对数字图像以及数字图像处理的基本概念、数字图像处理的内容与方法、数字图像处理系统的构成进行概括性的介绍。另外还介绍了数字图像处理的应用领域和特色应用案例。由于篇幅所限，本章涉及的应用实例覆盖数字图像处理应用的小部分领域。后面的各章知识点及最后的特色案例分析中会提供更多的案例供读者学习，以便进一步理解数字图像处理技术的应用。

第 2 章

数字图像处理基础

2.1 数字图像处理基础概述

数字图像处理技术建立在数学表示的基础上。数字图像处理方法的选择在很大程度上取决于人眼的视觉。本章第 2.2 节对图像的视觉基础进行介绍，主要介绍人眼视觉系统、人眼视觉模型与人眼视觉特性；第 2.3 节介绍图像的数字化表示，包含图像的获取、图像数字化过程、数字图像表示方法；第 2.4 节介绍图像像素间的关系，包含图像像素邻域、图像像素邻接、像素间的距离；第 2.5 节介绍图像的算术运算，包括图像的加、减、乘、除运算。最后对本章内容进行小结。本章内容框架如图 2-1 所示。

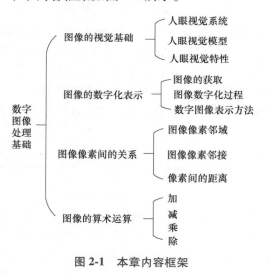

图 2-1 本章内容框架

2.2 图像的视觉基础

2.2.1 人眼视觉系统

图像在人类感知中扮演着重要角色。人类感知只限于电磁波谱的视觉波段，成像机器则

8

可以覆盖几乎全部电磁波谱。研究图像处理首先要了解人眼和机器各自的成像特点，才能全面地掌握图像处理技术。人眼的构造与相机类似，人眼剖面图如图 2-2 所示。

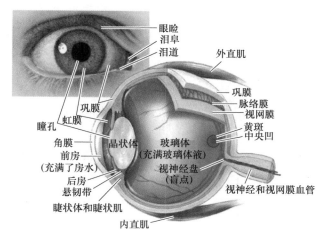

图 2-2　人眼剖面图

人眼的形状近似球形，眼球的平均直径大约为 23mm，眼球包括眼球壁、眼内腔和内容物、视神经等组织。

眼球壁主要分为外、中、内三层。眼球壁的最外层由角膜和巩膜组成。角膜是较硬而透明的组织，覆盖在眼球的前表面，占前表面 1/6 的面积；其余 5/6 的面积为白色的巩膜。眼球壁的中层包括虹膜、睫状体和脉络膜三部分。虹膜呈圆环形，位于晶体前，有辐射状皱褶，中央有 2.5~4mm 的圆孔，称为瞳孔。瞳孔是光线进入人眼的孔道，相当于照相机的光圈。人眼通过虹膜控制瞳孔的缩放，从而控制进入眼球内部的光通量。当处于光线较强的环境时，瞳孔会自动缩小，避免眼睛被灼伤；当光线变暗时，瞳孔会自动扩大，让更多的光线进入，保证人眼能看清物体。睫状体前接虹膜根部，后接脉络膜，外侧为巩膜，内侧通过悬韧带与晶体赤道部相连。脉络膜含有的丰富色素，有利于减少进入眼睛的外来光线干扰和眼睛内部散射光的数量，使整个眼球完全封闭，犹如照相机的暗室。眼球壁内层分布了两种光接收器：锥状细胞和杆状细胞。锥状细胞分布于视轴与视网膜焦点的黄斑区内，数量为 600 万~700 万个。一个锥状细胞和一个视神经末梢相连，有较高的分辨力，能够识别图像的细节。既能分辨光的强弱，又能分辨光的颜色，白天的视觉过程主要由它完成，称为白昼视觉或锥状视觉。杆状细胞分布于整个视网膜，数量为 7600 万~15000 万个。若干个杆状细胞同时连接在一根视神经上，只能感受多个杆状细胞的平均光刺激，灵敏度高，但分辨细节的能力差，只能感知物体的概貌。杆状细胞对低照度的物体敏感，对彩色不敏感，夜晚的视觉过程主要由杆状细胞完成，所以又称为夜视觉或杆状视觉，所以夜晚看到的景物只有黑白、浓淡之分，而看不清颜色的差别。

眼内腔和内容物包括房水、晶状体和玻璃体。三者均透明，与角膜一起共称为屈光介质。房水由睫状突产生，有维持眼压的作用。晶状体为富有弹性的透明体，形如双凸透镜。玻璃体为透明的胶质体，充满眼球后部 4/5 的空腔内，主要成分是水。玻璃体有屈光的作用，也有支撑视网膜的作用。

视神经是中枢神经系统的一部分。视网膜所得到的视觉信息，经视神经传到大脑。

人眼成像的过程如下：光线→角膜→前室水状液→瞳孔→晶状体→后室玻璃体→成像于视网膜的黄斑区→刺激光敏细胞→产生电脉冲→视神经纤维→视神经中枢→在大脑中形成景物的映像。

2.2.2 人眼视觉模型

视觉过程是一个信息处理的过程，能从图像中得到对人有用且不受无关信息干扰的描述。人眼类似于一个光学系统，由于神经系统的调节，视觉的产生过程比较复杂。根据人眼对刺激的感知和成像过程，常用的视觉模型如图 2-3 所示。

$$f(x,\ y) \rightarrow \boxed{低通滤波} \rightarrow \boxed{对数处理} \rightarrow \boxed{高通滤波} \rightarrow g(x,\ y)$$

图 2-3　常用的视觉模型

$f(x,y)$ 是输入的外部图像。第一阶段是低通滤波的过程，原因是在光线投射到视网膜的过程中，由于瞳孔的尺寸固定等原因会对人眼的分辨率造成影响，这种影响会限制人眼接收光辐射的上限频率，是一个低通滤波过程；第二阶段是对数处理的过程，原因是视觉细胞对亮度的感受是近似对数关系；第三阶段是高通滤波的过程，视觉中存在的"光亮的周边区域显得较暗"就相当于高通滤波器。

2.2.3 人眼视觉特性

由于人眼的构造和人的视觉模型特性，人的感知和实际的场景不完全相同，这些特性对设计、使用数字图像处理的算法以及图像处理的结构表达具有重要的意义。

1. 亮度适应和辨别

图 2-4 所示为光强度与主观亮度的关系曲线，包含两段曲线：昼视觉和夜视觉。横轴是光强度，范围为 0.001~0.1lm（流明，光通量的物理单位），用以 10 为底的对数转换到 -3~-1 之间，以便于曲线观测。纵轴是主观感觉的亮度，从纵轴可以得出人眼视觉系统能够适应的光强度级别范围很宽，从夜视阈到强闪光约有 10^{10} 个数量级。昼视觉曲线长，说明白天人眼能接收和感受的视觉亮度范围宽；夜视觉曲线短，说明夜晚人眼能接收和感受的视觉亮度范围窄。这两条曲线符合现实生活中人在白天和夜晚的感受。

另外，当光的强度达到一定程度时，人眼就会从较低的亮度适应级别调整到较高的亮度适应级别。在图 2-4 中，B_a 是视觉系统的当前灵敏度水平，称为亮度适应水平，低于 B_b 则感知为黑色。当光的强度突然下降到低于 B_b 所在的强度时，人眼会有短时间看不见的现象。此时人眼会调整到较低的亮度适应级别，即曲线的更低位置如 B_a'，这样又能看到物体。

韦伯比（Weber Ratio）用来表达人眼对亮度的辨别能力，表达为 $\Delta I_c/I$。其中，I 为客观的光强度；ΔI_c 为照射光强度的增量（是人眼能察觉到亮度变化的增量）。如图 2-5 所示，当光强度 I 增加时，$\Delta I_c/I$ 逐渐减小，说明此时人眼对亮度的分辨能力增强；当光强度 I 减小时，$\Delta I_c/I$ 逐渐增大，说明此时人眼对亮度的分辨能力减弱。图 2-5 中对 $\Delta I_c/I$ 和 I 进行对数运算（log）目的是将比较大的数据范围表示在横、纵坐标上。

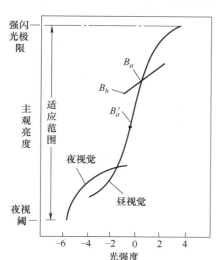

图 2-4　光强度与主观亮度的关系曲线

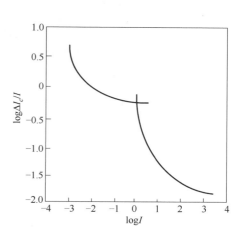

图 2-5　韦伯比与亮度关系的典型曲线

上面两个简单的函数并不能完全解释亮度辨别能力。下面用两个现象说明人眼对亮度的感知和客观光强度之间并不是简单的函数关系。

1）如图 2-6 所示，在每个恒定的条带边界上，人眼感知的亮度比恒定区域更暗和更亮，可以感觉到带有毛边的亮度模式。边界处出现"下冲"或"上冲"现象，称为马赫带效应。厄恩斯特·马赫于 1865 年首次描述了这一现象。

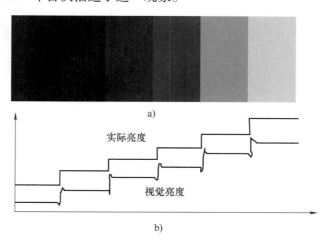

图 2-6　马赫带效应

a）亮度恒定的条带　b）实际亮度曲线和人眼感知亮度

2）如图 2-7 所示，所有中心方块都具有完全相同的强度，而人眼却感知第一个中心方块最亮，第三个中心方块最暗。感知亮度和方块外围的背景相关，在背景暗的情况下，方块显得亮；在背景亮的情况下，方块显得暗。这个现象称为同时对比现象。

2. 人眼感知的视觉错觉

措尔纳错觉（Zollner Illusion）如图 2-8a 所示，在一些互相平行的垂直线上放置不同歪

图 2-7 同时对比现象

斜程度的小横条或者小横线，人眼感知这些垂直线变得歪斜。

艾宾豪斯错觉（Ebbinghaus Illusion）如图 2-8b 所示，在一个白色背景的矩形框内，有一个小圆 A，外围被几个更小的与圆 S 相同大小的圆包围。另外，还有一个和 A 一样大的圆 B，外围被几个更大的与圆 D 相同大小的圆包围。人眼感知被小圆包围的 A 比大圆所包围的 B 大。

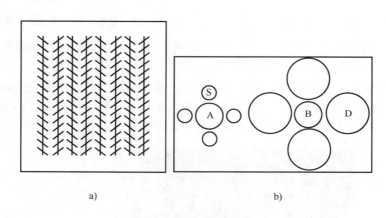

a)   b)

图 2-8 视错觉

a）措尔纳错觉 b）艾宾豪斯错觉

2.3 图像的数字化表示

2.3.1 图像的获取

图像都是由"照射"源和形成图像的"场景"元素对光能的反射或吸收相结合而产生的，需要借助各类传感器从感知的场景中获取图像。图 2-9 所示为将照射能量转换为数字图像的 3 种传感器。图 2-9a 所示为单个成像传感器，图 2-9b 所示为由单个成像传感器组成的线阵传感器，图 2-9c 所示为由单个成像传感器组成的面阵传感器。单个成像传感器需要通过 x、y 两个方向的运动才能获取一幅二维图像。线阵传感器需要在垂直线阵方向上运动才能获取一幅二维图像。面阵传感器不需要运动就能获取一幅二维图像。成像传感器将照射能量转换为电压，然后将传感器响应数字化，得到的数字量为数字图像。

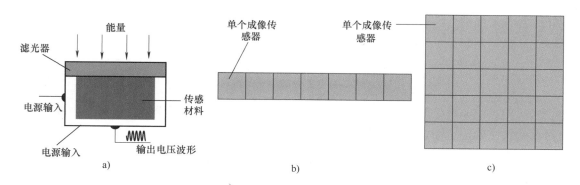

图 2-9　将照射能量转换为数字图像的传感器

a）单个成像传感器　b）线阵传感器　c）面阵传感器

图 2-10 所示为使用面阵传感器获取图像的过程。场景的反射（透射）来自照射源的能量，成像系统收集照射的能量，并将其聚焦到一个图像平面上。与聚焦平面重合的传感器阵列产生与传感器接收到的总光量成正比的输出。模拟电路扫描这些输出并把它们转换为模拟信号，然后由成像系统的其他部分进行数字化，输出的是一幅数字图像。第 2.3.2 节将介绍如何把图像转换为数字图像。

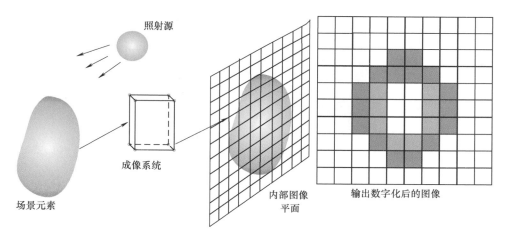

图 2-10　数字图像获取过程

2.3.2　图像数字化过程

为了产生一幅数字图像，需要把连续的感知图像数据转换为数字形式。数字图像处理的先决条件是将连续图像采样、量（离散）化，然后转换为数字图像。数字化的过程也被称为 A/D 转换，是将光电传感器产生的模拟量转换为数字量，以便计算机处理。图 2-11 所示为传感器采集的图像进行数字化的过程。

用二维函数表述图像从二维连续函数 $f(x,y)$ 到数字图像矩阵 $[f]_{m \times n}$ 的过程，模拟图像 $f(x,y)$ 必须在空间上和颜色深浅的幅度上都进行数字化。第一步，在不同位置上取出函数值作为样本（采样），空间坐标 (x,y) 的数字化被称为图像采样，它确定了图像的空间分辨率。

图 2-11 图像数字化的过程

第二步，用一组离散数值来表示这些样本点的值（量化），颜色深浅幅度的数字化被称为灰度级量化，它确定了图像的幅度分辨率。这两个步骤统称为图像的数字化。

1. 采样

采样是对图像在 x 方向和 y 方向的坐标进行离散化。在数字图像中，需要在空间的两个方向上都进行采样。对图像 $f(x,y)$ 沿 x 方向取 M 点，沿 y 方向取 N 点，便得到了矩阵 $[f_s(x,y)]_{m×n}$。图 2-12a 所示为从 A 点到 B 点的一条扫描线（虚线）。图 2-12b 所示为该扫描线的一维连续函数曲线，横坐标是连续的位置信息，纵坐标为连续的灰度信息。图 2-12c 所示为采样和量化过程，采样过程为将横轴的位置信息转换为离散点。图 2-12d 所示为离散的横坐标为采样结果。由于二维图像的采样是一维采样的推广，因此根据信号的采样定理，要从采样样本中精确地恢复原图像，图像采样的频率必须大于或等于原图像最高频率分量的两倍。采样点间隔大小的选取很重要，决定了采样后的图像能真实地反映原图像连续的程度。原图像中的画面越复杂，采样间隔就应越小。

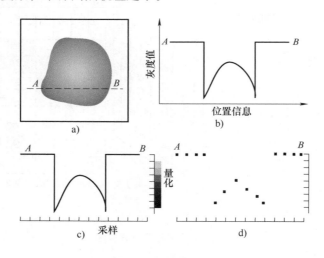

图 2-12 采样量化过程

a）A 到 B 的扫描线 b）扫描线的一维连续函数曲线 c）采样和量化过程 d）采样量化后结果

图像空间分辨率是图像中可辨别的最小细节，由采样点数决定。图像采样点数越多，图像的空间分辨率就越高，图像质量就越好。下面用一个实例来说明这个问题。

【例 2-1】 如图 2-13 所示，采样间隔逐渐变大对图像质量的影响。

分析：空间像素分辨率分别为 1024×1024 像素、256×256 像素、128×128 像素、56×56 像素。为了更好地比较各图在空间分辨率上所体现的区别，将图中的各图像尺寸统一放大为与 1024×1024 像素图像一样的尺寸。从图 2-13 可以明显地看到，图 2-13b 中的人物边缘已经呈现出较为明显的锯齿状，图 2-13c 中的这种现象更为明显，单独观看图 2-13d 时已经完

a)　　　　　　　　　　　　b)

c)　　　　　　　　　　　　d)

图 2-13　图像的采样变化实例

a）空间像素分辨率为 1024×1024 像素　b）空间像素分辨率为 256×256 像素

c）空间像素分辨率为 128×128 像素　d）空间像素分辨率为 56×56 像素

全不知图像显示的是什么。

综上所述，采样间隔越大，所得图像像素数越少，空间分辨率越低，图像质量越差，严重时会出现马赛克效应；反之，采样间隔越小，所得图像像素数越多，空间分辨率越高，图像质量越好，但数据量越大。

2. 量化

采样后获得的采样图像，虽然在空间分布上是离散的，但是各像素点的取值是连续变化的，还需要将这些连续变化的取值转换成有限个离散值，并给各值赋予不同的二进制码，从而使图像中各像素的取值也呈现离散化分布，这个过程就是量化。

在样本图像灰度值（强度信息）的取值范围内进行分层，然后用单个值来代表这一层内所有的值。如图 2-14 所示，在某个区间内的灰度值用一个代表值代替，如灰度值在 $[f_i, f_{i-1}]$ 区间的值被量化为 q_i。根据计算机内的整数存

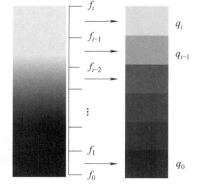

图 2-14　取值范围分层

15

放惯例，把样本值取值范围分成 $k=2^i$（一般 $i=1$，2，3，4，5…）个层次，即可将像素灰度值分成 2、4、8、16、32…个层次，即 2、4、8、16、32…个灰度级。图像能够表示的强度（幅度）总数，反映了量化的质量。

图像幅度分辨率是图像幅度（灰度值）可辨别的最小细节，由量化层次（即灰度级）决定。量化层次越多，则量化后的图像越接近原图。当采样点数一定时，灰度级数越多，图像的幅度分辨率就越高，图像所保存的信息也就越多。

【例 2-2】 如图 2-15 所示，量化等级逐渐变少对图像质量的影响。

图 2-15 图像的量化变化实例

a）原图像　b）64 个灰度级图像　c）32 个灰度级图像　d）16 个灰度级图像

分析：图 2-15a 是一幅 256 个灰度级的图像，图 2-15b、c、d 为保持图 2-15a 中空间分辨率不变的情况下而将图像量化级数逐次递减所得到的结果，图像的灰度级分别为 64、32、16。可以看到，图 2-15b 中图像上部分的天空已经出现了较为明显的虚假轮廓；图 2-15c 和图 2-15d 中图像的虚假轮廓现象更为明显，原图像中的很多细节信息都丢失了。量化等级越多，图像层次越丰富，灰度分辨率越高，图像质量越好，但数据量越大；量化等级越少，图像层次越简单，灰度分辨率越低，会出现假轮廓现象，图像质量越差，但数据量越小。

空间分辨率（采样点数）和幅度分辨率（量化等级数）都可影响图像的质量。当两者同时减小时，图像质量的退化比单独减小空间分辨率或幅度分辨率时更快。空间分辨率由采样决定，幅度分辨率由量化决定。采样值的选择是根据需要观察到的图像细节决定的，采样值通常与图像内容及具体应用密切相关，并不是固定的。量化级数的选择主要基于两个因素：一是与人类视觉系统的亮度分辨能力有关，让人眼不会察觉出间断的量化级数即可；二是与具体应用有关，满足具体应用所需要的分辨率即可。例如，将图像打印后观看，通常需要 32 个量化灰度级；将图像显示在计算机、手机或平板计算机屏幕上，需要 256 个量化灰度级；在医学图像处理的场景中，需要区分一些很细微的变化，需要采用 2^{12} 个或 2^{16} 个的量化灰度级。

2.3.3　数字图像表示方法

图像的数字表示可以使用矩阵表示法。对于单色灰度图像，在采样时，横向的像素数（行数）为 M，纵向的像素数（列数）为 N，图像总像素数为 $M \times N$，图像与矩阵表示的对应关系如图 2-16 所示。对于 $M \times N$ 像素的彩色图像，每个像素的信息由红、绿、蓝（RGB）三原色构成，RGB 是由 3 个不同通道的单色图像进行描述的，可用以下 3 个矩阵表示：

$$[\boldsymbol{F}_R]_{M \times N} \text{、} [\boldsymbol{F}_G]_{M \times N} \text{、} [\boldsymbol{F}_B]_{M \times N} \tag{2-1}$$

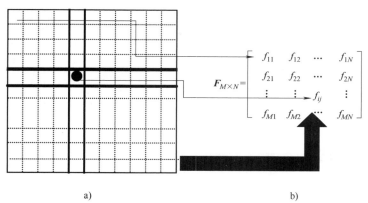

图 2-16　灰度图像的矩阵表示

a）单色图像　b）矩阵表示的单色图像的灰度矩阵

图像尺寸为 M、N，每个像素所具有的离散灰度级数为 G，这些量要求取 2 的整数幂，即 $M = 2^m$，$N = 2^n$，$G = 2^k$，m、n、$k = 2$，4，6…，则存储这幅图像所需的位数是 $b = M \times N \times k$。如果图像是正方形，即 $M = N$，则存储这幅图像所需的位数是 $b = N^2 \times k$。当一幅图像有 2^k 个灰度级时，实际上通常称该图像为 k 比特图像。例如，一幅图像有 256 个灰度级，则称为 8 比特（bit）图像。

2.4　图像像素间的关系

实际图像中的像素在空间上是按照一定规律排列的，相互之间有联系。对图像进行有效的处理和分析，就必须考虑图像像素之间的关系。

2.4.1 图像像素邻域

要讨论像素之间的关系，首先要讨论由每个像素相邻像素组成的邻域。如图 2-17a 所示，对一个坐标为(x,y)的像素 P，有 4 个水平和垂直的邻近像素，坐标分别是$(x,y+1)$、$(x+1,y)$、$(x,y-1)$、$(x-1,y)$，这些像素组成 P 的 4 邻域，记为 $N_4(p)$；4 邻域中，像素 P 到每个像素点的距离相同，都为一个单位距离。如果像素 P 位于图像的边缘，则 4 邻域中的一个或两个像素位于图像的外部。如图 2-17b 所示，像素 P 有 4 个对角的邻近像素，坐标分别是$(x+1,y+1)$、$(x+1,y-1)$、$(x-1,y-1)$、$(x-1,y+1)$，这些像素组成 P 的 D 邻域，记为 $N_D(p)$。如图 2-17c 所示，8 邻域定义为 $N_4(p)+N_D(p)$，如果像素 P 位于图像的边缘，则 8 邻域中的某几个像素位于图像的外部。

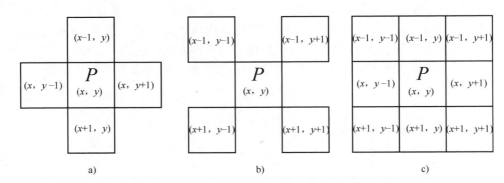

图 2-17　像素的邻域关系

a) P 的 4 邻域　b) P 的 D 邻域　c) P 的 8 邻域

2.4.2 图像像素邻接

可以使用邻接表示像素之间的关系，包括 3 种邻接关系：4 邻接、8 邻接和 m 邻接。对于两个像素 p 和 q 而言，如果 q 在集合 $N_4(p)$ 中，则称这两个像素是 4 邻接的，如图 2-18a 所示，白色表示邻接的灰度值集合。对于两个像素 p 和 q 而言，如果 q 在集合 $N_8(p)$ 中，则称这两个像素是 8 邻接的，如图 2-18b 所示。

如果满足下面的两个条件之一，则 p 与 q 是 m 邻接关系：条件（1），q 在 $N_4(p)$ 中；条件（2），q 在 $N_D(p)$ 中，且 $N_4(p) \cap N_4(q)$ 为空，此处的交集为空表示交集的元素不在邻接的灰度值集合中。定义 m 邻接的目的是消除 8 邻接的歧义性，当像素间同时存在 4 邻接和 8 邻接时，优先采用 4 邻接，屏蔽两个像素之间同时存在 4 邻接和 8 邻接的情况。

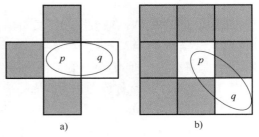

图 2-18　像素 p 与 q 的 4 邻接与 8 邻接关系

a) p 与 q 是 4 邻接　b) p 与 q 是 8 邻接

【例 2-3】　如图 2-19 所示，举例说明像素之间的 m 邻接关系。图 2-19 中，白色区域为邻接的灰度值集合。

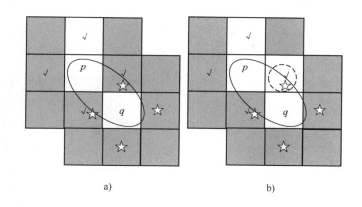

图 2-19　*m* 邻接举例

a) *p* 与 *q* 是 *m* 邻接关系　b) *p* 与 *q* 不是 *m* 邻接关系

分析：如图 2-19 所示，白色区域为邻接像素灰度值集合，图 2-19a 为 *m* 邻接，可以看出 *p* 和 *q* 满足条件（2），*q* 在 *p* 的 *D* 邻域中，且 *p* 的 4 邻域（用"√"标记）和 *q* 的 4 邻域交集（用"☆"标记）为空，交集的元素为灰色，不在邻接灰度值集合中。图 2-19b 不是 *m* 邻接，不满足条件（2），虽然 *q* 在 *p* 的 *D* 邻域中，但是 *p* 的 4 邻域（用"√"标记）和 *q* 的 4 邻域（用"☆"标记）的交集不为空，有一个在邻接灰度值集合中，用虚线圈出。

从坐标为 (s,t) 的像素 *p* 到坐标为 (m,n) 的像素 *q* 的一条数字通路由坐标为 (x_0,y_0)，(x_1, y_1)，$\cdots$，(x_n,y_n) 的像素序列组成。这里 $(x_0,y_0)=(s,t)$，$(x_n,y_n)=(m,n)$，且 (x_{i-1},y_{i-1}) 与 (x_i,y_i) 是邻接的，其中 $1\leqslant i\leqslant n$，则这一系列像素构成像素 *p* 和 *q* 之间的通路，*n* 为通路长度。如果 $(x_0,y_0)=(x_n,y_n)$，则该通路是闭合通路。

2.4.3　像素间的距离

对应像素 *p*、*q*、*s* 的坐标分别为 (x,y)、(u,v) 和 (w,z)，如果有：

1）$D(p,q)\geqslant0$（当且仅当 $p=q$，$D(p,q)=0$）；

2）$D(p,q)=D(q,p)$；

3）$D(p,s)\leqslant D(p,q)+D(q,s)$。

则 *D* 是一个距离函数或者度量。这种距离函数有几种形式，包括欧式距离（欧几里得距离）、D_4 距离（城市距离）、D_8 距离（棋盘距离）。

像素 $p(x,y)$ 和 $q(u,v)$ 的欧式距离定义为

$$D(p,q)=\sqrt{(x-u)^2+(y-v)^2} \tag{2-2}$$

对于欧式距离，到点 (x,y) 的距离小于或等于某个值 *r* 的像素，是以 (x,y) 为圆心、以 *r* 为半径的圆平面。

像素 $p(x,y)$ 和 $q(u,v)$ 的 D_4 距离（城市距离）定义为

$$D_4(p,q)=|x-u|+|y-v| \tag{2-3}$$

到点 (x,y) 的距离小于或等于某个值 *r* 的像素形成一个菱形，例如，与 $p(x,y)$（中心点）D_4 距离小于或等于 2 的像素形成图 2-20 所示的图形，$D_4=1$ 的像素构成 (x,y) 的 4 邻域。

像素 $p(x,y)$ 和 $q(u,v)$ 的 D_8 距离（棋盘距离）定义为

$$D_8(p,q) = \max(|x-u|, |y-v|) \tag{2-4}$$

到点(x,y)的距离小于或等于某个值r的像素形成一个方形，例如，与$p(x,y)$（中心点）D_8距离小于或等于2的像素形成图2-21所示的图形，$D_8=1$的像素构成(x,y)的8邻域。

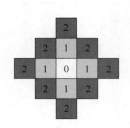

图 2-20　D_4 距离小于或等于 2 的
像素形成的图形

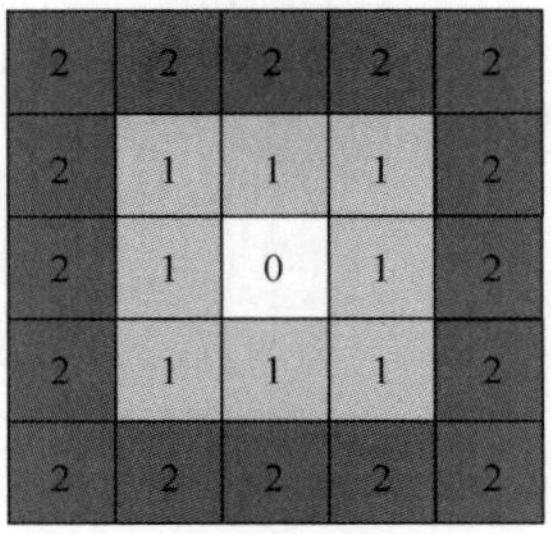

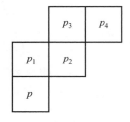

图 2-21　D_8 距离小于或等于 2 的
像素形成的图形

注意：p和q之间的D_4和D_8距离与存在于这些点之间的通路无关，这些距离只涉及点的坐标。在m邻接的情况下，像素$p(x,y)$和$q(u,v)$之间的D_m距离定义为这两点之间的最短通路，这时，两个像素之间的距离取决于沿该通路分布的像素值及相邻像素值。如图2-22所示，p、p_2、p_4的值为1，p_1和p_3的值为0或者1，求p与p_4的D_m距离。

这里假设考虑值为1的像素是邻接关系。第1种情况，若p_1和p_3的值是0，则p和p_4之间的最短m通路（D_m距离）的长度是2。第2种情况，若p_1的值是1，则p_2和p将不再是m邻接的，并且最短m通路的长度变为3（通路经过点p、p_1、p_2、p_4）；类似的说明适合p_3的值是1（且p_1的值是0）的情况，此时最短m通路的长度也为3。第3种情况，若p_1和p_3的值都是1，则p和p_4之间的最短m通路（D_m距离）的长度是4，此时通路经过点p、p_1、p_2、p_3、p_4。

图 2-22　D_m 距离示例

2.5　图像的算术运算

两幅图像$\boldsymbol{f}(x,y)$和$\boldsymbol{g}(x,y)$之间的算术运算可以表示为

$$\boldsymbol{s}(x,y) = \boldsymbol{f}(x,y) + \boldsymbol{g}(x,y) \tag{2-5}$$

$$\boldsymbol{d}(x,y) = \boldsymbol{f}(x,y) - \boldsymbol{g}(x,y) \tag{2-6}$$

$$\boldsymbol{p}(x,y) = \boldsymbol{f}(x,y) \times \boldsymbol{g}(x,y) \tag{2-7}$$

$$\boldsymbol{v}(x,y) = \boldsymbol{f}(x,y) \div \boldsymbol{g}(x,y) \tag{2-8}$$

式中，$\boldsymbol{f}(x,y)$和$\boldsymbol{g}(x,y)$为两幅数字图像对应的矩阵，其中$x=0$，1，2，$\cdots$，$M-1$；$y=0$，1，2，$\cdots$，$N-1$。M和N分别是图像的行和列。因此，运算的结果$\boldsymbol{s}(x,y)$、$\boldsymbol{d}(x,y)$、$\boldsymbol{p}(x,y)$、$\boldsymbol{v}(x,y)$是大小为$M \times N$的图像。注意，此处的运算都是在$\boldsymbol{f}$和$\boldsymbol{g}$的对应元素之间进行的，如图像矩阵的乘积是对应元素的乘积，与在"线性代数"中所学的矩阵乘法不同。除非另有声明，本书所提到的图像算术运算都是对应元素之间的运算。

【例 2-4】　如图 2-23 所示，通过图像相加后求平均去除加性噪声。

a)　　　　　　　　　　　　b)　　　　　　　　　　　　c)

图 2-23　图像相加后求平均去除加性噪声

a）被加性噪声污染的图像　b）10 幅图像相加后求平均　c）100 幅图像相加后求平均

分析： 无噪声图像 $f(x,y)$ 被加性噪声 $\eta(x,y)$ 污染后的图像为 $g(x,y)$。这里假设噪声和图像不相关，且均值为 0，则有噪声的图像为 $g(x,y)=f(x,y)+\eta(x,y)$。$\overline{g}(x,y)$ 为对 K 幅带有加性噪声的图像求平均的结果，即

$$\overline{g}(x,y)=\frac{1}{K}\sum_{i=1}^{K}g_i(x,y) \tag{2-9}$$

由于噪声均值为 0，则满足

$$E\left\{\overline{g}(x,y)\right\}=f(x,y) \tag{2-10}$$

图像的标准差（方差的均方根）为

$$\sigma_{\overline{g}(x,y)}=\frac{1}{\sqrt{K}}\sigma_{\eta(x,y)} \tag{2-11}$$

式（2-10）和式（2-11）表明，随着 K 增大，相加后求平均的像素值变化性将减小，$\overline{g}(x,y)$ 将逼近 $f(x,y)$。图 2-23b 中，对 10 幅图像相加后求平均的视觉效果得到明显改善；图 2-23c 中，对 100 幅图像相加后求平均，图像噪声的方差只有原图像噪声方差的 0.1 倍。

【例 2-5】 如图 2-24 所示，使用图像相减比较两幅图像。

a)　　　　　　　　b)　　　　　　　　c)

图 2-24　图像相减比较图像

a）一幅图像　b）另一幅图像　c）两幅图像之差

分析： 两幅图像相减可比较图像间的差别，用图 2-24a 减去图 2-24b，结果如图 2-24c 所示。在差值图像中，黑色（值为 0）处说明两幅图像相应位置的像素无差别。

【例 2-6】 如图 2-25 所示，使用图像相乘提取感兴趣的区域。

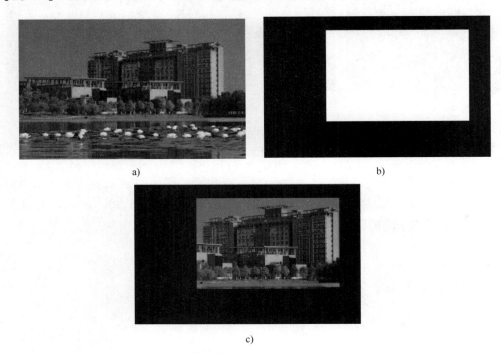

a)　　　　　　　　　　　　　　　　　　　b)

c)

图 2-25　使用图像相乘提取感兴趣的区域

a）原图像　b）感兴趣区域模板图像　c）两幅图像相乘后的结果

分析： 对图像中的一部分内容感兴趣，需要将其提取出来。将原图像与给定模板图像相乘，可以得到只包含感兴趣区域的图像。模板图像在感兴趣的区域值为 1（白色），在其他区域的值为 0（黑色）。这样两幅图像相乘，可以得到感兴趣的区域不变、其他区域为黑色的一幅图像，如图 2-25c 所示。

2.6　本章小结

本章首先从图像的视觉基础开始介绍，重点对人眼获取图像的特点进行介绍。然后介绍图像获取及数字化的全过程，图像数字化包括采样和量化，这两个步骤都会影响图像的质量，采样影响图像的空间分辨率，量化影响图像的幅度分辨率。接着介绍图像的数字表示方法，单色图像中的每个像素点都可用矩阵中的一个元素表示，彩色图像（如 RGB 图像）有 3 个通道，每个通道的图像都用一个矩阵表示，需要用 3 个矩阵表示。之后从像素邻域、像素邻接、像素距离等方面介绍像素间的关系。最后介绍了图像的算术运算，包括加、减、乘、除，这里的图像算术运算为图像矩阵的对应位置像素的算术运算，与"线性代数"中的矩阵运算不相同。

第 **3** 章

图 像 增 强

3.1 图像增强概述

图像增强是数字图像处理的基本内容之一。图像增强通过有选择地突出图像中感兴趣的信息，抑制无用信息，以提高图像的视觉效果。其目的是对图像进行加工，以得到对具体应用来说更"有用"的图像。图像增强方法的选择具有针对性，增强结果以人的主观感受为准，因此图像增强的方法与图像中感兴趣信息的特征、观察者的习惯和处理目的等因素相关联。目前，在图像增强的效果方面还无统一的标准，主要是由于在图像外观上还无明确的数学度量。一般情况下，为了得到满意的增强效果，会挑选几种合适的增强方法进行试验，从中选出视觉效果比较好、计算量相对较小、能满足增强要求的方法。如图 3-1 所示，突出边界后，细节信息被突出了。

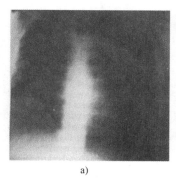 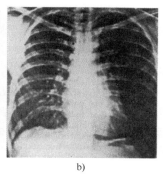

a)   b)

图3-1 图像增强示例——突出边界

a）边界模糊不清的胸部图像 b）增强后突出边界的胸部图像

常用的图像增强技术有图像灰度变换、直方图修正、图像平滑、图像锐化等。这些技术可以单独使用，也可以联合应用。本章内容框架如图 3-2 所示。根据作用域不同，可将图像增强技术分为空间域和频率域两方面。空间域图像增强是针对像素直接进行处理的，包含灰度变换法和空间域的滤波技术，灰度变换法又分为直接灰度变换法和直方图修正法；频率域图像增强是将图像进行一定的变换（包括离散傅里叶变换、离散余弦变换、离散小波变换等），到变换域之后，通过改变图像的不同频率分量来实现的。

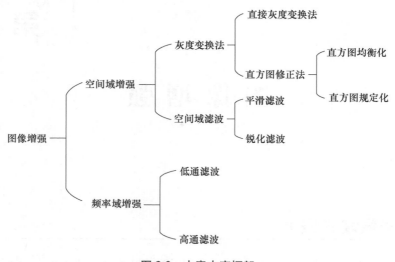

图 3-2　本章内容框架

3.2 空间域的图像增强——直接灰度变换法

直接灰度变换可以使图像的对比度增加、图像清晰、特征明显。在空间域进行的灰度变换是一种典型的像素点的运算。它将输入图像中每个像素的灰度值 $f(x,y)$，通过函数 $T(\cdot)$ 变换成输出图像中对应像素的灰度值 $g(x,y)$，即 $g(x,y)=T(f(x,y))$。根据变换函数的性质不同，灰度变换法可分为线性变换、非线性变换。

3.2.1　图像线性变换

1. 图像反转

图像的灰度级范围为 $[0,L-1]$ 时，图像的反转可表示为

$$g(x,y)=L-1-f(x,y) \tag{3-1}$$

式中，$g(x,y)$ 为输出图像任意点的灰度级，$f(x,y)$ 为输入图像任意点的灰度级。采用这种反转方式，会得到类似于照片底片的效果。

【例 3-1】　图像反转实例，如图 3-3 所示。

分析：图像经过反转操作后，原来的黑色变成了白色，而白色变成了黑色。这种处理适用于在图像暗色区域中凸显白色或灰色的细节。特别是当黑色在整个图像中占主要面积时，由于人眼视觉系统的特点，黑色背景下不容易发现白色或灰色的图像细节。图像反转可以进行背景的反转（黑变白），从而帮助人们观察图像的细节信息，实现图像增强。

2. 图像灰度线性变换

图像在成像过程中，往往由于光照、光学系统等的不均匀性而引起图像某些部分较暗或较亮，或者是图像的灰度层次不分明而导致细节难以辨别（即此时图像的灰度值集中在一个很小的范围内）。此时，对图像的每一个像素灰度进行线性拉伸，增大图像像素灰度的动态范围，增大亮暗对比，可有效地改善图像视觉效果。设原图像 $f(x,y)$ 的灰度取值为 $[A,B]$，线性变

 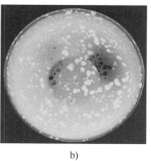

a)　　　　　　　　　　　　　　　b)

图 3-3　图像反转实例

a）黑色陶瓷制品图像　b）进行图像反转后的图像

换后的图像 $g(x,y)$ 的灰度取值为 $[C,D]$，则灰度线性变换为

$$g(x,y)=k(f(x,y)-A)+C \tag{3-2}$$

式中，k 为线性变换函数（直线）的斜率。根据原图像及变换后图像灰度值取值范围的变化，灰度线性变换有如下几种情况。

　　如图 3-4a 所示，若斜率大于 1，即 $k>1$，那么线性变换后的结果会使图像灰度取值的动态范围扩展，从而改善原图像曝光不足的缺陷。图 3-4a 中，输入图像 $f(x,y)$ 的动态范围 $[A,B]$ 较小，通过线性拉伸后，输出图像 $g(x,y)$ 的动态范围 $[C,D]$ 相比于 $[A,B]$ 变大，最大灰度和最小灰度的相差值变得更大，提高了图像的对比度。当图像曝光不充分时可以采用图 3-4a 中斜率（$k>1$）的线性拉伸，使曝光不充分（对比度低）的图像（假设图像有 256 个灰度级）中，黑色区域（灰度值小的区域，0 值附近）和白色区域（灰度值大的区域，255 值附近）的差值更大，从而提高了图像灰度的对比度。

　　如图 3-4b 所示，若斜率等于 1，即 $k=1$，那么线性变换后的结果会使图像灰度动态范围不变，但灰度取值区间会随 A 和 C 的大小而平移。图 3-4b 中，斜率 $k=1$ 时，输入图像灰度动态范围 $[A,B]$ 和输出图像动态范围 $[C,D]$ 的大小一样，但是从 $f(x,y)$ 到 $g(x,y)$ 的灰度取值区间会随 C 和 D 的大小而平移。

　　如图 3-4c 所示，若斜率在 0~1 之间，即 $0<k<1$，那么线性变换后的结果会使图像灰度取值的动态范围变窄。图 3-4c 中，原本输入灰度值动态范围是 $[A,B]$，范围较大，变换后的动态范围是 $[C,D]$，范围相比于 $[A,B]$ 较小。

　　如图 3-4d 所示，若斜率小于 0，即 $k<0$，则线性变换后的结果会使图像灰度值反转，即原图像亮的区域变成暗的区域，原图像暗的区域变成亮的区域。图 3-4d 中，输入图像 $f(x,y)$ 的最小灰度值 A 变换成输出图像 $g(x,y)$ 的最大灰度值 C，而输入图像 $f(x,y)$ 的最大灰度值 B 变换成输出图像 $g(x,y)$ 的最小灰度值 D。$k=-1$ 时，输出图像 $g(x,y)$ 为输入图像 $f(x,y)$ 的反转。

　　下面介绍一下对比度的概念，对比度是指一幅图像中灰度值的反差大小，可以描述为最大灰度和最小灰度的比值。比值越大，对比度越大；比值越小，对比度越小。

　　【例 3-2】　如图 3-5 所示，对图像进行线性拉伸，扩大图像的灰度线性范围。

　　分析： 从图 3-5a 到 c，利用图 3-4a 函数进行线性拉伸，图像的灰度线性范围从 $[0,50]$ 逐渐拉伸到 $[0,255]$。此时发现，图像经过线性拉伸，随着灰度动态范围的增大，图像的层

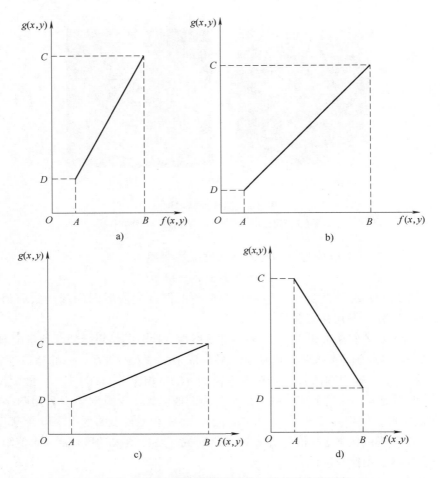

图 3-4　斜率 k 取值范围不同的灰度线性变换函数

a）$k>1$ 的线性变换函数　　b）$k=1$ 的线性变换函数

c）$0<k<1$ 的线性变换函数　　d）$k<0$ 的线性变换函数

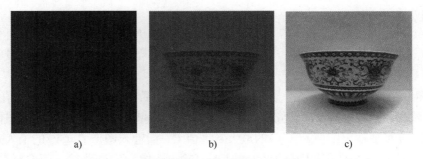

图 3-5　线性拉伸后线性范围逐渐增大后的图像

a）原图像的灰度范围为 $[0,50]$　　b）线性拉伸后的图像灰度范围为 $[0,120]$

c）线性拉伸后的图像灰度范围为 $[0,255]$

次感越来越强，图像的细节变得越来越清晰，图像的视觉效果得到改善。

　　但实际上，这种线性变换会失去一部分图像信息；通过图 3-6 可发现，小于 A 区域的值都映射为同一个值 D，大于 B 区域的值都映射为同一个值 C，而不是映射为不同的灰度值，因此，小于 A 和大于 B 的范围的灰度区间在拉伸后的图像中无层次感，此区间的图像信息就丢失了。

为了不失去信息，可用部分压缩、部分扩展的分段线性变换映射图 3-6 中灰度值小于 A 和大于 B 区域中的灰度信息。如图 3-7 所示，两个用实线圈出来的部分为线性压缩，而中间用虚线圈出来的部分为线性扩展。小于 A 和大于 B 的部分被压缩了，而不是丢失了，表达式可以写为

$$g(x,y)=\begin{cases} k_1 f(x,y)+b_1, & 0 \leq f(x,y) < A \\ k_2 f(x,y)+b_2, & A \leq f(x,y) < B \\ k_3 f(x,y)+b_3, & B \leq f(x,y) < E \end{cases} \tag{3-3}$$

式中，$0<k_1<1$，$k_2>1$，$0<k_3<1$。

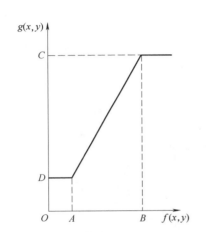

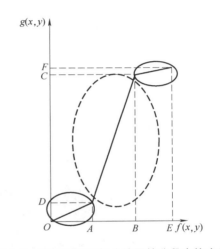

图 3-6 线性拉伸后丢失部分图像信息　　　图 3-7 部分压缩和部分扩展的分段变换方法

【例 3-3】 采用灰度分段线性变换进行图像增强，如图 3-8 所示。

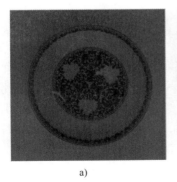
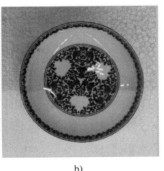

a)　　　　　　　　　　　　　　　b)

图 3-8 图像灰度分段线性变换

a）原始图像　b）经过分段线性变换后的图像

分析：图 3-8a 为像素动态范围较窄、对比度较低的原图像；图 3-8b 为进行分段线性变换后的图像。原图像的动态范围为 $[0,150]$，经过图 3-7 所示的分段线性拉伸之后，结果为

图 3-8b，动态范围为 $[0,255]$，图像的所有灰度信息都没有丢失，且图像的对比度提高，视觉效果变得更好。

3.2.2 图像非线性变换

1. 对数变换

对数变换常用来扩展低灰度值区域，压缩高灰度值区域，这样可以使低灰度值区域的图像细节更容易看清楚。如图 3-9 所示，从函数曲线可以看出，在灰度值较低的区域，如 $[0,A]$ 的灰度区域，灰度值通过变换后变为 $[0,C]$，是被扩展的；在灰度值较高的区域，如 $[B,E]$ 的灰度区域，灰度值通过变换变为 $[D,F]$，是被压缩的。对数变换的表达式为

$$g(x,y)=c\log(f(x,y)+1) \tag{3-4}$$

式中，c 为常数，且假设 $f(x,y) \geqslant 0$。

图 3-9 对数变换函数

【**例 3-4**】 如图 3-10 所示，对图像进行对数变换，达到图像增强的目的。

a)   b)

图 3-10 图像对数变换

a）原图像 b）对数变换后的图像

分析：图 3-10a 所示的原图像对比度低，细节不清楚。经过对数变换得到图 3-10b，图像视觉效果得到提高。图 3-10a 的灰度范围为 $[0,50]$，在图 3-9 中属于灰度值范围偏低的区域，通过图 3-9 中的对数变换，可以使输入图像低值灰度（图 3-9 中的 $[0,A]$ 区域）的值扩展，从而提高图像对比度，使得图像层次分明，细节更容易看清楚，图像视觉效果得到有效提高。

2. 幂律变换

幂律变换的形式如下：

$$g(x,y)=c(f(x,y))^{\gamma} \tag{3-5}$$

式中，c、γ 是正常数；$f(x,y)$ 为输入图像灰度；$g(x,y)$ 为输出图像灰度。

式（3-5）中的 γ 可能出现下面几种情况：

1）$\gamma<1$，将图像灰度向高亮度（高灰度值）部分映射，这时整幅图像看起来比输入图

像更亮，此时幂律变换的作用和对数变换的作用类似。

2）$\gamma = 1$，相当于正比变换，此时为线性变换。

3）$\gamma > 1$，向低亮度（低灰度值）部分映射，这时整幅图像比输入图像更暗，此时幂律变换的作用和指数变换的作用类似。

【例 3-5】　如图 3-11 所示，对图像进行幂律变换。

图 3-11　幂律变换处理实例

a）原图像　b）幂律变换 $\gamma = 0.3$ 后的图像　c）幂律变换 $\gamma = 1.2$ 后的图像

分析： 幂律变换函数如图 3-12 所示。图 3-11a 所示的原图像对比度低，且整幅图像偏暗。图 3-11b 中，幂律变换 $\gamma = 0.3$，图像灰度值向高值区域映射，原本碗外表面灰度值较低的区域，通过映射之后灰度值变高，碗表面细节很好地被显示，实现图像向高亮度部分映射的功能。变换可以使低灰度值的图像细节更容易看清楚，图像的视觉效果得到有效提高。图 3-11c 中，幂律变换 $\gamma = 1.2$，图像灰度值向低值区域映射，原本碗外表面灰度值较低的区域，通过映射之后灰度值变得更低，实现图像向低亮度部分映射的功能。

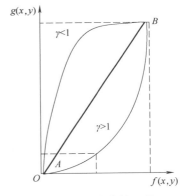

图 3-12　幂律变换函数

3.3　空间域的图像增强——直方图修正法

直方图是重要的图像分析工具，可用于图像增强、图像分割等处理中。图像灰度直方图描述了一幅图像的灰度级内容，是对图像中灰度级分布的统计函数，其中包含了丰富的信息。直方图可以直观地表示图像中具有某种灰度级像素的数目，也可以反映图像中某种灰度出现的频率。通常而言，不同的灰度分布对应不同的图像质量。因此，直方图能够反映图像的概貌、质量（如清晰程度）。通常情况下，当灰度直方图呈现均匀分布状态时，图像最清晰。因为当灰度均匀分布时，说明图像中像素点的灰度值取值丰富。灰度值取值丰富使得图像层次分明，更加清晰。因此，灰度直方图也可以作为图像增强处理时的重要依据，通过调整图像的灰度分布情况来达到使图像清晰的目的。基于直方图的图像增强技术是以概率统计理论为基础的，常用的方法包括直方图均衡化和直方图规定化，如图 3-13 所示。

图 3-13　直方图修正的分类

3.3.1 直方图的概念

可将灰度直方图定义为图像中具有各个灰度级的像素个数的统计，可以表示为

$$h(r_k) = n_k, k = 0,1,2,\cdots,L-1 \qquad (3-6)$$

式中，n_k 是图像 f 中灰度为 r_k 的像素的数量；L 为整幅图像的灰度级数。

如果用归一化形式表示，则 $p(r_k)$ 为这幅图像中灰度级为 r_k 的频率统计（概率分布），可以表示为

$$p(r_k) = \frac{h(r_k)}{MN} = \frac{n_k}{MN} \qquad (3-7)$$

式中，M、N 为图像的行数和列数，对于一幅图像的所有灰度 k 来说，$p(r_k) = \sum_{0}^{L-1} p(r_k) = 1$。

【例3-6】 大米的灰度图像及其直方图如图 3-14 所示。

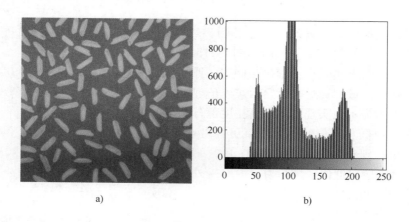

a)　　　　　　　　　　　　　　　b)

图 3-14　图像及其直方图

a）大米的灰度图像　b）原图像的直方图

分析：图 3-14b 中，横坐标表示图 3-14a 图像的所有灰度级，纵坐标表示图像中具有该灰度级的像素个数。直方图体现的是原图像中每个灰度值上像素点的个数，因此灰度直方图体现了图像的像素在灰度值上的特性。

【例3-7】 图 3-15 所示为不同的视觉效果图及其直方图，图 3-15a、c、e、g 为陶瓷图像，图 3-15b、d、f、h 为对应图像的直方图。

分析：图 3-15a 所示的图像较暗，从图 3-15b 所示的直方图中可看出，像素的灰度值集中在范围为 $[0,50]$ 的偏低区域。图 3-15c 所示的图像较亮，从图 3-15d 所示的直方图中可看出，像素的灰度值集中在范围为 $[150,255]$ 的偏高区域。图 3-15e 所示的图像对比度不明显，导致图像模糊不清，从图 3-15f 所示的直方图中可看出，像素的灰度值过于集中，灰度值集中在范围为 $[50,150]$ 的区域。图 3-15g 所示的图像视觉效果较好，从图 3-15h 所示的直方图中可看出，像素分布在 $[0,255]$ 的整个灰度值范围内。

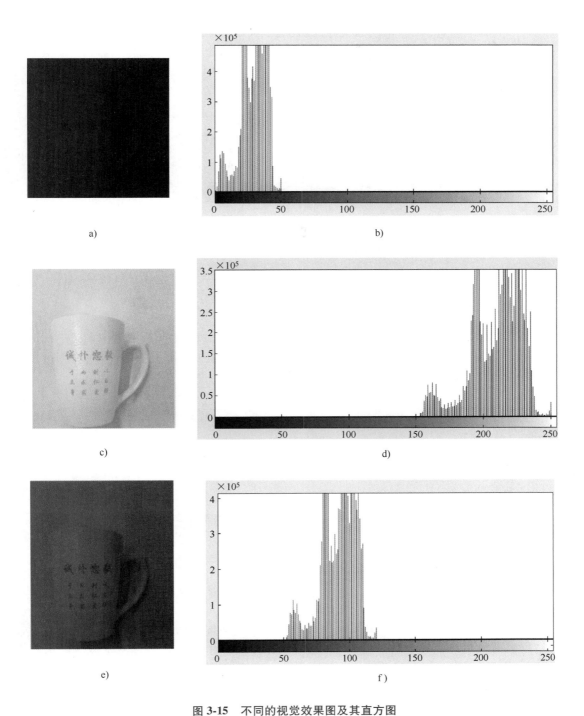

图 3-15　不同的视觉效果图及其直方图

a）较暗图像　b）较暗图像的直方图　c）较亮图像　d）较亮图像的直方图

e）对比度小的图像　f）对比度小的图像的直方图

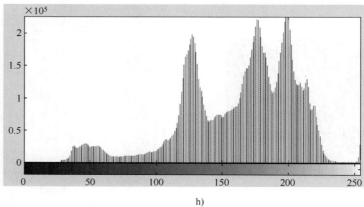

g)

h)

图 3-15　不同的视觉效果图及其直方图（续）

g）视觉效果好的图像　h）视觉效果好的图像的直方图

3.3.2　直方图均衡化

直方图均衡化主要用于灰度动态范围偏小图像的处理。图 3-16a 所示为像素集中在低灰度值区域；图 3-16b 所示为像素集中在高灰度值区域。这两种典型的图像灰度直方图可以通过直方图均衡化进行自动修正来获得图像增强的效果。

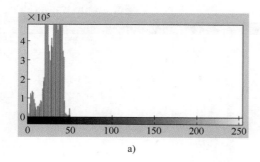

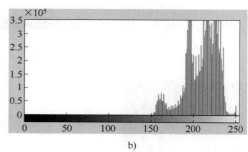

a)

b)

图 3-16　不同类型的直方图

a）像素集中在低灰度值区域的直方图　b）像素集中在高灰度值区域的直方图

直方图均衡化的基本思路是通过灰度变换方法对图像像素的灰度值进行调整（改变各灰度级的概率分布）。图 3-17a 所示为原直方图。如图 3-17b 所示，将像素个数少的灰度级并入邻近的灰度级中，以减少图像总的灰度等级，使每个灰度级的像素个数均匀。

对于一幅给定的图像，灰度级 r 分布在 $[0, L-1]$ 范围内，且 $r=0$ 表示黑色，$r=L-1$ 表示白色，对 r 进行直方图均衡化变换可以描述为如下形式：

$$s_k = T(r_k), 0 \leqslant r \leqslant L-1 \tag{3-8}$$

对输入图像中每个具有 r 值的像素产生一个输出灰度值 s。公式推导此处不详细阐述，可见附录 B，得出直方图均衡化推导过程和依据。

直方图均衡化函数 $T(r)$ 具有以下性质：

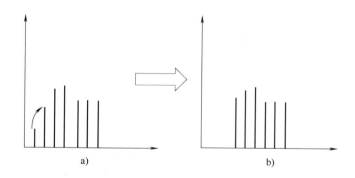

图 3-17　直方图均衡化示意图

a）原直方图　b）进行直方图均衡化后的直方图

1）$T(r)$ 在区间 $0 \leqslant r \leqslant L-1$ 上为单调递增函数。

2）当 $0 \leqslant r \leqslant L-1$ 时，$0 \leqslant T(r) \leqslant L-1$。

第 1）个条件保证通过灰度变换使原图像的灰度级从白到黑的次序不变，第 2）个条件保证变换后的像素灰度值仍在允许的范围内。满足上述条件的函数曲线如图 3-18 所示。直方图均衡化的离散形式为

$$s_k = T(r_k) = (L-1) \sum_{j=0}^{k} p_r(r_j), k = 0,1,2,\cdots,L-1 \qquad (3-9)$$

式中，L 是图像中可能出现的灰度级；$p_r(r_j)$ 为第 j 个灰度级出现的概率；r_k 为输入图像的灰度级；s_k 为均衡化后输出图像的灰度级。

直方图均衡化方法的计算步骤如图 3-19 所示。

1）统计原图像各灰度级的像素个数。

2）计算原图像各灰度级的分布概率（即各灰度级上的归一化直方图）。

3）利用变换函数 $T(r_k)$ 计算均衡化后图像的输出灰度。

4）根据映射关系 $r_k \rightarrow s_k$，得到均衡化处理后的图像。

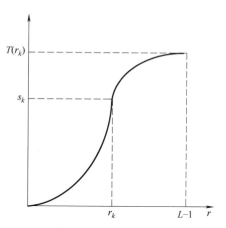

图 3-18　灰度变换函数 $s = T(r_k)$ 曲线

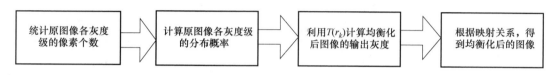

图 3-19　图像均衡化计算步骤

下面通过举例来说明图像均衡化的计算过程。

【例 3-8】　直方图均衡化过程说明。假设一幅 64×64（总像素个数为 4096）像素图像（$L=8$，8 个灰度级）的灰度分布如表 3-1 所示，灰度级是 $[0, L-1]$（即 $[0,7]$）中的整数。

表 3-1　64×64 像素各灰度级像素个数和归一化直方图值

表 3-1　64×64 像素各灰度级像素个数和归一化直方图值

灰度级 r	0	1	2	3	4	5	6	7
像素个数	780	1023	850	666	329	245	122	81
归一化直方图值	0.19	0.25	0.21	0.16	0.08	0.06	0.03	0.02

表 3-2 所示是直方图均衡化的计算过程，详细说明了直方图均衡化的各个步骤处理的过程，以及从输入到输出灰度值的变化。

表 3-2　直方图均衡化的过程

步骤	过　　程	结　　　　果							
第 1 步	统计原图像各灰度级的像素个数	r_0	r_1	r_2	r_3	r_4	r_5	r_6	r_7
		780	1023	850	666	329	245	122	81
第 2 步	计算原图像各灰度级的分布概率	0.19	0.25	0.21	0.16	0.08	0.06	0.03	0.02
第 3 步	利用变换函数 $T(r_k)$ 计算均衡化后图像的输出灰度 s	1.33	3.08	4.55	5.67	6.23	6.65	6.86	7.00
第 4 步	根据映射关系 $r_k \rightarrow s_k$，得到均衡化后的图像	$r_0 \rightarrow s_1$	$r_1 \rightarrow s_3$	$r_2 \rightarrow s_5$	$r_3 \rightarrow s_6$	$r_4 \rightarrow s_6$	$r_5 \rightarrow s_7$	$r_6 \rightarrow s_7$	$r_7 \rightarrow s_7$

表 3-2 中的第 3 步，对于输出灰度 s，可使用式（3-9）所示的直方图均衡变换函数，进行均衡化后得到。例如：

$$s_0 = T(r_0) = (L-1) \sum_{j=0}^{r} p(r_j) = 7p(r_0) = 7 \times 0.19 = 1.33$$

同理可得

$$s_1 = T(r_1) = (L-1) \sum_{j=0}^{r} p(r_j) = 7p(r_0) + 7p(r_1) = 7 \times 0.19 + 7 \times 0.25 = 3.08$$

对于第 3 步到第 4 步，通过向下取整得到 r_k 到 s_k 的所有映射关系，例如：$s_0 = 1.33$，取整得 $s_0 = 1$，因此 $r_0 \rightarrow s_1$；同理，$s_1 = 3.08$，取整得 $s_0 = 3$，因此 $r_1 \rightarrow s_3$。

此时可以得到第 4 步所有的映射关系。

均衡化前后的直方图数据对比如表 3-3 所示。

表 3-3　均衡化前后的直方图数据对比

原图灰度级及像素个数	0	1	2	3	4	5	6	7
	780	1023	850	666	329	245	122	81
均衡化后的图像各灰度级像素个数		780		1023		850	995	448
均衡化后的归一化直方图值		0.19		0.25		0.21	0.24	0.11

r_0 被映射为 s_1，因此均衡后的图像中有 780 个像素取 s_1 的灰度值（见表 3-3）。另外，r_1 被映射成 s_3，因此有 1023 个像素取 s_3 的灰度值，有 850 个像素取 s_5 的灰度值。然而，r_3 和 r_4 都被映射为同一个值 s_6，所以在均衡后的图像中有 995（666+329）个像素取这个灰度值。

类似地，r_5、r_6、r_7 在均衡后都映射为 $s_7=7$，图像中有 448（245+122+81）个像素取 7 这个灰度值。最终得到表 3-3 最后一行的归一化直方图值，图 3-20 所示为直方图均衡化。

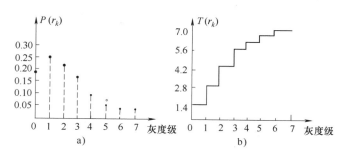

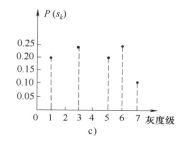

图 3-20　直方图均衡化
a）原直方图　b）直方图均衡化使用的函数　c）均衡化后的直方图

图 3-20a 所示为原直方图，采用式（3-9）可以得到图 3-20b 所示的直方图均衡化的变换函数，图 3-20c 所示为均衡化后的直方图。从图 3-20 中可以发现，在均衡化的过程中不会出现新的灰度级，用直方图均衡化的方法进行计算时很少会出现完全平坦的直方图。利用式（3-9）进行直方图均衡化时，会使直方图均衡化后图像的灰度级覆盖更宽的灰度范围，因此图像的对比度增强。

3.3.3　直方图规定化

直方图均衡化能自动增强整个图像的对比度，从而获得清晰的图像，但是它是集体增强的效果，不容易控制。实际应用中，有时需要使直方图变为某一个形状，从而有效地控制灰度范围，这种方法称直方图规定化，也称为直方图匹配。利用直方图规定化，通过指定需要匹配的直方图可得到特殊增强的效果。对于一些场合，选择适合的匹配直方图可以使得到的效果比均衡化更好。图 3-21a 所示的原图像直方图分布过于集中，需要将其变换为与图 3-21b 所示的匹配直方图类似的分布形状，通过直方图规定化后可以得到图 3-21c 所示的直方图。图 3-22 所示为几种给定分布形状的直方图，可用作直方图规定化的匹配直方图。

为了方便理解，重写直方图均衡化变换的公式为

$$s_k = T(r_k) = (L-1)\sum_{j=0}^{k} p_r(j), k=0,1,2,\cdots,L-1 \tag{3-10}$$

类似的，直方图规定化的变换函数 $G(z_q)$ 公式为

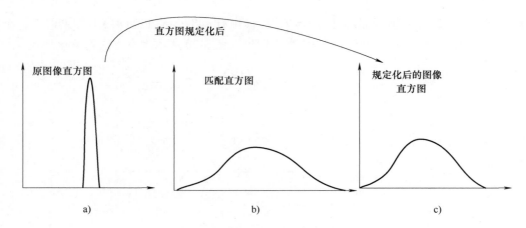

图 3-21 直方图规定化过程示意图

a) 原图像直方图 b) 正态分布的匹配直方图 c) 直方图规定化后的图像直方图

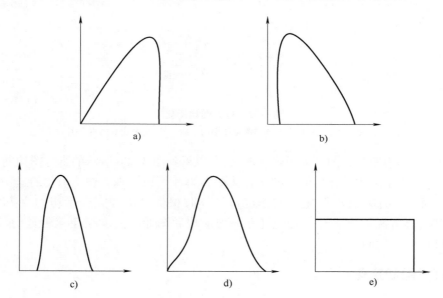

图 3-22 几种给定分布形状的直方图

a) 偏亮的直方图 b) 偏暗的直方图
c) 亮度过于集中的直方图 d) 正态扩展的直方图 e) 均衡化的直方图

$$G(z_q) = (L-1) \sum_{i=0}^{q} p_z(z_i), q = 0, 1, 2, \cdots, L-1 \qquad (3-11)$$

式中，L 是图像中可能出现的灰度级；$p_z(z_i)$ 为符合选择要求的匹配直方图的第 i 个值。

将原直方图映射成与选择要求匹配的直方图，有

$$G(z_q) = s_r \qquad (3-12)$$

最后，由逆变换得到希望的值 z_q，即规定化后每个灰度级的像素数目：

$$z_q = G^{-1}(s_k) \qquad (3-13)$$

因此，总结以上公式采取的方法，分以下 4 步：

第 1 步，列出原图像各灰度级，以及根据式（3-7）求出各灰度级概率；

第 2 步，利用式（3-10）对原始图像进行均衡化，得到 s_k；

第 3 步，对于指定的匹配直方图，根据式（3-11）计算规定化的变换函数 $G(z_q)$，此时 $G(z_q)=s_r$；

第 4 步，利用最接近原则，用式（3-13）求出逆变换函数，对灰度进行变换，即得到 s_k 到 z_q 的映射。

综上所述，直方图规定化的计算目标是：将原图像直方图变换成与要求匹配的直方图类似的分布形状。下面通过一个例子来说明直方图规定化的计算过程。

【例 3-9】　直方图规定化举例。再次考虑【例 3-8】中的 64×64 的图像，原图像直方图值和要求的匹配直方图值如表 3-4 所示。试将原图像直方图变换成与要求的匹配直方图相似的分布。

表 3-4　原图像直方图值和要求的匹配直方图值

r	0	1	2	3	4	5	6	7
原图像的归一化直方图值	0.19	0.25	0.21	0.16	0.08	0.06	0.03	0.02
z	0	1	2	3	4	5	6	7
规定化模板的直方图值	0.00	0.00	0.00	0.15	0.20	0.30	0.20	0.15

直方图规定化的过程如表 3-5 所示。

表 3-5　直方图规定化的过程

步骤	过　程	结　　果							
第 1 步	列出原图像各灰度级	r_0	r_1	r_2	r_3	r_4	r_5	r_6	r_7
	原图像归一化直方图	0.19	0.25	0.21	0.16	0.08	0.06	0.03	0.03
第 2 步	列出均衡化后的直方图	s_0	s_1	s_2	s_3	s_4	s_5	s_6	s_7
		0	0.19	0	0.25	0	0.21	0.24	0.11
第 3 步	匹配直方图归一化后的结果	z_0	z_1	z_2	z_3	z_4	z_5	z_6	z_7
		0.00	0.00	0.00	0.15	0.20	0.30	0.20	0.15
	计算规定化的变换函数 $G(z_q)$，得到结果后取整	0.00→0	0.00→0	0.00→0	1.05→1	2.45→2	4.55→5	5.95→6	7→7

表 3-6 所示为 s_r 映射到相应 z_q 的过程。

表 3-6　s_r 映射到相应的 z_q（利用最接近原则求出逆变换函数）

s_r	相应归一化直方图	→	z_q	得到规定化直方图
s_1	0.19	→	z_3	0.19
s_3	0.25	→	z_4	0.25
s_5	0.21	→	z_5	0.21
s_6	0.24	→	z_6	0.24
s_7	0.11	→	z_7	0.11

第 1 步和第 2 步，原图的直方图均衡化，就像在【例 3-8】中得到的：

$$s_0 = 1，s_1 = 3，s_2 = 5，s_3 = 6，s_4 = 6，s_5 = 7，s_6 = 7，s_7 = 7$$

第 3 步，使用式（3-11），用规定化模板直方图求规定化函数，有

$$G(z_0) = (L-1)\sum_{j=0}^{q} p(z_q) = 7\sum_{j=0}^{0} p(z_q) = 0.00$$

对其求整，可得

$$G(z_0) = 0.00 \rightarrow 0$$

同理可得

$$G(z_1) = 7\sum_{j=0}^{1} p(z_j) = 7p(z_0) + 7p(z_1) = 0.00$$

对其求整，可得

$$G(z_1) = 0.00 \rightarrow 0$$

同理，对其他求整，可得

$$G(z_2) = 0.00 \rightarrow 0，\quad G(z_3) = 1.05 \rightarrow 1，\quad G(z_4) = 2.45 \rightarrow 2$$
$$G(z_5) = 4.55 \rightarrow 5，\quad G(z_6) = 5.95 \rightarrow 6，\quad G(z_7) = 7.00 \rightarrow 7$$

取整的结果对应表 3-5 中第 3 步的最后行。

第 4 步，求 z_q 的值，对于每个 s_r 的值，找到与 z_q 的值最接近的值，产生从 s_r 到 z_q 所需要的映射。例如，$s_k = 1$，$G(z_3) = 1$，对应有 $s_1 \rightarrow z_3$，这种情况下为完全匹配。图像中的每个灰度值为 1 的像素，映射为直方图规定化后的图像（相应位置上）中的灰度值为 3 的像素。同理，$s_k = 3$，$G(z_4) = 2$，根据最接近原则对应有 $s_3 \rightarrow z_4$。采用这一方法，可得到表 3-6 中的映射。例如，在表 3-6 中，$s_1 \rightarrow z_3$，在直方图均衡后的图像中有 780 个像素灰度值取 1。因此，$p(z) = 780/4096 \approx 0.19$。

直方图规定化过程如图 3-23 所示。

使用表 3-6 列出的映射，可把原图像直方图映射成规定化后的图像直方图。虽然图 3-23d 中的最终结果与匹配直方图分布并不完全相同，但达到了将灰度级向高端移动的目的。

【例 3-10】 图 3-24 所示为直方图均衡化和直方图规定化的对比。

分析：图 3-24a、b 为原图像以及均衡化后的图像，图 3-24c、d 为它们的直方图。图 3-24a 所示图像的大部分是暗色区域，从图 3-24c 所示的直方图可以看出，像素灰度值集中于灰度级暗端。利用直方图均衡化可以使暗区域的细节更清楚。原图像的灰度级集中在 $[0, 80]$ 这个暗区范围，直方图均衡化将灰度平均分布到整个区域，灰度范围为 $[0, 255]$。

直方图规定化可以将图像的直方图变为与模板图像直方图相似的分布，图 3-24e、f、g 分别为原图像、规定化的匹配模板图像和规定化后的图像，图 3-24h、i、j 分别为它们的直方图。图 3-24h 为原图像的直方图，图 3-24i 为规定化的匹配直方图，图 3-24j 为规定化后的直方图。

通过上面的例子可以看出，直方图均衡化将灰度级扩展到整个灰度范围，且每个灰度级出现的概率比较平均。直方图规定化是将原图像直方图按照匹配直方图的分布形状做变换，匹配直方图的分布形状可能不是像均衡化那样均匀分布的，而是将原图像直方图变换为指定直方图相似的分布，使得某个灰度级出现的概率增大而某个灰度级出现的概率降低。

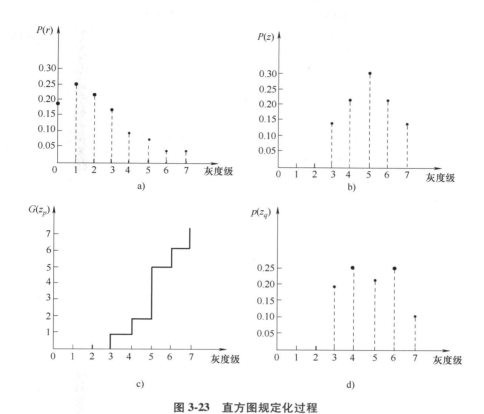

图 3-23 直方图规定化过程

a) 原直方图 b) 直方图规定化的模板直方图 c) 直方图规定化使用的函数 d) 直方图规定化后的直方图

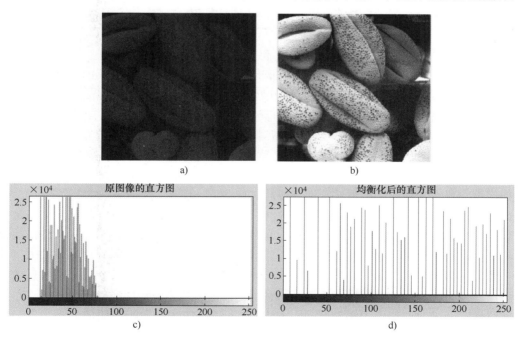

图 3-24 直方图均衡化和直方图规定化的对比

a) 待处理的原图像 b) 均衡化后的图像 c) 原图像的直方图 d) 均衡化后的直方图

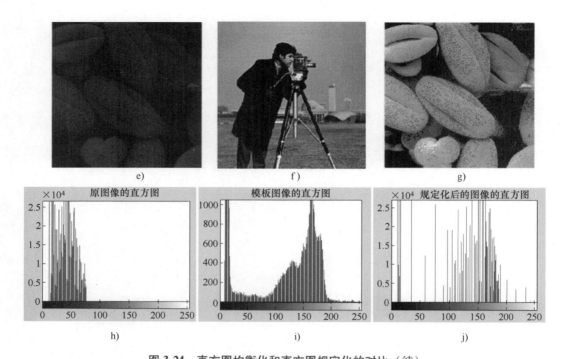

图 3-24 直方图均衡化和直方图规定化的对比（续）

e）待处理的原图像   f）规定化的匹配模板图像   g）规定化后的图像

h）原图像的直方图   i）规定化的匹配直方图（图 f）的直方图   j）规定化后的直方图

3.4 空间域的滤波增强——平滑滤波与锐化滤波

直方图灰度修正技术（即直方图均衡化和直方图规定化）是图像增强的有效手段，直方图均衡化和直方图规定化的共同点在于变换是直接针对单个像素灰度值的，与该像素所处的邻域（相邻区域）无关。线性空间域滤波增强则基于图像中每一个小范围（邻域）内的像素进行灰度变换运算，某个点变换之后的灰度由该点邻域之内的像素点的灰度值共同决定，因此空间域滤波增强也称为邻域运算或邻域滤波。空间域滤波器（也称为空间掩膜、核、模板和窗口）直接作用于图像本身完成操作，故而称为滤波。空间域滤波主要基于邻域（空间域）对图像中的像素执行计算，示例如图 3-25 所示。使用空间域滤波这一术语以便区别后面将要讨论的频率域滤波，即频率域高通滤波、频率域低通滤波等。

如图 3-25 所示，空间域滤波器滤波的过程是在图像上移动模板的中心，并且在每个位置计算乘积之和。模板的大小由一个中心像素和它的邻域构成，邻域通常是一个较小的矩形且行列数为奇数。计算的乘积之和代替中心像素原本的值。滤波器的模板中心与输入图像中的每个像素运算后，就生成了处理（滤波）后的图像。如果在图像像素上执行的是线性操作，则该滤波器称为线性空间域滤波器，否则该滤波器就称为非线性空间域滤波器，本书重点关注线性空间域滤波器。图 3-25 说明了使用 3×3 邻域的线性空间滤波的原理。空间域滤波器的表达式为

$$g(x,y)=\sum_{s=-a}^{a}\sum_{t=-b}^{b}w(s,t)f(x+s,y+t)$$

(3-14)

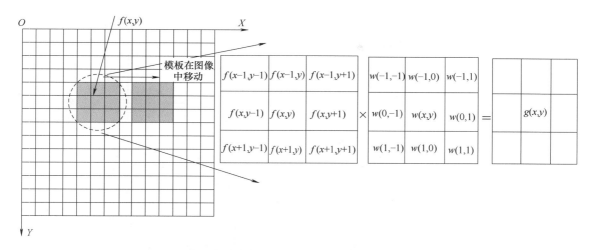

图 3-25　利用 3×3 模板对图像进行滤波处理的示例

式中，$w(s,t)$ 为滤波器模板，模板的大小为 $m×n$；$f(x,y)$ 是输入图像，图像的大小为 $M×N$；$g(x,y)$ 为滤波后的输出图像。将计算后的结果替代原图像中模板中心像素点的像素值。模板滑过整个图像，用式（3-14）计算所有像素点以得到滤波后的图像。

从图 3-25 可以看出，空间域滤波实质上就是一种邻域运算，输出图像中每个像素的值都是根据输入图像中该像素周围邻域内像素值的某种运算得到的。而邻域像素的范围和具体运算通过空间域滤波器模板 $w(s,t)$ 确定，滤波器模板大小决定参与运算的邻域像素的范围。

空间域滤波器可分为平滑滤波器和锐化滤波器。平滑滤波器用于模糊处理和降低噪声。模糊处理经常用于预处理任务中，如在大目标提取之前去除图像中的一些小于目标的细节，或者连接直线或曲线的缝隙。通过平滑滤波的模糊处理可以降低噪声。锐化滤波器的锐化处理的主要目的是突出灰度的过渡部分。图像锐化滤波常用于突出物体的边界等，应用场合有电子印刷、医学成像、工业检测等。

3.4.1　平滑滤波器

平滑滤波器分为线性平滑滤波器和非线性平滑滤波器。常见的线性平滑滤波器有均值滤波器、加权平均滤波器；常见的非线性平滑滤波器有统计排序滤波器。下面分别介绍这两类滤波器。

1. 线性平滑滤波器

线性平滑滤波器的输出（响应）是包含在滤波器模板邻域内像素的平均值，这种滤波器有时也称为均值滤波器。设一幅大小为 $N×N$ 的图像 $f(x,y)$，用邻域平均法得到平滑图像 $g(x,y)$，则

$$g(x,y)=\frac{1}{M}\sum_{m,n\in S}f(m,n)$$
(3-15)

式中，$x,y=0,1,\cdots,N-1$；S 为 (x,y) 邻域中像素的集合，但不包括中心像素点 (x,y)；M 表示 (x,y) 邻域中像素的个数。

常用的 4 邻域和 8 邻域均值滤波模板如图 3-26 所示。

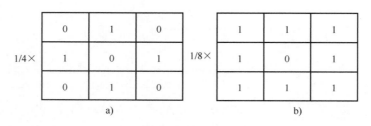

图 3-26　两种 3×3 均值滤波器的模板

a）4 邻域均值滤波模板　b）8 邻域均值滤波模板

【例 3-11】　如图 3-27 所示，对带有噪声的图像通过均值滤波器平滑图像噪声。

图 3-27　高斯噪声图像均值滤波实例

a）原图像　b）高斯噪声污染的图像

c）4 邻域均值滤波处理的结果　d）8 邻域均值滤波处理的结果

分析： 对高斯噪声污染的图像利用 4 邻域和 8 邻域均值滤波器进行平滑滤波，其结果如图 3-27 所示。通过此例发现，8 邻域均值滤波后比 4 邻域均值滤波后滤除高斯噪声的效果要好，但是图像会更加模糊。根据图 3-27，4 邻域均值滤波从 4 个邻域像素中求均值，8 邻域均值滤波从 8 个邻域像素中求均值，8 邻域均值滤波会使图像更加模糊。

为了使平滑滤波更有效，可以采用加权均值滤波。利用邻域内像素的灰度值和中心像素加权灰度值的平均值代替中心像素的灰度值，计算公式为

$$g(x,y) = \frac{1}{M+K}\left[\sum_{m,n \in S} f(m,n) + Kf(x,y)\right] \qquad (3-16)$$

式中，K 为权值；$x,y = 0,1,\cdots,N-1$；S 为 (x,y) 邻域中像素的集合，且包括中心像素点

(x,y)；M 表示(x,y)邻域中像素的个数。

常见的 3×3 加权均值滤波器的模板如图 3-28 所示。

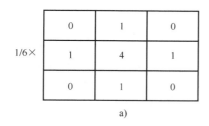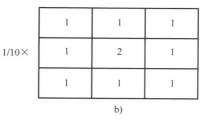

图 3-28　常见的 3×3 加权均值滤波器的模板

a）加权均值滤波器的模板 1　b）加权均值滤波器的模板 2

使用图 3-28b 所示的模板处理中心像素时，加权值 $K=2$，赋予中心点最高权重，随着距中心点距离的增加而减小加权系数值，目的是在平滑处理中降低模糊。

【例 3-12】　加权均值模板滤波实例如图 3-29 所示。

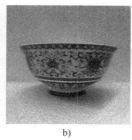

图 3-29　加权均值模板滤波实例

a）原图像　b）添加高斯噪声后的图像　c）使用加权平均模板（图 3-28b 所示的模板）滤波后的结果

分析：如图 3-29 所示，使用平滑滤波去除高斯噪声的同时，滤波处理后的结果比图 3-27 处理的结果清晰一些，原因是加权均值模板考虑到了邻近像素对中心像素的影响程度。图 3-28b 所示的中心像素权重为 2，中心像素 8 邻域的像素权重值为 1。而例 3-11 中用的是每个像素邻域系数相同的均值滤波器，模板中对每个像素求均值。因此，使用加权均值滤波器处理后的图像清晰度比均值滤波器处理后要好。

2. 非线性平滑滤波器

中值滤波器是一种常用的非线性平滑滤波器。将中值滤波模板覆盖范围内所有像素灰度值的中间值作为中心像素的灰度值。中间值是排序的中间值，而不是平均值，中值滤波器是统计排序滤波器的一种。

设原图像为 $f(x,y)$，中值滤波器处理后的图像为 $g(x,y)$，则

$$g(x,y) = \text{median}\{f(x-i,y-j), i,y \in W\} \tag{3-17}$$

式中，W 为中值滤波模板覆盖的区域。通常 W 选取奇数，以保证有一个中间值；若 W 为偶数，则取两个中间值的平均值。

中值滤波器通过选择邻域中排在中间的值，去除图像中孤立噪声点对图像的影响。中值滤波器对椒盐噪声具有良好的滤波功能，由于椒盐噪声为灰度值取最大值和最小值时的像素

点，取中间值时，正好去除最大值和最小值，中值滤波器能较好地保护边缘信息，使之不被模糊。

【例 3-13】 图 3-30 所示为被椒盐噪声污染的图像通过中值滤波后的效果。

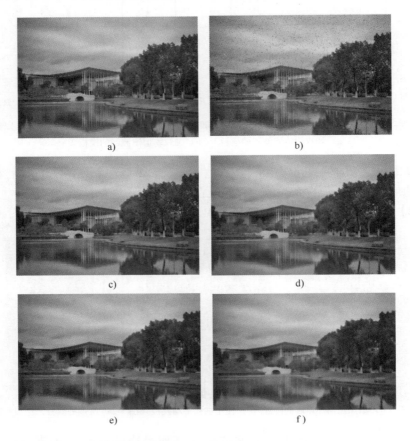

图 3-30 被椒盐噪声污染的图像通过中值滤波后的效果

a）原图像 b）被椒盐噪声污染的图像

c）3×3 中值滤波后结果 d）5×5 中值滤波后结果

e）7×7 中值滤波后结果 f）9×9 中值滤波后结果

分析： 从图 3-30c～f 发现，3×3 邻域模板的中值滤波效果最好，随着邻域模板的增大，边缘信息逐渐丢失，图像逐渐变得模糊。椒盐噪声可被中值滤波器完全滤除，这种优良特性是线性平滑滤波方法所不具备的。在实际应用中，有效的中值滤波器算法比较简单，易于用硬件实现。

中值滤波器是统计排序滤波器的一种，统计排序滤波器的原理是将模板覆盖下的像素值进行排序，然后在排序队列中选择特定百分位比位置上的像素灰度值作为滤波的结果。选取灰度统计序列中位于 50% 位置的像素灰度值作为滤波结果，即为中值滤波。如果选取灰度统计序列中位于 0% 位置的像素灰度值作为滤波结果，可得到最小值滤波器。如果选取灰度统计序列中位于 100% 位置的像素灰度值作为滤波结果，可得到最大值滤波器。最小值滤波器和最大值滤波器也经常会被使用，这两种滤波器分别表示为

$$g_{\min}(x,y) = \min\{f(x-i,y-j), i,j \in W\} \tag{3-18}$$

$$g_{\max}(x,y) = \max\{f(x-i,y-j), i,j \in W\} \tag{3-19}$$

最大值滤波器可用来检测模板覆盖的邻域内最亮的点，可消除灰度值取值低的胡椒噪声，胡椒噪声对应黑色的孤立噪声点，灰度值一般取 0。最小值滤波器可用来检测模板覆盖的邻域内最暗的点，可消除灰度值取值高的盐噪声，盐噪声对应白色的孤立噪声点，灰度值一般取最大值（8 比特图像中为 255）。

【例 3-14】　如图 3-31 所示，对被椒盐噪声污染的图像进行最大值和最小值滤波。

图 3-31　对被椒盐噪声污染的图像进行最大值和最小值滤波

a）原图像　b）被椒盐噪声污染的图像

c）进行最大值滤波的结果　d）进行最小值滤波的结果

分析： 从图 3-31c 发现，对被椒盐噪声污染的图像进行最大值滤波的结果，胡椒噪声被去除，盐噪声被保留。从图 3-31d 发现，对被椒盐噪声污染的图像进行最小值滤波的结果，盐噪声被去除，胡椒噪声被保留。

3.4.2　锐化滤波器

相比于图像平滑（去除突出的噪声和边界），图像锐化会突显图像中的变化内容部分，如噪声和边界。事实上，在图像传输过程中，部分图像的细节轮廓会产生退化，即使图像变得不清晰。此外，图像平滑在降低噪声的同时也会导致目标的轮廓和线条（变化部分）不清晰。图像锐化则能够对轮廓和细节部分进行加强，起到增强图像效果的作用。

图像锐化的作用：①增强图像的边缘及灰度跳变部分，使模糊的图像变得更加清晰，改善图像的质量，使图像更适合人眼观察；②使目标物体的边缘突出，便于提取目标边缘，为进一步对图像进行分割、目标识别、区域形状提取等操作奠定基础。

从图像锐化的两个作用可知，利用锐化进行增强主要关注的是"图像的边缘和灰度跳变的部分"，下面介绍灰度图像基于一阶和二阶导数的性质，从导数的性质着手来讨论空间锐化滤波增强。为简化说明，这里主要集中讨论一阶导数的性质，重点讨论区域中"突变的起点与终点（台阶和斜坡突变）及灰度斜坡处"的导数性质。这些类型的突变可用来对图像中的噪声点、线与边缘建模。这些图像特征过渡处的导数性质很重要。

一阶导数的性质：①灰度值恒定区域的一阶导数为零；②灰度台阶或者是斜坡开始处的一阶导数为非零；③灰度斜坡上的一阶导数为非零。

二阶导数的性质：①恒定灰度区域的二阶导数为零；②灰度台阶或者斜坡开始处和结束处的二阶导数为非零；③灰度斜坡上的二阶导数为零。

一维离散函数 $f(x,y)$ 的一阶导数用差分进行定义，即

$$\frac{\partial f}{\partial x}=f(x+1)-f(x) \tag{3-20}$$

为保持符号的一致性，采用了偏导数，当函数中只有一个变量时，$\frac{\partial f}{\partial x}=\frac{df}{dx}$，二阶导数的情况与此相同。

一维离散函数 $f(x,y)$ 的二阶导数用差分进行定义，即

$$\frac{\partial^2 f}{\partial^2 x}=f(x+1)+f(x-1)-2f(x) \tag{3-21}$$

图 3-32a 所示为灰度图像及其中的一段水平方向的扫描线。图 3-32b 所示为这段水平扫描线的灰度值及位置坐标，扫描线中的灰度值以方形点表示，为看得更清楚，用虚线连接。如图 3-32b 所示，扫描线包含 1 个灰度斜坡、3 个恒定灰度段和 1 个灰度台阶，圆圈指出了灰度变化的起点和终点。用式（3-20）和式（3-21）计算出扫描线的一阶导数和二阶导数，结果如图 3-32c 所示，画在图 3-32d 中。计算某点处的一阶导数时，可以用下一个点的函数值减去该点的函数值。类似地，计算某点的二阶导数，可以通过将中心像素前后的两个像素灰度相加，然后减去两倍的中心像素灰度得到。

图 3-32a 中，沿着从左到右的灰度剖面图看，首先遇到的是图 3-32b 所示的恒定灰度为 6 的区域，这个区域的一阶导数和二阶导数都是零。接着遇到一个灰度斜坡，注意在斜坡起点和斜坡处的一阶导数不为零，符合一阶导数的性质，在灰度斜坡上的二阶导数为零，在斜坡的起点和终点的二阶导数不为零。图像在灰度过渡的斜坡上（一般为边缘）的特点为一阶导数不为零，在灰度过渡的斜坡起点和终点的特点为二阶导数不为零。图 3-32 验证了图像的一阶导数和二阶导数的性质，可以利用这些性质增强图像边缘。

另外，如图 3-32d 所示，最后一个台阶的起点二阶导数由 5 变为-5，连接这两个值的线段在两个端点的中间与横轴相交，与横轴的交点为过零点，横轴交点的位置为过零点坐标位置，因此可通过求二阶导数得到过零点的位置。在灰度图像中，过零点的位置被认为是区域边缘的中心点。图像的一阶导数产生较粗的边缘，因为沿灰度斜坡上所有像素点的一阶导数都为非零。二阶导数产生由零分开的一个像素宽的双边缘，因为灰度斜坡起点和终点处所有像素的二阶导数为非零，灰度斜坡上其他像素点的二阶导数都为零。由此可得，二阶导数在增强细节方面要比一阶导数好得多，适合锐化图像。

综上所述，可以利用一阶导数和二阶导数及其特性来找到图像中的边缘或者突出图像中

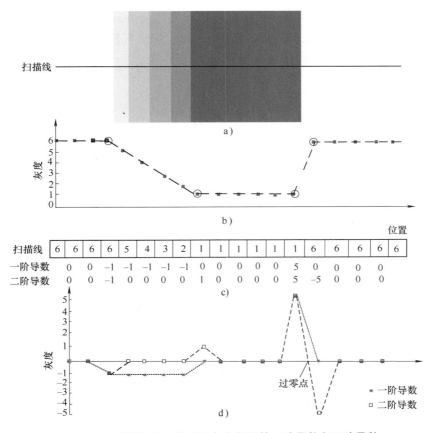

图 3-32　一幅图像中一段水平灰度剖面的一阶导数和二阶导数

a）人工图像及其扫描线　b）扫描线的灰度值及位置坐标

c）扫描线灰度值及其一阶、二阶导数　d）一阶、二阶导数曲线

的边缘。

下面对一阶导数算子和二阶导数算子进行介绍，并介绍一阶导数算子和二阶导数算子是如何进行图像锐化增强的。

1. 一阶导数算子

上面介绍了一阶、二阶导数的特性。用一阶、二阶导数进行锐化有两类对应的常用锐化方法：一阶导数梯度锐化和二阶导数拉普拉斯锐化。

在数字图像处理过程中，一阶导数通过梯度的幅度值来实现。对于二维的图像 $f(x,y)$，图像的梯度为

$$\nabla f(x,y) = \left(\frac{\partial f}{\partial x}, \frac{\partial f}{\partial y}\right) \tag{3-22}$$

梯度的幅值为

$$|\nabla f(x,y)| = \sqrt{\left(\frac{\partial f}{\partial x}\right)^2 + \left(\frac{\partial f}{\partial y}\right)^2} \tag{3-23}$$

梯度的幅值也称为梯度，从式（3-23）的定义可得出：在图像灰度变化较剧烈的边缘区域，由于描述图像的灰度值变化剧烈，因此梯度值较大；在灰度变化平缓的区域，由于描述

图像的灰度值变化很小，因此梯度值较小；而在灰度均匀的区域（即图像灰度值不变的区域），其梯度值趋于零。实际上，在数字图像中，由于像素灰度是离散的，一阶导数利用差分来代替。在这里，x 和 y 方向的一阶差分可分别定义为

$$\nabla_x f(x,y) = f(x+1,y) - f(x,y) \tag{3-24}$$

$$\nabla_y f(x,y) = f(x,y+1) - f(x,y) \tag{3-25}$$

可以表示为图 3-33 所示的模板。

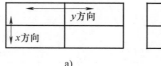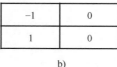

图 3-33　图像梯度算子的模板

a）梯度算子方向　b）x 方向梯度算子　c）y 方向梯度算子

通过模板可以看出，图像模板是基于式（3-24）和式（3-25）设计的。在 x 方向，两个像素相减为 x 方向差分；在 y 方向，两个像素相减为 y 方向差分。从模板中可以看出，y 方向的一阶梯度算子对竖直边缘敏感，x 方向的一阶梯度算子对水平边缘敏感。

根据算子的模板不同，常见的一阶梯度锐化算子还有 Roberts 算子、Sobel 算子和 Prewitt 算子。Roberts 算子又称为交叉差分算子，Roberts 算子模板如图 3-34 所示。Roberts 算子法采用交叉差分运算，其定义为

$$\nabla_x f(x,y) = f(x+1,y+1) - f(x,y) \tag{3-26}$$

$$\nabla_y f(x,y) = f(x+1,y) - f(x,y+1) \tag{3-27}$$

从图 3-34 可以看出，模板在对角线上做差分计算。Roberts 算子是 2×2 的偶数尺寸模板，因此 Roberts 算子模板没有对称中心。

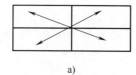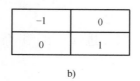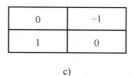

图 3-34　Roberts 算子模板

a）Roberts 算子的方向　b）一个方向的 Roberts 算子模板　c）另一个方向的 Roberts 算子模板

Sobel 算子定义为

$$\nabla_x f(x,y) = [f(x+1,y-1) + 2f(x+1,y) + f(x+1,y+1)] - \\ [f(x-1,y-1) + 2f(x-1,y) + f(x-1,y+1)] \tag{3-28}$$

$$\nabla_y f(x,y) = [f(x-1,y+1) + 2f(x,y+1) + f(x+1,y+1)] - \\ [f(x-1,y-1) + 2f(x,y-1) + f(x+1,y-1)] \tag{3-29}$$

图 3-35 所示为 Sobel 算子模板，可以看出，模板是基于式（3-28）和式（3-29）进行设计的。图 3-35a 所示为 x 方向的一阶导数算子，对应于式（3-28）；图 3-35b 所示为 y 方向的一阶导数算子，对应于式（3-29）。

Prewitt 算子定义为

−1	−2	−1
0	0	0
1	2	1

a)

−1	0	1
−2	0	2
−1	0	1

b)

图 3-35　Sobel 算子模板

a）x 方向的一阶导数算子　b）y 方向的一阶导数算子

$$\nabla_x f(x,y) = \left[f(x+1,y-1) + f(x+1,y) + f(x+1,y+1) \right] - \\ \left[f(x-1,y-1) + f(x-1,y) + f(x-1,y+1) \right] \tag{3-30}$$

$$\nabla_y f(x,y) = \left[f(x-1,y+1) + f(x,y+1) + f(x+1,y+1) \right] - \\ \left[f(x-1,y-1) + f(x,y-1) + f(x+1,y-1) \right] \tag{3-31}$$

图 3-36 所示为 Prewitt 算子模板，可以看出，模板是基于式（3-30）和式（3-31）进行设计的。图 3-36a 所示为 x 方向的一阶导数算子；图 3-36b 所示为 y 方向的一阶导数算子。

−1	−1	−1
0	0	0
1	1	1

a)

−1	0	1
−1	0	1
−1	0	1

b)

图 3-36　Prewitt 算子模板

a）x 方向的一阶导数算子　b）y 方向的一阶导数算子

【例 3-15】　图 3-37 为利用各种一阶导数算子处理之后的陶瓷图像，后续可以利用导数算子获得陶瓷图像的边缘并进行边缘检测，可以用于第 11 章中的陶瓷碗口圆度检测和缺口检测。

 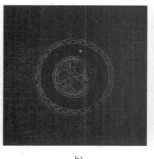 

a) b) c)

图 3-37　利用各种一阶导数算子对陶瓷图像进行锐化

a）原灰度图像　b）Roberts 算子处理后的结果　c）Sobel 算子处理后的结果

分析：比较图 3-37 中的两个算子处理结果可以发现，Sobel 算子处理后获得的边缘锐化效果比 Roberts 算子处理后的边缘效果好，因为 Sobel 算子是加权平均滤波模板且检测的图像边缘可能大于两个像素，因此对灰度渐变的低噪声图像检测效果好；Roberts 算子的定位比较精确，但由于不包括平滑处理，所以对于噪声比较敏感，图 3-37b 中背景的噪声纹理被保留。图 3-37b 和图 3-37c 的大部分背景为黑色，这是因为图像包含了正值和负值，而所有的负值都被显示为 0 值（黑色）。

2. 二阶导数算子

拉普拉斯是二阶导数算子，两个变量的离散拉普拉斯算子是

$$\nabla^2 f(x,y) = f(x+1,y) + f(x-1,y) + f(x,y+1) + f(x,y-1) - 4f(x,y) \qquad (3-32)$$

式（3-32）可以用图 3-38a 所示的拉普拉斯算子模板来实现。从模板中可以看出，拉普拉斯算子是一种各向同性算子，具有旋转不变性。在只关心边缘的位置而不考虑其周围的像素灰度差值的情况下，用此算子比较合适。拉普拉斯算子对孤立像素点的响应要比对边缘或线的响应更强烈，从图 3-38 中的模板看，中心像素点的权重比较高，适用于无噪声图像，拉普拉斯算子对噪声敏感（参考第 8 章内容）。

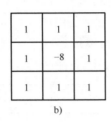 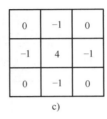 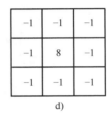

0	1	0
1	-4	1
0	1	0

a)

1	1	1
1	-8	1
1	1	1

b)

0	-1	0
-1	4	-1
0	-1	0

c)

-1	-1	-1
-1	8	-1
-1	-1	-1

d)

图 3-38　各种拉普拉斯算子模板

a）拉普拉斯模板 1　b）拉普拉斯模板 2　c）拉普拉斯模板 3　d）拉普拉斯模板 4

拉普拉斯锐化处理时选择拉普拉斯算子对原图像进行处理，产生描述灰度突变的图像，再将拉普拉斯图像与原图像叠加，产生锐化图像。拉普拉斯锐化的基本方法可以表示为

$$g(x,y) = \begin{cases} f(x,y) - \nabla^2 f(x,y), & \text{模板中心系数为负} \\ f(x,y) + \nabla^2 f(x,y), & \text{模板中心系数为正} \end{cases} \qquad (3-33)$$

这种简单的锐化方法既可以产生拉普拉斯锐化处理的效果，同时又能保留背景信息，将原始图像叠加到拉普拉斯变换的处理结果中，可以使图像中的各灰度值得到保留，使灰度突变处的对比度得到增强。

【例 3-16】　图 3-39 所示为利用拉普拉斯锐化处理前后的陶瓷图像。

a)　　　　　　　　　　　　　　　b)

图 3-39　拉普拉斯算子对陶瓷图像进行锐化

a）原灰度图像　b）拉普拉斯算子锐化处理后的结果

分析：本例使用的模板为图 3-38d，因此模板中心系数为正，所以用式（3-33）中的加法。对陶瓷图像进行图像锐化，在处理之后可以进行后续的缺陷检测等工作。结果表明，图像表面的细节明显被锐化增强了，同时背景色调也得到很好的保留。

3.5　频率域的图像增强

利用空间域图像与频谱之间的对应关系，将空间域卷积滤波变换为变换域（这里主要讲频率域）滤波，再将变换域（频率域）滤波处理后的图像反变换回空间域，达到图像增强的目的。这样做主要的吸引力在于变换域（频率域）滤波的直观性特点，图像在变换域会有在空间域观察不到的一些特点，可以利用这些特点进行变换域滤波增强。一般的变换域图像增强算法的步骤为：

1）将图像由空间域转换到变换域。

2）在变换域中对变换后的图像数据进行处理。

3）将处理完成的图像数据再由变换域转换回空间域。

图像变换应该是双向的。在图像处理过程中，一般将图像从空间域向其他数据域的变换称为正变换，而将其他数据域向空间域的变换称为反变换或逆变换。应用于数字图像处理的变换类型很多，最基本的是离散傅里叶变换。其他变换还包括离散余弦变换、离散小波变换等，离散余弦变换和离散小波变换将在第 6 章说明。本节主要介绍离散傅里叶变换。

3.5.1　离散傅里叶变换

离散傅里叶变换（Discrete Fourier Transform，DFT）建立了离散空间域和离散频率域之间的联系。离散傅里叶变换和傅里叶频谱的物理意义都比较明确，将图像由空间域变换到频率域，可以利用频率成分和图像结构之间的对应关系，解释空间域滤波的某些性质。一些在空间域表述困难的增强问题，在频率域中将变得非常普通。利用计算机对经过离散傅里叶变换后的图像信息进行处理，很多情况下比直接在空间域中进行处理方便得多。此外，由于快速傅里叶变换（Fast Fourier Transform，FFT）可大大减少 DFT 的运算量，因此提高了处理效率。傅里叶变换有一维和二维傅里叶变换，数字图像为二维的，因此用到的二维离散傅里叶变换（DFT）为

$$F(u,v) = \sum_{x=0}^{M-1} \sum_{y=0}^{N-1} f(x,y) \mathrm{e}^{-\mathrm{j}2\pi(ux/M+vy/N)} \tag{3-34}$$

二维离散傅里叶逆变换（IDFT）为

$$f(x,y) = \frac{1}{MN} \sum_{u=0}^{M-1} \sum_{v=0}^{N-1} F(u,v) \mathrm{e}^{\mathrm{j}2\pi(ux/M+vu/N)} \tag{3-35}$$

式中，M、N 为数字图像的尺寸；u、v 为频率变量；x、y 为空间变量。现在主要介绍进行离散傅里叶变换后的图像具有什么性质。读者应快速掌握图像变换到频率域的特性，以便利用这些性质来进行频率域滤波增强。

图 3-40 所示为人工图像及其傅里叶频谱图。其中，图 3-40a 是原图像，图 3-40b 是图 3-40a 的频谱图，其值被标定在 [0,255] 区间，并以图像的形式显示。从图 3-40b 可以看到，频谱图像的 4 个角最亮（包含最大值），用实线圈出（原频谱图上无此圆圈），这 4 个角是频谱

原点。由于图 3-40b 所示的频谱图不便于观察，因此通常将傅里叶幅度频谱图等分为 4 个子块（图 3-40b 中用白色虚线分开，原频谱图上无此虚线）并进行对角置换，用$(-1)^{x+y}$乘以图 3-40b 中的频谱图，称为频谱中心化。这样，频谱图的坐标原点变换到了频谱图的中心位置（将频谱图的低频部分变换到频谱图中心），使频谱图更便于观察。频谱中心化的结果如图 3-40c 所示。中心化后的频谱细节太小，为了更好地查看频谱图的细节，可以对中心化之后的频谱图再进行对数变换，变换结果如图 3-40d 所示。

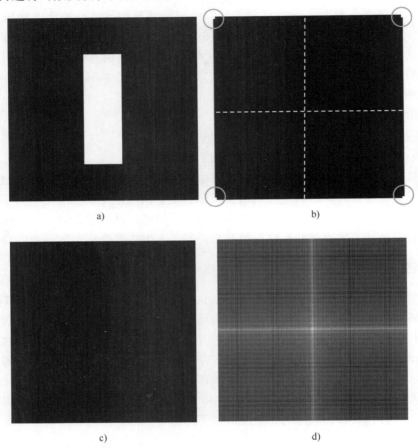

a)　　　　　　　　　　　　　　　　b)

c)　　　　　　　　　　　　　　　　d)

图 3-40　人工图像及其傅里叶频谱图

a）原图像　b）原图像频谱图　c）对图 3-40b 中心化后的频谱图　d）对图 3-40c 图取对数后的频谱图

对频谱中心化过程进行详细分析，实际上是把原始数字图像的矩阵乘以$(-1)^{x+y}$来达到频谱居中的目的。如图 3-41 所示，将 1 和 4 区域对调，2 和 3 区域对调。

【例 3-17】　图 3-42 所示为陶瓷图像的频谱图像和中心化后频谱图像实例。

分析：图 3-42b 为图 3-42a 的频谱图。图 3-42b 是未中心化的频谱图像，低频分量分布在频谱图像的 4 个角上，显示高亮度。图 3-42c 是中心化后的频谱图像，低频分量被移动至中心位置，显示为高亮度。

$f(x,y)$和$F(u,v)$为一对离散傅里叶变换对，即

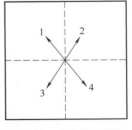

图 3-41　中心化示意图

图 3-42　图像频谱中心化实例

a）原图像　b）图像频谱图　c）频谱图中心化后结果

$$f(x,y) \longleftrightarrow F(u,v) \tag{3-36}$$

二维离散傅里叶变换（DFT）具有以下性质：

1）变换可分离性。变换可分离性是指二维 DFT 可以用两个可分离的一维 DFT 来表示。也就是说，图像的二维 DFT 可以通过先求图像沿行（列）的一维 DFT，然后将结果沿列（行）求一维 DFT 得到，公式如下：

$$\begin{aligned} F(u,v) &= \sum_{x=0}^{M-1} \mathrm{e}^{-\mathrm{j}2\pi ux/M} \sum_{y=0}^{N-1} f(x,y)\,\mathrm{e}^{-\mathrm{i}2\pi vy/N} \\ &= \sum_{x=0}^{M-1} F(x,v)\,\mathrm{e}^{-\mathrm{j}2\pi ux/M} \end{aligned} \tag{3-37}$$

$$\begin{aligned} F(u,v) &= \sum_{y=0}^{N-1} \mathrm{e}^{-\mathrm{j}2\pi vy/N} \sum_{x=0}^{M-1} f(x,y)\,\mathrm{e}^{-\mathrm{i}2\pi ux/M} \\ &= \sum_{y=0}^{N-1} F(u,y)\,\mathrm{e}^{-\mathrm{j}2\pi vy/N} \end{aligned} \tag{3-38}$$

式中，$F(x,v) = \sum_{y=0}^{N-1} f(x,y)\,\mathrm{e}^{-\mathrm{j}2\pi vy/N}$，$F(u,y) = \sum_{y=0}^{M-1} f(x,y)\,\mathrm{e}^{-\mathrm{j}2\pi ux/M}$。

2）周期性。空间域图像 $f(x,y)$ 及其二维 DFT 的频谱 $F(u,v)$ 都是水平方向以 M 为周期、垂直方向以 N 为周期的周期性图像，即

$$F(u,v) = F(u+k_1 M, v) = F(u, v+k_2 N) = F(u+k_1 M, v+k_2 N) \tag{3-39}$$

$$f(x,y) = f(x+k_1 M, y) = f(x, y+k_2 N) = f(x+k_1 M, y+k_2 N) \tag{3-40}$$

式中，k_1、k_2 为整数。

【例 3-18】　图 3-43 所示为陶瓷图像与频谱图像的周期性重复实例。

分析：如图 3-43 所示，无论变换之前是空间域 $f(x,y)$ 还是二维 DFT 的频率域，都包含图像沿 x、y 方向的无限复制。

3）共轭对称性。图像 $f(x,y)$ 一般为实函数，则 $F(u,v)$ 具有共轭对称性。公式表示如下：

$$f(x,y) \longleftrightarrow F(u,v) = F^*(-u,-v) \tag{3-41}$$

式中，$F^*(u,v)$ 是 $F(u,v)$ 的共轭函数，$F^*(-u,-v)$ 为函数中两个自变量取原来自变量的相反数。

4）平移特性。图像信号在空间域的平移相当于其傅里叶变换后在频率域与一个指数项相乘。图像信号在空间域与一个指数项相乘相当于其傅里叶变换后在频率域的平移。对 $f(x,y)$ 的平移不影响其傅里叶变换的幅值。从图 3-44 可以看出平移特性，平移后的频谱图

a)   b)

图 3-43   陶瓷图像与频谱图像的周期性重复实例

a）原图像周期性重复   b）频谱图像周期性重复

不变，相位角图发生变化。公式表示为

$$f(x-x_0,y-y_0) \leftrightarrow F(u,v)\,\mathrm{e}^{-\mathrm{j}2\pi(ux_0/M+vy_0/N)} \tag{3-42}$$

和

$$f(x,y)\,\mathrm{e}^{-\mathrm{j}2\pi(u_0x/M+v_0y/N)} \leftrightarrow F(u-u_0,v-v_0) \tag{3-43}$$

通过图 3-44 并结合式（3-42）可以看出，空间域图像的平移不会造成频谱图的变化，只会对相位角产生影响。

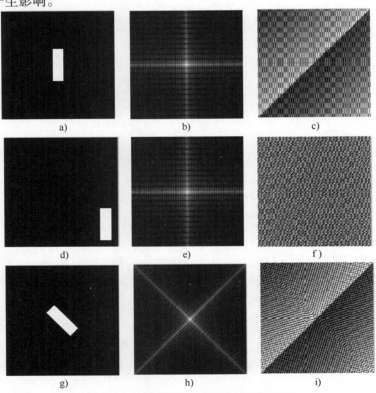

a)   b)   c)

d)   e)   f)

g)   h)   i)

图 3-44   平移和旋转对频谱及相位的影响

a）人工图像   b）图 3-44a 的傅里叶频谱图   c）图 3-44a 的相位角图

d）白色块移位后的图像   e）图 3-44d 的傅里叶频谱图   f）图 3-44d 的相位角图

g）白色块旋转后的图像   h）图 3-44g 的傅里叶频谱图   i）图 3-44g 的相位角图

5）旋转不变性。图像在空间域中旋转 θ 角度，它的傅里叶变换 $F(u,v)$ 也旋转同样的角度。图 3-44g 为图 3-44a 旋转后的图像，图 3-44h 为旋转后图像的频谱图，发现旋转后的频谱图不变，公式表示如下：

$$f(r,\theta+\theta_0) \longleftrightarrow F(\omega,\varphi+\theta_0) \tag{3-44}$$

式中，$r=\sqrt{x^2+y^2}$；$\theta=\arctan(y/x)$；$\omega=\sqrt{u^2+v^2}$；$\varphi=\arctan(v/u)$。

6）线性。二维 DFT 的线性给出了两幅图像在空间域进行缩放变换和叠加时，在频率域也同样进行缩放和叠加的性质。设 a 和 b 为实数，则有

$$af_1(x,y)+bf_2(x,y)\leftrightarrow aF_1(u,v)+bF_2(u,v) \tag{3-45}$$

7）高低频率分布特性。从频谱图中可知道高频和低频的位置。未经中心化的频谱中，最亮点在 4 个角上，频率最低，属于直流分量。经过频谱中心化的频谱，中间最亮点的频率最低，属于直流分量（DC 分量）；越往外围偏移，频谱图对应位置的频率越高。

【例 3-19】　图 3-45 所示为未中心化频谱图频率分布及中心化后频谱图频率分布。

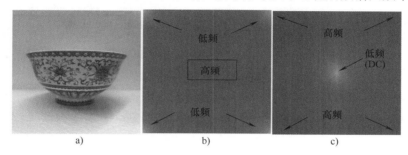

图 3-45　原图像及其频谱图频率分布

a）原图像　b）未中心化频谱图频率分布　c）中心化后频谱图频率分布

分析：图 3-45b 所示为未中心化的频谱图频率分布，最亮点在 4 个角上，频率最低，属于直流分量。经过中心化后的频谱图频率分布，中间最亮点是最低频率，属于直流分量（DC 分量）；如图 3-45c 所示，频谱图越往外围，频率越高。

8）频谱图能量的分布特性。直流分量所占能量最大，高频交流分量所占能量较小。频率越高，能量越少。

【例 3-20】　图 3-46 所示为原图像及其频谱图中的能量分布实例。

图 3-46　图像频谱能量分布特性

a）原图像　b）图像频谱图中的能量分布（原频谱图上无此实线圆圈）

分析： 如图 3-46 所示，最小的圈内包含了大约 85% 的能量，中间的圈包含了大约 93% 的能量，而最外面的圈则包含了几乎 99% 的能量。

3.5.2 频率域平滑滤波——低通滤波器

根据信息（包括信号和噪声）在空间域和频率域的对应关系及其性质，具体到图像，边缘和噪声对应高频区域，而背景或灰度变化缓慢的区域则对应低频区域。频率强度与空间上的像素灰度变化特性之间的关系可以用"低频部分反映图像的概貌，高频部分反映图像的细节"来总结。因此，频率域平滑滤波就是利用低通滤波方法消除图像傅里叶频谱中的高频成分，实现去除图像噪声的目的（噪声属于高频）。由于图像中的边缘反映在频率域也是高频，因此在对图像进行低通滤波时，会对图像边缘造成影响，使图像变得更加模糊。

与图像空间域平滑处理需要选择合适的算子类似，要实现频率域的平滑滤波，需要选择合适的低通滤波函数作为 $H(u,v)$。常见的 3 类低通滤波器是理想低通滤波器（ILPF）、巴特沃斯低通滤波器（BLPF）和高斯低通滤波器（GLPF）。这 3 类滤波器依次从非常陡峭的滤波器（理想低通滤波器）到非常平滑的滤波器（高斯低通滤波器）。巴特沃斯低通滤波器的形状通过滤波器阶数控制，阶数变化时，巴特沃斯低通滤波器的形状可以从接近理想低通滤波器到接近高斯低通滤波器。

在以原点为中心的一个圆内无衰减地通过所有的频率，而在圆外截止所有频率的二维低通滤波器为理想低通滤波器，传递函数为

$$H(u,v)=\begin{cases}1, & D(u,v)\leqslant D_0\\0, & D(u,v)>D_0\end{cases} \tag{3-46}$$

式中，D_0 为一个正常数，单位为像素，代表低通滤波器的截止频率；$D(u,v)$ 为从频率域原点到点 (u,v) 的距离，由于傅里叶频谱通常中心化，因此频率域原点位于 $(P/2,Q/2)$，则从频率域原点到点 (u,v) 的距离为

$$D(u,v)=\sqrt{(u-P/2)^2+(v-Q/2)^2} \tag{3-47}$$

巴特沃斯低通滤波器的传递函数为

$$H(u,v)=\frac{1}{1+[D(u,v)/D_0]^{2n}} \tag{3-48}$$

式中，$D(u,v)$ 与式（3-47）相同。

高斯低通滤波器的传递函数为

$$H(u,v)=e^{-D^2(u,v)/2D_0^2} \tag{3-49}$$

【例 3-21】 图 3-47 中显示了 3 种低通滤波器的透视图、以图像形式显示的函数以及径向剖面图。

分析： 图 3-47a~c 为理想低通滤波器（ILPF）的透视图、以图像形式显示的函数及其径向剖面图。从图 3-47a 可以看出，理想的低通滤波器在半径为 D_0 的圆内都会无衰减地通过，而圆之外的所有频率都被完全滤除。图 3-47d~f 为巴特沃斯低通滤波器（BLPF）的透视图、以图像形式显示的函数及其径向剖面图，图 3-47g~i 为高斯低通滤波器（GLPF）的透视图、以图像形式显示的函数及其径向剖面图。可发现巴特沃斯传递函数中的阶数 n 不同，会使得传递函数曲线不同，较高的 n 值可以控制 BLPF 接近 ILPF，而较低的 n 值可以控

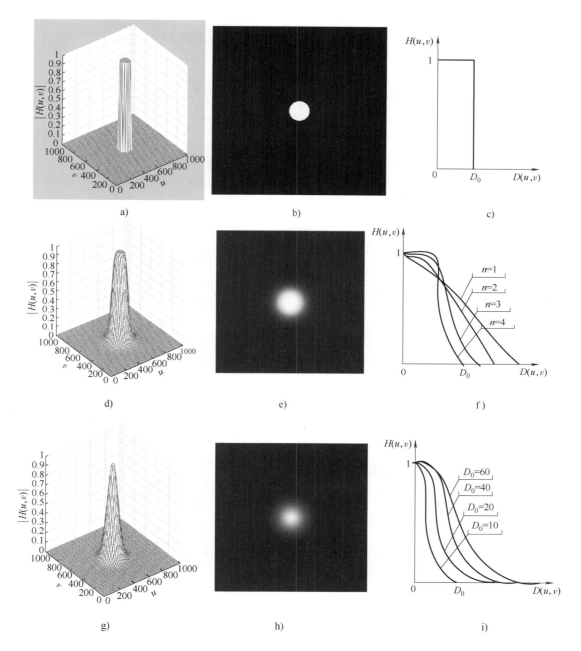

图 3-47　3 种低通滤波器的透视图、以图像形式显示的函数、径向剖面图

a）理想低通滤波器透视图　b）图 3-47a 以图像形式显示的函数　c）图 3-47a 的径向剖面图

d）巴特沃斯低通滤波器透视图　e）图 3-47d 以图像形式显示的函数　f）图 3-47d 的径向剖面图

g）高斯低通滤波器透视图　h）图 3-47g 以图像形式显示的函数　i）图 3-47g 的径向剖面图

制 BLPF 接近 GLPF。利用对 n 的控制可以提供从高斯低通滤波器到理想低通滤波器的过渡。可以用 BLPF 的阶数 $n=2$、3 近似 ILPF 的情况，这时阶数较小，振铃效应较小（肉眼几乎不可见）。另外，图 3-47g~i 中，高斯低通滤波器 D_0 越小，频率域高斯传递函数越窄，变换回空间域中的滤波模板会越大。

【例3-22】 图3-48所示为使用3种低通滤波器滤波后的图像。

图3-48 使用3种低通滤波器滤波后的图像

a）原图像 b）D_0为60的理想低通滤波器滤波后的图像 c）D_0为40的理想低通滤波器滤波后的图像

d）D_0为20的理想低通滤波器滤波后的图像 e）$n=2$，D_0为60的巴特沃斯低通滤波器滤波后的图像

f）$n=2$，D_0为40的巴特沃斯低通滤波器滤波后的图像 g）$n=2$，D_0为20的巴特沃斯低通滤波器滤波后的图像

h）D_0为60的高斯低通滤波器滤波后的图像 i）D_0为40的高斯低通滤波器滤波后的图像

j）D_0为20的高斯低通滤波器滤波后的图像

分析：图3-48a为测试用的原图像，包含字母、圆、线条等，用这样的图像进行频率域滤波器的测试，可以很好地分析各种形状图像通过各种滤波器之后能达到何种效果。图3-48b~d为原图像通过理想低通滤波器之后产生的图像，其中截止频率半径D_0分别为60、40、20。

随着截止频率半径的减小，图像变得逐渐模糊，从图 3-48c 可以看出，图像已经产生严重的振铃效应（指输出图像的灰度剧烈变化处产生的振荡，就好像钟被敲击后产生的空气振荡）。图 3-48e~g 为巴特沃斯低通滤波器滤波后的结果，滤波器的阶数 $n=2$，截止频率半径 D_0 分别为 60、40、20。二阶巴特沃斯滤波器难以察觉振铃效应，在一阶巴特沃斯低通滤波器中没有振铃效应，二阶和三阶巴特沃斯低通滤波器中难以观察到，但是更高阶的滤波器中的振铃效应会更明显。阶数 n 越高，巴特沃斯低通滤波器函数越接近理想低通滤波器的传递函数。巴特沃斯低通滤波后的图像，模糊程度要小于理想低通滤波器。图 3-48h~i 为高斯低通滤波器滤波后的结果，截止频率半径 D_0 分别为 60、40、20。对 3 种滤波器滤波结果观察发现，理想低通滤波器滤波后的模糊程度最高，巴特沃斯低通滤波器次之，高斯低通滤波器滤波后的模糊程度最低。

对于振铃效应产生的原因，图 3-49a 为理想低通滤波器频率域函数，图 3-49b 为图 3-49a 变换到空间域后的空间域函数，为 sinc( ) 函数，sinc( ) 函数主瓣两边有旁瓣，旁瓣是产生振铃效应的主要原因。

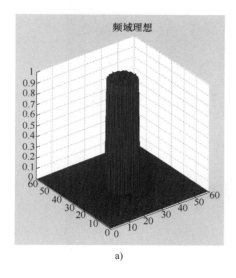 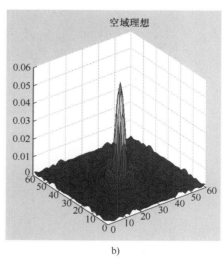

图 3-49　理想低通滤波器的频率域及空间域函数

a）理想低通滤波器频率域函数　b）理想低通滤波器空间域函数

【例 3-23】　如图 3-50 所示，利用低通滤波器对图像进行平滑，可以修复断裂的字符。

分析：对于图 3-50a 所示的文本样本，如扫描、传真、复印、历史记录、喷码打印等，放大后可以看到形状失真和字符断裂。人眼视觉填充识别这些字符没有问题，但机器识别系统阅读这些断裂字符就很困难。本书提到的修复断裂的方式有两种：一种用低通滤波器平滑图像达到修复断裂字符的目的；另外一种用形态学的运算——膨胀达到修复断裂字符的目的（将在第 7 章介绍）。图 3-50 中用截止频率半径 D_0 为 80 的高斯低通滤波器（GLPF）滤波模糊后，断开的字符连上了，很好地修复了字符。

【例 3-24】　如图 3-51 所示，利用低通滤波器进行美容处理，可以消除图像中的眼部细纹。

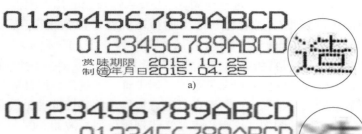

a)

b)

图 3-50　低通滤波器的应用——断裂字符连接

a）原图像　b）高斯低通滤波器滤波后的结果

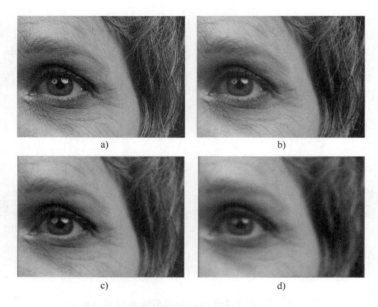

a)　　　　　　　　　　　　　　b)

c)　　　　　　　　　　　　　　d)

图 3-51　低通滤波器的应用——美容处理

a）原图像　b）截止频率半径 $D_0 = 80$ 的高斯低通滤波器滤波后的结果

c）截止频率半径 $D_0 = 40$ 的高斯低通滤波器滤波后的结果

d）截止频率半径 $D_0 = 20$ 的高斯低通滤波器滤波后的结果

分析：图 3-51a 所示的原始图像，眼部细纹明显；图 3-51b 所示为用截止频率半径 $D_0 =$ 80 的高斯低通滤波器（GLPF）滤波的结果，可看出细纹减少；图 3-51c 所示为用截止频率半径 $D_0 = 40$ 的高斯低通滤波器（GLPF）滤波的结果，可看出细纹进一步减少；图 3-51d 所示为用截止频率半径 $D_0 = 20$ 的高斯低通滤波器（GLPF）滤波的结果，可看出细纹再进一步减少，但整个图像更模糊。低通滤波器可以应用于"美容"处理，以平滑、柔和外观。

【例 3-25】　如图 3-52 所示，利用低通滤波器简化图像分析，保留图像的大致特征。

分析：图 3-52a 所示为原始卫星图像，细节较多；图 3-52b 所示为用 $D_0 = 40$ 的低通滤波

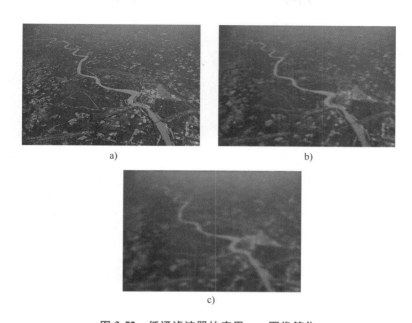

图 3-52　低通滤波器的应用——图像简化

a）原图像　b）截止频率半径 $D_0 = 40$ 的高斯低通滤波器滤波后的结果

c）截止频率半径 $D_0 = 20$ 的高斯低通滤波器滤波后的结果

器滤波的结果，可看出图像细节减少；图 3-52c 所示为用 $D_0 = 20$ 的低通滤波器滤波的结果，可看出图像中的细节进一步减少。低通滤波器可以应用于处理卫星和航空图像，其作用是模糊细节，保留大的识别特征，本例中的河流特征得到保留。低通滤波器通过平滑消除比感兴趣特征更小的特征，以简化图像分析。

3.5.3　频率域锐化滤波——高通滤波器

图像中的边缘和轮廓等细节部分与图像频谱的高频成分相对应，采用高通滤波的方法让高频分量顺利通过，使低频分量受到抑制，可以增强高频成分，使图像的边缘和轮廓变得清晰，实现图像的锐化。常用的高通滤波器有理想高通滤波器（IHPF）、巴特沃斯高通滤波器（BHPF）和高斯高通滤波器（GHPF）。在频率域中，用 1 减去低通滤波器的传递函数，可得到对应的高通滤波器传递函数，即

$$H_{HP}(u,v) = 1 - H_{LP}(u,v) \tag{3-50}$$

理想高通滤波器的传递函数为

$$H(u,v) = \begin{cases} 0, & D(u,v) \leqslant D_0 \\ 1, & D(u,v) > D_0 \end{cases} \tag{3-51}$$

式中，D_0 为一个正常数，表示低通滤波器的截止频率半径；$D(u,v)$ 为从频率域原点到点 (u,v) 的距离，表达式与式（3-47）相同。

巴特沃斯高通滤波器的传递函数为

$$H(u,v) = \frac{1}{1 + \left[D_0 / D(u,v) \right]^{2n}} \tag{3-52}$$

式中，n 为巴特沃斯高通滤波器的阶数。

高斯高通滤波器的传递函数为

$$H(u,v) = 1 - e^{-D^2(u,v)/2D_0^2} \tag{3-53}$$

图 3-53 所示为 3 种高通滤波器的透视图、以图像形式显示的函数以及径向剖面图。

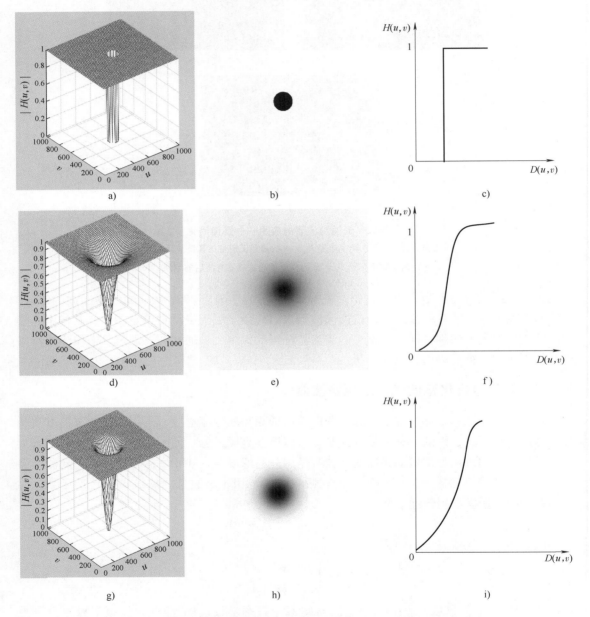

图 3-53　3 种高通滤波器的透视图、以图像形式显示的函数、径向剖面图

a）理想高通滤波器透视图　　b）图 3-53a 以图像形式显示的函数　　c）图 3-53a 的径向剖面图

d）巴特沃斯高通滤波器透视图　　e）图 3-53d 以图像形式显示的函数　　f）图 3-53d 的径向剖面图

g）高斯高通滤波器透视图　　h）图 3-53g 以图像形式显示的函数　　i）图 3-53g 的径向剖面图

图 3-53a~c 为理想高通滤波器的透视图、以图像形式显示的函数、径向剖面图，图 3-53d~f 为巴特沃斯高通滤波器的透视图、以图像形式显示的函数、径向剖面图，图 3-53g~i 为高斯高通滤波器的透视图、以图像形式显示的函数、径向剖面图。可以看出，与低通滤波器的情况一样，图 3-53d~f 的巴特沃斯高通滤波器（BHPF）传递函数是平坦的高斯高通滤波器（GHPF）和陡峭的理想高通滤波器（IHPF）之间的过渡，调整阶数 n 可以使得巴特沃斯高通滤波器（BHPF）逼近高斯高通滤波器（GHPF）和理想高通滤波器（IHPF）。

【例 3-26】　图 3-54 所示为 3 种高通滤波器对图像进行滤波处理。

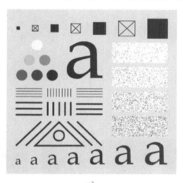

a)

b)　　　　　　　　　　　c)　　　　　　　　　　　d)

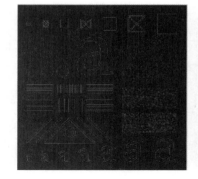

e)　　　　　　　　　　　f)　　　　　　　　　　　g)

图 3-54　3 种高通滤波器对图像进行滤波处理

a）原图像　b）$D_0 = 40$ 的理想高通滤波器滤波后的结果　c）$n = 2$，$D_0 = 40$ 的巴特沃斯高通滤波器滤波后的结果
d）$D_0 = 40$ 的高斯高通滤波器滤波后的结果　e）$D_0 = 140$ 的理想高通滤波器滤波后的结果
f）$n = 2$，$D_0 = 140$ 的巴特沃斯高通滤波器滤波后的结果　g）$D_0 = 140$ 的高斯高通滤波器滤波后的结果

分析：图 3-54a 为测试用的原图像。图 3-54b~d 为原图像通过理想高通滤波器、巴特沃斯高通滤波器（阶数 $n=2$）、高斯高通滤波器滤波后产生的图像，其中截止频率半径 D_0 都为 40。图 3-54e~g 为原图像通过理想高通滤波器、巴特沃斯高通滤波器（阶数 $n=2$）、高斯高通滤波器滤波后产生的图像，其中截止频率半径 D_0 都为 140。从图 3-54b 中发现，通过理想高通滤波器处理之后的图像已经产生严重的振铃效应。高斯滤波产生具有负值的图像，在图像中，负值被裁剪显示为 0（黑色）。各种高通滤波器的主要目的是锐化图像，由于本例所用的高通滤波器将直流项设置为 0，因此图像是没有色调的。图 3-54 中，滤波器衰减了图像大部分能量，移除低频分量会明显降低图像的灰度，留下来的大部分是边缘和其他急剧的过渡部分。图 3-54b~d 仅包含图像能量的 5%，图 3-54e~g 只有图 3-54b~d 能量的一半，为原图像能量的 2.5%。可以发现图 3-54e~g 的边缘更加细，字母的边缘更加干净。高斯滤波和巴特沃斯滤波后的结果尤其如此，包括最小目标的边缘都被保留，这些留下来的边缘对边缘的检测很重要。

【例 3-27】 图 3-55 所示为利用高通滤波器提取压电陶瓷片边缘。

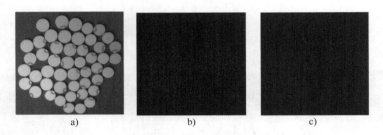

图 3-55　高通滤波器的应用——物体边缘提取

a）压电陶瓷片图像　b）$D_0=30$ 的高斯高通滤波器滤波后的结果　c）$D_0=50$ 的高斯高通滤波器滤波后的结果

分析：本例中使用高斯高通滤波器可以较好地提取压电陶瓷片图像中的边缘信息，从而为后续的工业缺陷检测做准备。D_0 参数取值越小，边缘提取越不精确，会包含较多的非边缘信息；D_0 参数取值越大，边缘提取越精确，但可能包含不完整（不连续）的边缘信息。

3.6　本章小结

图像增强的方法很多，可以总结分为空间域图像增强、频率域图像增强。

空间域图像增强是以对图像像素直接处理为基础的，包含：①灰度变换，图像反转、线性变换、分段线性变换、对数变换、幂律变换等；②直方图处理，直方图均衡化、直方图规定化（匹配）；③空间滤波增强，空间滤波就是在待处理图像中逐点地移动模板进行运算，将运算结果代替中心像素灰度值。线性空间滤波器为中心像素点的灰度值由滤波模板系数与滤波模板扫过区域的相应像素值的乘积之和给出。

空间域滤波增强分为空间域平滑滤波增强和空间域锐化滤波增强。空间域平滑滤波器可以模糊图像中突出的细节和噪声部分。空间域平滑滤波器分为两种：一种是线性平滑滤波器，如均值滤波器，它用滤波模板确定的邻域内像素的平均灰度值替代图像每个像素点的值；另一种是非线性平滑滤波器，如中值滤波器，它用滤波模板确定的邻域内像素经过排序后的中间灰度值替代图像每个像素点的值。空间域锐化滤波器，主要目的是突出图像中的细节或增强被模糊了的细节。锐化处理可以用导数来完成，导数增强了边缘和其他突变（如噪声），并削弱了灰度变化缓慢的区域。一阶导数与二阶导数总结：①一阶导数处理通常会产生较宽的边缘；②二阶导数处理对细节有较强的响应，如细线和孤立点；③二阶导数处理对灰度阶梯变化产生双响应。对于图像增强来说，二阶导数处理比一阶导数形成增强细节的结果更好。

频率域图像增强是以图像的傅里叶变换为基础的，分为频率域平滑滤波器和频率域锐化滤波器。频率域平滑滤波器有理想低通滤波器、巴特沃斯低通滤波器、高斯低通滤波器。频率域锐化滤波器有理想高通滤波器、巴特沃斯高通滤波器、高斯高通滤波器。

第 4 章

图 像 复 原

4.1　图像复原概述

　　图像复原也可称为图像恢复，是图像处理技术中的一个重要类别。数字图像在获取、记录、传输的过程中，由于受光学系统成像衍射和非线性畸变的影响，以及成像过程中目标与成像系统相对运动、系统环境随机噪声等干扰因素的叠加，会导致图像质量下降，这一现象就被称为图像退化或图像降质。图像复原是从降质图像中复原出其真实图像的过程，或是从获得的信息中反演出有关真实目标的信息的过程。图像复原的关键是要知道图像退化的过程，即要知道图像退化模型，并据此采取相反的过程求得原始（清晰）图像。

　　图像复原在很多重要的场合有应用。目前国内外图像复原技术的研究和应用主要集中于诸如空间探索、天文观测、物质研究、遥感遥测、军事科学、生物科学、医学影像、交通监控、刑事侦查等领域。图 4-1 所示为各种情况下的图像退化及复原。图 4-1a 为正弦波干扰的探月照片，图 4-1b 为图 4-1a 经过频率域滤波复原之后的图像效果；图 4-1c 为由于镜头聚焦不好而导致模糊的图像，图 4-1d 为图 4-1c 复原之后的效果；图 4-1e 为由于大气湍流造成模糊的图像，图 4-1f 为图 4-1e 复原之后的效果。

a)　　　　　　　　　　　　　　　　　　　　b)

图 4-1　各种情况下的图像退化及复原

a）正弦波干扰的探月照片　b）图 a 中的图像复原之后的效果

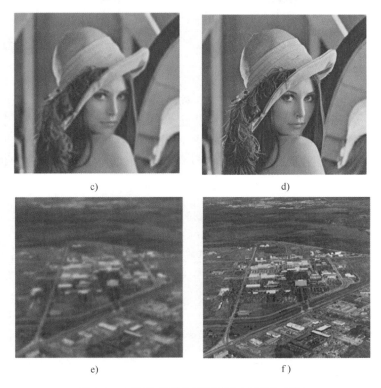

c)   d)

e)   f)

图 4-1 各种情况下的图像退化及复原（续）

c）由于镜头聚焦不好而导致模糊的图像 d）图 c 中的图像复原之后的效果

e）由于大气湍流造成模糊的图像 f）图 e 中的图像复原之后的效果

本章将介绍图像复原概述、常见的退化函数估计、噪声模型及只含噪声图像的复原、复原的经典理论方法（如逆滤波复原、维纳滤波复原、约束最小二乘方滤波复原），最后介绍图像的几何失真变换，包括基本的几何失真变换、灰度插值复原。本章内容框架如图 4-2 所示。

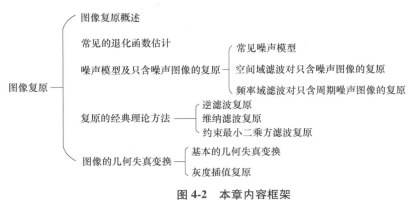

图 4-2 本章内容框架

4.1.1 图像退化与复原的关系

数字图像在获取的过程中，由于光学系统的像差、光学成像衍射、成像系统的非线性畸变、成像过程的相对运动、大气的湍流效应、环境随机噪声等原因，图像会产生一定程度的退化。图像复原试图利用退化过程中的先验知识使已退化的图像恢复本来面目，根据退化的原因分析引起退化的环境因素，建立相应的数学模型，并沿着图像退化的逆过程恢复图像。

图像复原与上一章介绍的图像增强有类似的地方，都是为了改善图像，但又有着明显的不同。表 4-1 所示为图像增强和图像复原技术对比，图像增强的过程基本上是一个探索的过程，调整图像质量直到人们对视觉系统满意为止，很少涉及统一的客观评价指标。

图像复原需要根据引起退化的因素，建立图像退化的数学模型，根据退化的逆过程还原图像本来面目，可以通过图像质量对复原的图像进行评价，这是一个客观评价的过程。

表 4-1　图像增强和图像复原技术对比

对比项目	图 像 增 强	图 像 复 原
技术特点	1）不考虑图像降质的原因，只将图像中感兴趣的特征有选择地突出（增强），衰减不需要的特征 2）改善后的图像不一定要逼近原图像 3）主观过程	1）要考虑图像降质的原因，建立降质模型 2）要建立评价复原好坏的客观标准 3）客观过程
主要目的	提高图像的可懂度	提高图像的逼真度
方法	空间域法和频率域法：空间域法主要是对图像的灰度进行处理；频率域法主要是频率域滤波	主要介绍线性复原方法

4.1.2　图像降质过程的数学模型

图像复原处理的关键问题在于建立退化模型。输入图像 $f(x,y)$ 经过某个退化系统后输出的是一幅退化图像。为方便讨论，把噪声对图像的影响作为加性噪声考虑，这与许多实际应用情况一致，如图像数字化时的量化噪声、随机噪声等就可以作为加性噪声。即使不是加性噪声，而是乘性噪声，也可以用对数方式将其转换为相加形式。

原始图像 $f(x,y)$ 经过一个退化算子或退化系统 $H(\cdot)$ 的作用，与噪声 $n(x,y)$ 进行叠加，形成退化后的图像 $g(x,y)$。图 4-3 所示为图像的退化和复原模型，其中 $H(\cdot)$ 概括了退化系统的物理过程，就是所要寻找的退化数学模型。图像退化的过程可以用数学表达式写成如下的形式：

$$g(x,y) = H(f(x,y)) + n(x,y) \tag{4-1}$$

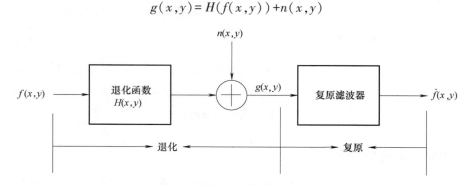

图 4-3　图像的退化和复原模型

数字图像的图像复原问题为：已知退化图像 $g(x,y)$、退化算子 $H(\cdot)$ 和 $n(x,y)$ 的一些知识，沿着反向过程去求解原始图像 $f(x,y)$，或者逆向地寻找原始图像的最佳近似估计，如图 4-3 所示。关于退化函数 $H(\cdot)$ 和噪声 $n(x,y)$ 的先验知识信息越多，得到的复原图像 $\hat{f}(x,y)$ 与原图像 $f(x,y)$ 就越接近。

根据频率域傅里叶变换的卷积性质，空间域中图像信号与系统函数的卷积，转换到频率域可表示为频率域图像信号与系统函数的乘积，式（4-1）可以转换为频率域表达式，即

$$G(u,v) = F(u,v)H(u,v) + N(u,v) \tag{4-2}$$

式中，$F(u,v)$ 为原始图像频率域表达式；$H(u,v)$ 为退化函数频率域表达式；$N(u,v)$ 为噪声频率域表达式；$G(u,v)$ 为退化后图像频率域表达式。

另外，对图 4-3 中的噪声 $n(x,y)$ 和退化函数 $H(\cdot)$ 的性质及数学模型进行分析和总结，可以得到以下结果，以便于进行复原的分析：

1）讨论噪声的数学模型。噪声 $n(x,y)$ 是一种统计性质的信息，在实际应用中，往往假设噪声是白噪声，它的频谱密度为常数，并且假设噪声与图像是不相关的。

2）讨论退化函数 $H(\cdot)$ 的数学模型。在图像复原处理中，非线性、时变和空间变化的系统模型更具有普遍性和准确性，与复杂的退化环境更接近，但它给实际处理工作带来了巨大的困难，常常找不到解或者很难用计算机进行处理。因此，在图像复原处理中，往往用线性系统和空间不变系统模型来加以近似。这种近似的优点使得线性系统中的许多理论可直接用于解决图像复原问题，同时又不失可用性。在不考虑加性噪声的情况下，系统会变为

$$g(x,y) = H(f(x,y)) \tag{4-3}$$

此时，若

$$H(af_1(x,y) + bf_2(x,y)) = aH(f_1(x,y)) + bH(f_2(x,y)) \tag{4-4}$$

式中，a 和 b 是标量；$f_1(x,y)$ 与 $f_2(x,y)$ 是两幅输入图像，则 $H(\cdot)$ 是线性的。

那么对于一个线性系统，退化函数 $H(\cdot)$ 根据线性系统的概念可满足以下性质：

1）叠加性。公式为

$$H(af_1(x,y) + bf_2(x,y)) = aH(f_1(x,y)) + bH(f_2(x,y)) \tag{4-5}$$

式中，若 $a=b=1$，则可以得到两个输入图像之和的响应等于系统分别对两个输入图像响应的和。

2）齐次性。式（4-4）中的 $f_2(x,y)=0$，则变为

$$H(af_1(x,y)) = aH(f_1(x,y)) \tag{4-6}$$

即常数与输入图像乘积的响应等于线性系统对该输入图像的响应乘以相同的常数。

3）如果线性系统 $H(\cdot)$ 是一个移不变系统（空间不变系统），那么对于任意的 $f(x,y)$ 及其系数，线性移不变系统对图像中任意一点的响应只取决于该点的输入值，而与该点的位置无关，可表示为

$$H(f(x-\alpha, y-\beta)) = g(x-\alpha, y-\beta) \tag{4-7}$$

式中，α 和 β 是任意常数。

4.2　常见的退化函数估计

在图像复原中，如果对退化函数 $H(\cdot)$ 的信息一无所知，那么实现复原是很困难的。

所以，需要先对 $H(\cdot)$ 有估计，退化是一个物理过程，可以借助物理知识和退化图像本身来获取信息。估计退化函数用的主要方法有观察法、试验法、数学模型法。

1. 观察法

根据假设图像的退化过程是线性位置不变的，估计 $H(\cdot)$ 的一种方法是从图像本身采集信息。如果是一幅模糊的退化图像，首先，选取退化后图像中的一个小矩形区域，为降低噪声的影响，选取一个信息内容很强的区域（如高对比度的区域）作为子图像。其次，处理子图像，得到尽可能不模糊的结果。

对于子图像，也满足式（4-1）的退化原理，由于选取了一个信息内容很强的区域，因此噪声对子图像的影响可以忽略，式（4-2）可变换为

$$H_s(u,v) = \frac{G_s(u,v)}{\hat{F}_s(u,v)} \tag{4-8}$$

式中，$G_s(u,v)$ 表示观察的子图像；$\hat{F}_s(u,v)$ 表示处理后的子图像，是原图像在该区域的估计。

根据式（4-8）的函数特性，可以利用线性位置不变性在更大尺度上构建一个具有基本相同形状的退化函数 $H(\cdot)$，这种方法可用于复原一幅具有价值的老照片。

2. 试验法

试验法的前提条件是现有设备与原本设备（即获得退化后图像的设备）相似时，从原理上可获得退化的精确估计。

首先，调整现有设备的系统设置，使获取的图像尽可能接近原退化后的图像。其次，利用点光源（可以用冲激信号表征），通过现有设备的成像系统，得到关于退化函数的冲激响应。由于第 4.1.2 节中将退化函数 $H(u,v)$ 假设为线性空间不变系统来进行讨论，因此所有退化函数 $H(u,v)$ 完全可以由冲激响应进行表征。由于点光源冲激响应的傅里叶变换是一个常量，因此可以得到

$$H(u,v) = \frac{G(u,v)}{A} \tag{4-9}$$

式中，$G(u,v)$ 是观察图像的傅里叶变换；A 为点光源冲激信号的傅里叶变换。

3. 数学模型法

利用数学模型对图像退化进行建模的方法已经使用多年，根据不同情况而建立的各种退化数学模型在图像复原中的性能表现良好。下面介绍几种常见的退化数学模型。

（1）大气湍流退化函数

大气湍流退化函数是基于大气湍流的物理特性建立的函数，可表示为

$$H(u,v) = e^{-k(u^2+v^2)^{5/6}} \tag{4-10}$$

式中，k 是与湍流性质有关的常数，如果不考虑指数中的 $5/6$，那么式（4-10）与高斯低通滤波器的函数形式相同。因此，有时用高斯低通滤波器来模拟轻度均匀的大气湍流模糊。

【例 4-1】 如图 4-4 所示，对式（4-10），取不同的 k 值时，模拟大气湍流模型对图像进行退化。

分析： 图 4-4a 为无湍流的原图像；图 4-4b 为原图像通过式（4-10）中的函数进行退化后的图像，此时 $k=0.0025$，属于剧烈湍流的图像；图 4-4c 为原图像通过式（4-10）中的函数进行退化后的图像，此时 $k=0.001$，属于中度湍流的图像；图 4-4d 为原图像通过式（4-10）中

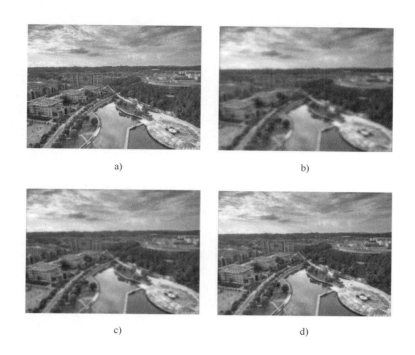

a)　　　　　　　　　　　　　　　b)

c)　　　　　　　　　　　　　　　d)

图 4-4　模拟大气湍流模型对图像进行退化

a）无湍流的原图像　b）$k=0.0025$ 时，剧烈湍流的图像

c）$k=0.001$ 时，中度湍流的图像　d）$k=0.00025$ 时，轻度湍流的图像

的函数进行退化后的图像，此时 $k=0.00025$，属于轻度湍流的图像。

（2）线性运动退化函数

线性运动退化是由成像系统和目标之间的相对匀速直线运动造成的。相对匀速直线运动存在多个方向。如果只在 x 方向做速率为 $x_0(t)=at/T$ 的匀速直线运动，则退化函数为

$$H(u,v)=\frac{T}{\pi ua}\sin(\pi ua)\mathrm{e}^{-\mathrm{j}\pi ua} \tag{4-11}$$

式中，T 为时刻；a 为图像移动总距离。

如果同时在 y 方向做速率为 $y_0(t)=bt/T$ 的匀速直线运动，则退化函数为

$$H(u,v)=\frac{T}{\pi(ua+vb)}\sin[\pi(ua+vb)]\mathrm{e}^{-\mathrm{j}\pi(ua+vb)} \tag{4-12}$$

式中，b 为图像在 y 方向的移动总距离；退化函数是一个离散滤波器，大小为 $M\times N$，可在 $u=0,1,2,\cdots,M-1$ 和 $v=0,1,2,\cdots,N-1$ 处对式（4-12）进行取样。

【例 4-2】 图 4-5 所示为图像受线性运动退化影响的实例。

分析： 图 4-5a 为原图像；图 4-5b 为原图像的频谱图像；图 4-5c 为线性运动模糊图像，运动长度为 18 个像素的移动，运动角度为逆时针 90°（y 方向运动）；图 4-5d 为线性运动模糊图像对应的频谱图像，从图像的频谱对比中发现，原图像频谱和运动模糊图像频谱有区别。

a)　　　　　　　　　b)

c)　　　　　　　　　d)

图4-5　图像受线性运动退化影响的实例

a）原图像　b）原图像的频谱图像

c）线性运动模糊图像　d）线性运动模糊图像的频谱图像

4.3　噪声模型及只含噪声图像的复原

4.3.1　各类常见噪声模型

要掌握图像复原的技术，就要提到噪声的模型，因为噪声是数字图像中一种常见的退化原因，是图像复原重点研究的内容。噪声主要在图像的获取或传输过程中加入，但是噪声的产生和强度都不确定，可采用概率统计的方法（用概率密度函数（PDF））对噪声进行描述。下面对常见噪声的概率密度函数进行介绍。

1. 高斯噪声

高斯噪声也称为正态噪声，噪声概率密度函数就是正态分布函数。图 4-6 所示为高斯噪声的概率密度函数，可表示为

$$p(z) = \frac{1}{\sqrt{2\pi}\,\sigma}e^{-(z-\bar{z})^2/2\sigma^2}, \ -\infty < z < \infty \quad (4\text{-}13)$$

式中，z 表示灰度；$\bar{z}$ 表示 z 的均值；σ 表示 z

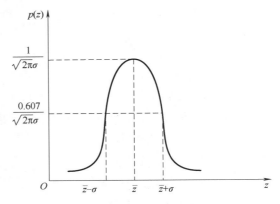

图4-6　高斯噪声的概率密度函数

的方差。

高斯噪声在数学上非常容易处理。在噪声没有明显特征的情况下，可当作高斯噪声来处理。典型的高斯噪声为电子设备的噪声或传感器在不良照明和高温下而产生的噪声。许多分布特性接近高斯分布的噪声通常也可以作为高斯噪声来处理。从图 4-6 中可知，z 值在区间 $\bar{z}\pm\sigma$ 内的概率约为 0.68，说明受噪声影响的像素多分布在灰度值为均值的附近。

【例 4-3】 图 4-7 所示为图像受高斯噪声污染的实例。

a)   b)   c)

图 4-7 图像受高斯噪声污染的实例

a）原图像　b）加入均值为 0、方差为 0.04 的高斯噪声后的图像

c）加入均值为 0、方差为 0.4 的高斯噪声后的图像

分析： 可以发现，加入的高斯噪声方差越大，图像被噪声污染得越严重，图 4-7b、c 中，加入图像中的高斯噪声方差从 0.04 变为 0.4，图 4-7c 的污染程度比图 4-7b 更加严重。因为方差 σ 的数值越大，噪声影响的灰度部分 $\bar{z}\pm\sigma$ 范围增大，因此被噪声污染的像素越多。

2. 均匀分布噪声

均匀分布噪声也称随机分布噪声，其分布在一定范围内是均衡的，图像中的每个像素受到噪声影响的可能性相等。均匀分布噪声的概率密度函数如图 4-8 所示，公式为

$$p(z)=\begin{cases}\dfrac{1}{b-a}, & a\leqslant z\leqslant b\\ 0, & \text{其他}\end{cases} \qquad (4\text{-}14)$$

均匀分布噪声在图像处理实际中的应用较少，一般模拟随机数发生器的噪声，使用在仿真随机数发生器中。

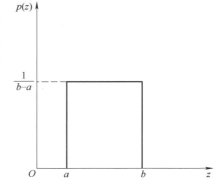

图 4-8 均匀分布噪声的概率密度函数

【例 4-4】 图 4-9 所示为图像受均匀分布噪声污染的实例。

分析： 可以发现，加入的均匀分布噪声的范围越大，图像被噪声污染得越严重。图 4-9b、c 中，加入图像中均匀分布噪声的范围从 [-20,20] 变为 [-40,40]，图 4-9c 的污染程度比图 4-9b 更加严重。这是因为均匀分布噪声的范围越大，被噪声污染的像素越多。

3. 脉冲噪声（椒盐噪声）

脉冲噪声是随机分布的噪声，受脉冲噪声污染的图像表现为随机分布着一些孤立的白点

a)　　　　　　　　　　b)　　　　　　　　　　c)

图 4-9　图像受均匀分布噪声污染的实例

a）原图像　　b）加入噪声灰度值范围为 $[-20,20]$ 的均匀分布噪声后的图像

c）加入噪声灰度值范围为 $[-40,40]$ 的均匀分布噪声后的图像

或者黑点，与周围像素存在极大反差。脉冲噪声的概率密度函数如图 4-10 所示，公式为

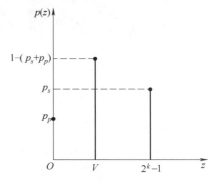

$$p(z)=\begin{cases}p_s,z=2^k-1\\ p_p,z=0\\ 1-(p_s+p_p),z=V\end{cases}\qquad(4\text{-}15)$$

式中，V 是区间 $0<V<2^k-1$ 内的任意整数。

一般脉冲噪声是图像中可表示的最小灰度和最大灰度，这意味着是 0 和 2^k-1。在图像视觉上，双极脉冲噪声类似于调料中的胡椒和盐，因此称为椒盐噪声。亮点对应于"盐"，暗点对应于"胡椒"。椒盐噪声一般用来表示成像期间的快速瞬变，如开关故障产生的噪声。

图 4-10　脉冲噪声的概率密度函数

【例 4-5】　图 4-11 所示为图像受脉冲噪声污染的实例。

a)　　　　　　　　　　b)　　　　　　　　　　c)

图 4-11　图像受脉冲噪声污染的实例

a）原图像　　b）加入概率密度为 0.03 的脉冲噪声后的图像　　c）加入概率密度为 0.3 的脉冲噪声后的图像

分析：加入的脉冲噪声的概率密度越大，图像被噪声污染得越严重。图 4-11b、c 中加入概率密度从 0.03 变为 0.3，显然图 4-11c 的被污染程度比图 4-11b 更加严重。这是因为脉冲噪声概率密度越大，噪声分布越广，能污染到的像素越多。

4. 瑞利噪声

瑞利噪声和高斯噪声的概率密度函数相似，但是原点的距离及密度分布的形状右偏，图 4-12 所示为瑞利噪声的概率密度函数，公式为

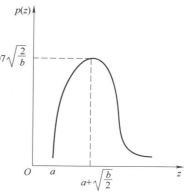

$$p(z) = \begin{cases} \dfrac{2}{b}(z-a)\,\mathrm{e}^{-(z-a)^2/b}, & z \geqslant a \\ 0, & z < a \end{cases} \tag{4-16}$$

当随机变量 z 为瑞利分布时，其均值和方差分别为

$$\bar{z} = a + \sqrt{\pi b / 4} \tag{4-17}$$

$$\sigma^2 = \frac{b(4-\pi)}{4} \tag{4-18}$$

瑞利噪声由于具有距原点的位移和其概率密度分布的基本形状向右变形的事实，因此，瑞利噪声一般应用对于近似偏移的直方图噪声的数学模型。

图 4-12　瑞利噪声的概率密度函数

【例 4-6】　图 4-13 所示为图像受瑞利噪声污染的实例。

a)　　　　　　　　　　　b)　　　　　　　　　　　c)

图 4-13　图像受瑞利噪声污染的实例

a）原图像　　b）加入均值和方差逐渐增大的瑞利噪声后的图像 1

c）加入均值和方差逐渐增大的瑞利噪声后的图像 2

分析： 加入瑞利噪声的概率密度函数中均值和方差越大，图像被噪声污染得越严重。调整瑞利噪声的均值和方差，在图 4-13b、c 中，加入图像中的均值和方差逐步增大，显然图 4-13c 的被污染程度比图 4-13b 更加严重。这是因为瑞利噪声均值和方差越大，分布越广，噪声分布就越随机，被噪声污染到的像素就越多。

5. 周期噪声

图像中的周期噪声通常是在获取图像期间由电气或者电机干扰产生的，这里只考虑与空间相关的噪声。周期噪声通常通过频率域滤波进行处理。周期噪声的噪声模型是二维正弦波，表达式为

$$r(x,y) = A\sin\left[2\pi u_0(x+B_x)/M + 2\pi v_0(y+B_y)/N\right] \tag{4-19}$$

式中，A 是振幅；u_0 和 v_0 分别关于 x 轴和 y 轴确定正弦频率；B_x 和 B_y 是关于原点的相移。

式（4-19）的 $M \times N$ 离散傅里叶变换为

$$R(u,v) = \mathrm{j}\frac{A}{2}\left[\left(e^{\mathrm{i}2\pi u_0 B_x / M}\right)\delta(u+u_0, v+v_0) - \left(e^{\mathrm{j}2\pi v_0 B_x / N}\right)\delta(u-u_0, v-v_0)\right] \tag{4-20}$$

从式（4-20）可以看出，周期噪声在频率域是位于$(u+u_0, v+v_0)$和$(u-u_0, v-v_0)$的复共轭冲激。

【例4-7】 图4-14所示为图像受正弦周期噪声污染的实例。

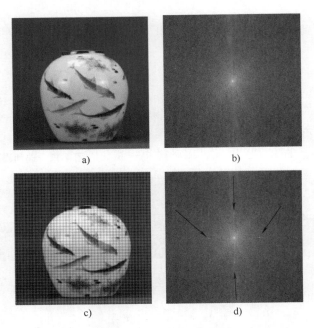

a)   b)

c)   d)

图4-14　图像受正弦周期噪声污染的实例

a）原图像　b）原图像的频谱

c）周期噪声污染后的图像　d）周期噪声污染后的图像频谱

分析：图4-14c为周期噪声污染后的图像，图像噪声在x方向和y方向呈现出周期性变化。图4-14b为原图像的频谱，图4-14d为周期噪声污染后的图像频谱。两个频谱图相似，区别是周期噪声污染后的图像频谱中有4个亮点，用箭头指出，为两对复共轭冲激，与式（4-20）描述相符。后续可以通过频率域的带阻滤波器进行滤除。

4.3.2　空间域滤波对只含噪声图像的复原

当一幅图像仅被加性噪声退化时，式（4-1）和式（4-2）变成

$$g(x,y) = f(x,y) + n(x,y) \tag{4-21}$$

其频率域表达式为

$$G(u,v) = F(u,v) + N(u,v) \tag{4-22}$$

由于噪声项是未知的，因此不能从退化后的图像$g(x,y)$中减去噪声$n(x,y)$来获得退化之前的原图像$f(x,y)$。但仅存在加性噪声时，可以通过第3章提到的空间域滤波的方法来滤除噪声得到原图像的一个估计$\hat{f}(x,y)$。

常用于滤除噪声（降噪）的空间域滤波器有9种，可以分为两类：第一类为均值滤波

器，主要有算术均值滤波器、几何均值滤波器、谐波均值滤波器和反谐波均值滤波器；第二类为统计排序滤波器，主要有中值滤波器、最大值滤波器、最小值滤波器、中点滤波器和修正阿尔法滤波器。表 4-2 中将从滤波器的类型、名称、函数表达式以及性能方面对 9 种常见降噪滤波器进行介绍（表中各 S_{xy} 表示中心为 (x,y)、大小为 $m×n$ 的矩形图像邻域的一组坐标；$g(r,c)$ 是被噪声污染的图像；r 和 c 是邻域 S_{xy} 中包含的像素的行坐标和列坐标）。

表 4-2　常见降噪滤波器

序号	类型	名　称	函数表达式	性　能
1	均值滤波器	算术均值滤波器	$\hat{f}(x,y)=\dfrac{1}{mn}\sum_{(r,c)\in S_{xy}}g(r,c)$ (4-23)	平滑图像中的局部变化，会降低噪声，但会模糊图像
2		几何均值滤波器	$\hat{f}(x,y)=\left[\prod_{(r,c)\in S_{xy}}g(r,c)\right]^{\frac{1}{mn}}$ (4-24)	与算术均值滤波器相比，损失的图像细节较少
3		谐波均值滤波器	$\hat{f}(x,y)=\dfrac{mn}{\sum_{(r,c)\in S_{xy}}\dfrac{1}{g(r,c)}}$ (4-25)	既能处理盐噪声，又能处理类似高斯噪声的其他噪声，但不能处理胡椒噪声
4		反谐波均值滤波器	$\hat{f}(x,y)=\dfrac{\sum_{(r,c)\in S_{xy}}g(r,c)^{Q+1}}{\sum_{(r,c)\in S_{xy}}g(r,c)^{Q}}$ (4-26)	适用于消除椒盐噪声。Q 为正时，消除胡椒噪声；Q 为负时，消除盐噪声
5	统计排序滤波器	中值滤波器	$\hat{f}(x,y)=\underset{(r,c)\in S_{xy}}{\mathrm{median}}\{g(r,c)\}$ (4-27)	有效降低随机噪声，且模糊度小，对椒盐噪声效果最好
6		最大值滤波器	$\hat{f}(x,y)=\underset{(r,c)\in S_{xy}}{\max}\{g(r,c)\}$ (4-28)	用于削弱与明亮区域相邻的暗色区域，可以用于降低胡椒噪声
7		最小值滤波器	$\hat{f}(x,y)=\underset{(r,c)\in S_{xy}}{\min}\{g(r,c)\}$ (4-29)	用于削弱与暗色区域相邻的明亮区域，可以用于降低盐噪声
8		中点滤波器	$\hat{f}(x,y)=\dfrac{1}{2}\left[\underset{(r,c)\in S_{xy}}{\min}\{g(r,c)\}+\underset{(r,c)\in S_{xy}}{\max}\{g(r,c)\}\right]$ (4-30)	最适合用于处理随机分布的噪声，如高斯噪声或者均匀分布噪声
9		修正阿尔法滤波器	$\hat{f}(x,y)=\dfrac{1}{mn-d}\sum_{(r,c)\in S_{xy}}g_R(r,c)$ (4-31) 假设要在邻域 S_{xy} 内删除 $g(r,c)$ 的 $d/2$ 个最低灰度值的像素和 $d/2$ 个最高灰度值的像素，$g_R(x,y)$ 表示 S_{xy} 中剩下的 $mn-d$ 个像素	$d=0$ 时简化为算术均值滤波器，$d=mn-1$ 时简化为中值滤波器，d 取其他值时为修正阿尔法滤波器，适用多种混合噪声，如高斯噪声和椒盐噪声

下面通过各空间域滤波对只含噪声的图像进行复原，来说明空间滤波器复原的性能。

【例 4-8】 图 4-15 所示为各空间滤波器对高斯噪声信号的滤除，用于说明各滤波器对高斯噪声进行滤波的效果，以及模板的尺寸大小对滤波后图像的影响。

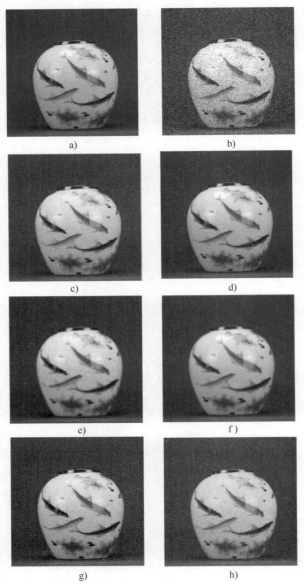

图 4-15　各空间滤波器对高斯噪声的滤波效果

a）原图像　b）图像添加均值为 0、方差为 0.06 的高斯噪声

c）对图 4-15b 用 3×3 算术均值滤波器滤波后的图像　d）对图 4-15b 用 3×3 几何均值滤波器滤波后的图像

e）对图 4-15b 用 9×9 算术均值滤波器滤波后的图像　f）对图 4-15b 用 9×9 几何均值滤波器滤波后的图像

g）对图 4-15b 用 3×3 谐波均值滤波器滤波后的图像　h）对图 4-15b 用 3×3 中点滤波器滤波后的图像

分析： 使用算术均值滤波器和几何均值滤波器滤除高斯噪声，这两种滤波器不能很好地保护图像细节，在图像去噪的同时也破坏了图像的细节部分，从而使图像变得模糊，且滤波

模板越大，图像滤波后越模糊。从图 4-15c 与图 4-15e 的对比以及图 4-15d 与图 4-15f 的对比可以看出，滤波模板越大，滤波后的图像越模糊。均值滤波公式的含义是：用模板中全体像素的平均值来代替原来中心点的像素值，模板越大，参与计算的像素灰度值越多，均值就是更多像素灰度值的平均，因此计算后会更模糊。从图 4-15c 与图 4-15d 的对比看出，算术均值滤波器与几何均值滤波器可达到的平滑程度相当。从图 4-15e 与图 4-15f 的对比看出，几何均值滤波器损失的图像细节更少。

　　谐波均值滤波器可以处理高斯噪声及类似的噪声。图 4-15g 所示为用 3×3 谐波均值滤波器滤波之后的图像，噪声污染情况有所改善，这是因为谐波均值滤波器滤波也是均值类的滤波器，均值类滤波器对高斯噪声这种符合统计学正态分布的噪声都有滤除效果。

　　中点滤波器可以处理高斯噪声及均值噪声。图 4-15h 所示为用 3×3 中点滤波器滤波之后的图像，噪声污染情况有所改善，这是因为中点滤波器滤波求的是模板中最大值和最小值的平均，模板中也引入了平均，因此，中点滤波器对高斯噪声也有滤除效果。

　　【例 4-9】　图 4-16 所示为中值滤波器对椒盐噪声滤除的实例。

a)　　　　　　　　　　　　　b)　　　　　　　　　　　　　c)

图 4-16　中值滤波器对椒盐噪声滤除的实例

a）原图像　b）对原图像添加概率为 0.1 的椒盐噪声　c）对图 4-16b 进行中值滤波后的图像

　　分析：从图 4-16c 可以看出，中值滤波器可以消除椒盐噪声。如式（4-27）所示，在中值滤波器选取的模板邻域内，将像素点灰度值的中间值作为中心像素点灰度。椒盐噪声的像素点灰度值为最大灰度值或最小灰度值，这些噪声点的灰度值一般不会是邻域的中间值，因此，中值滤波后噪声点会被滤除。

　　【例 4-10】　图 4-17 所示为各种滤波器对只含胡椒噪声或盐噪声滤除的实例。

　　分析：当使用最小值滤波器或者当反谐波滤波器的阶数 Q 值为负时，可以消除盐噪声，如图 4-17c 和图 4-17e 所示；当使用最大值滤波器或者当反谐波滤波器的阶数 Q 值为正时，可以消除胡椒噪声，如图 4-17d 和图 4-17f 所示。最大值滤波器能消除胡椒噪声的原因是：胡椒噪声像素点一般取灰度的最小值，而对于最大值滤波器（如式（4-28）），其运算结果的灰度值取邻域内的最大值，正好滤除模板邻域中灰度的最小值，因此能滤除胡椒噪声。最小值滤波器能消除盐噪声的原因是：盐噪声像素点一般取灰度的最大值，而对于最小值滤波器（如式（4-29）），其运算结果的灰度值取邻域内的最小值，正好滤除模板邻域中灰度的最大值，因此能滤除盐噪声。

　　反谐波均值滤波器不能同时滤除胡椒噪声和盐噪声，滤除噪声时，必须知道噪声是亮噪声污染还是暗噪声污染，选取合适的阶数 Q 符号，如果符号设置错误，则会带来糟糕的效果，如图 4-17g 和图 4-17h 所示。

a)   b)

c)   d)

e)   f)

g)   h)

图 4-17   各种滤波器对只含胡椒噪声或盐噪声滤除的实例

a）对原图像添加概率为 0.1 的盐噪声   b）对原图像添加概率为 0.1 的胡椒噪声

c）对图 4-17a 进行最小值滤波器滤波后的图像   d）对图 4-17b 进行最大值滤波器滤波后的图像

e）对图 4-17a 进行反谐波均值滤波器（参数 $Q=-1.5$）滤波后的图像

f）对图 4-17b 进行反谐波均值滤波器（参数 $Q=1.5$）滤波后的图像

g）对图 4-17a 进行反谐波均值滤波器（参数 $Q=1.5$）滤波后的图像，此时符号参数 Q 使用错误

h）对图 4-17b 进行反谐波均值滤波器（参数 $Q=-1.5$）滤波后的图像，此时符号参数 Q 使用错误

【例 4-11】　图 4-18 所示为各种空间滤波器对叠加两种噪声信号滤除的实例。

图 4-18　各种空间滤波器对叠加两种噪声信号滤除的实例
a）原图像　b）添加高斯噪声后的图像　c）在图 4-18b 的基础上添加椒盐噪声后的图像
d）对图 4-18c 进行算术均值滤波器滤波后的图像　e）对图 4-18c 进行几何均值滤波器滤波后的图像
f）对图 4-18c 进行中值滤波器滤波后的图像　g）对图 4-18c 进行修正阿尔法滤波器滤波后的图像

分析： 从以上空间滤波器结果可以看出，对于同时存在高斯噪声和椒盐噪声的情况，算术均值滤波器和几何均值滤波器并没有取得较好的效果，如图 4-18d 和图 4-18e 所示；而中值滤波器和修正阿尔法滤波器的降噪效果要好很多，如图 4-18f 和图 4-18g 所示，其中修正阿尔法滤波器的效果最好。修正阿尔法滤波器效果最好的原因是：从式（4-31）可知，修正阿尔法滤波器计算均值之前在邻域内先删除 $d/2$ 个最低灰度值和 $d/2$ 个最高灰度值，椒盐噪声在图像中正是最高灰度值和最低灰度值的像素点，因此，这一计算可以有效地去除椒盐噪声；在删除 $d/2$ 个最低灰度值和 $d/2$ 个最高灰度值之后，计算剩下像素点的均值，而均值类的滤波器可以有效地滤除高斯噪声。因此，修正阿尔法滤波器对椒盐噪声和高斯噪声叠加污染的图像有良好的复原性能。

4.3.3 频率域滤波对只含周期噪声图像的复原

周期噪声在频率域上有明显的特点，如果叠加正弦周期噪声的图像，那么通过使用频率域技术可以有效地滤除周期噪声。根据"信号与系统"的相关知识，正弦信号在频率域为一对冲激信号，因此，在二维周期噪声的傅里叶频谱图像中表现为一对亮点（冲激信号）。基于这一原理，可以采用频率域滤波器分离周期噪声。

图 4-19 所示为频率域滤波对含周期噪声的图像复原的过程。首先，对含周期噪声的图像进行傅里叶变换；然后，检测亮点所在位置，采用频率域滤波器对其进行滤波；最后，对滤波结果进行傅里叶逆变换，得到复原图像。

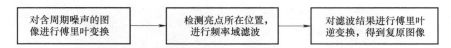

图 4-19 频率域滤波对含周期噪声的图像复原的过程

下面讨论对含周期噪声的图像进行滤波复原的频率域滤波器：带阻滤波器、带通滤波器和陷波滤波器。

1. 带阻滤波器和带通滤波器

若某个频率域滤波器能将频率域中的某个频率滤除，则称该滤波器为带阻滤波器。带通滤波器的传递函数可以用 1 减去带阻滤波器的传递函数获得。表 4-3 为 3 种常用带阻滤波器的传递函数，表 4-4 为 3 种常用带通滤波器的传递函数。其中，C_0 是频带的中心；W 是带宽；$D(u,v)$ 是传递函数的中心到频率矩形中点 (u,v) 的距离；n 为滤波器阶数。

表 4-3 3 种常用带阻滤波器的传递函数

带阻滤波器名称	传 递 函 数	
理想带阻滤波器	$H(u,v)=\begin{cases}0, C_0-W/2\leqslant D(u,v)\leqslant C_0+W/2\\1, 其他\end{cases}$	(4-32)
巴特沃斯带阻滤波器	$H(u,v)=1-e^{-\left[\frac{D^2(u,v)-C_0^2}{D(u,v)W}\right]}$	(4-33)
高斯带阻滤波器	$H(u,v)=\dfrac{1}{1+\left[\dfrac{D(u,v)W}{D^2(u,v)-C_0^2}\right]^{2n}}$	(4-34)

表 4-4 3 种常用带通滤波器的传递函数

带通滤波器名称	传 递 函 数	
理想带通滤波器	$H(u,v)=\begin{cases}0, 其他\\1, C_0-W/2\leqslant D(u,v)\leqslant C_0+W/2\end{cases}$	(4-35)
巴特沃斯带通滤波器	$H(u,v)=e^{-\left[\frac{D^2(u,v)-C_0^2}{D(u,v)W}\right]}$	(4-36)
高斯带通滤波器	$H(u,v)=1-\dfrac{1}{1+\left[\dfrac{D(u,v)W}{D^2(u,v)-C_0^2}\right]^{2n}}$	(4-37)

图 4-20 为 3 种带阻滤波器的传递函数透视图和以图像形式显示的传递函数，其中所有传递函数的 $C_0 = 30$，$W = 10$。图 4-20a、b、c 分别为理想带阻滤波器、巴特沃斯带阻滤波器和高斯带阻滤波器的传递函数透视图。二维的带阻滤波器衰减了频率域距离原点处某一半径的圆环上的信号。图 4-20d、e、f 显示了 3 种滤波器以图像形式显示的传递函数，可以直观地看出，黑色为衰减区域，白色为通过区域。带阻滤波器的主要应用是：噪声分量在频率域位置近似已知，且噪声在频率域呈现出环形特征，此时可滤除噪声，复原图像。

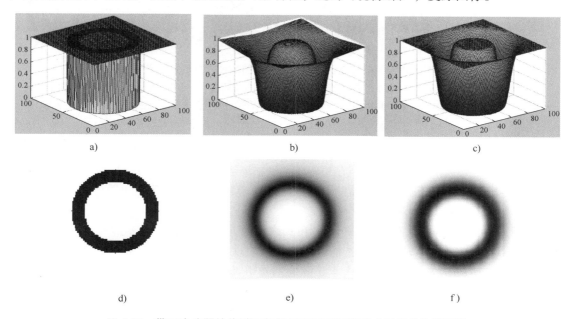

图 4-20　带阻滤波器的传递函数透视图和以图像形式显示的传递函数

a）理想带阻滤波器的传递函数透视图　b）巴特沃斯带阻滤波器的传递函数透视图
c）高斯带阻滤波器的传递函数透视图　d）以图像形式显示的理想带阻滤波器的传递函数
e）以图像形式显示的巴特沃斯带阻滤波器的传递函数　f）以图像形式显示的高斯带阻滤波器的传递函数

图 4-21 为 3 种带通滤波器的传递函数透视图和以图像形式显示的传递函数，其中所有传递函数的 $C_0 = 30$，$W = 10$。图 4-21a、b、c 分别为理想带通滤波器、巴特沃斯带通滤波器和高斯带通滤波器的传递函数透视图。二维的带通滤波器通过频率域距离原点处某一半径的

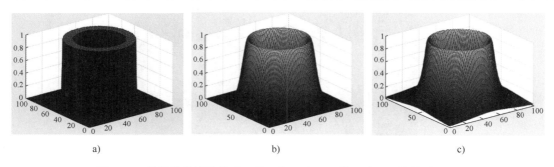

图 4-21　带通滤波器的传递函数透视图和以图像形式显示的传递函数

a）理想带通滤波器的传递函数透视图　b）巴特沃斯带通滤波器的传递函数透视图
c）高斯带通滤波器的传递函数透视图

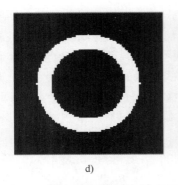  

d)   e)   f)

图 4-21 带通滤波器的传递函数透视图和以图像形式显示的传递函数（续）

d）以图像形式显示的理想带通滤波器的传递函数   e）以图像形式显示的巴特沃斯带通滤波器的传递函数

f）以图像形式显示的高斯带通滤波器的传递函数

圆环内信号，消除或衰减圆环之外的信号。图 4-21d、e、f 为 3 种滤波器以图像形式显示的传递函数，可以直观地看出，黑色为衰减区域，白色为通过区域。带通滤波器的应用是：噪声分量在频率域的位置近似已知，且噪声在频率域呈现出环形特征，此时可提取噪声信号本身。

【例 4-12】 图 4-22 所示为用高斯带阻滤波器对叠加正弦周期噪声的图像进行滤波复原的实例。

分析：原图像叠加正弦周期噪声后，在频率域显示为原频谱图上叠加了两对亮点，用图 4-22d 中的箭头指出。原因是正弦信号在频率域表现为一对冲激，在图像上显示为一对亮点，图像是二维的，为两对亮点。由于正弦周期噪声具有此特点，因此可以用频率域滤波器进行消除。二维的高斯带阻滤波器传递函数在图像上表现为离频率中心的一个圆环形区域频率被抑制为零，如图 4-22e 所示。调整二维的高斯带阻滤波器的中心频率 C_0 和带宽 W，使得其抑制的频率刚好为两对冲激点所在的频率，将滤波器传递函数与含噪声图像的频谱相乘，得到图 4-22f 所示的频谱图，可以将冲激信号变为零，滤除周期噪声。再将频谱通过傅里叶逆变换转换成空间域图像，得到图 4-22g 所示的不含周期噪声的图像。含噪声的频谱图通过相应的高斯带通滤波器，可以提取出加入原图像中的正弦周期噪声。用带通滤波器将冲激信号对应的频率通过，其他频率分量衰减为零，可以得到周期噪声频谱图，再将其通过傅里叶逆变换转换回空间域，得到图 4-22h。

 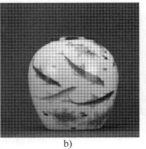

a)   b)

图 4-22 用高斯带阻滤波器对叠加正弦周期噪声的图像进行滤波复原的实例

a）原图像   b）被正弦周期噪声污染的图像

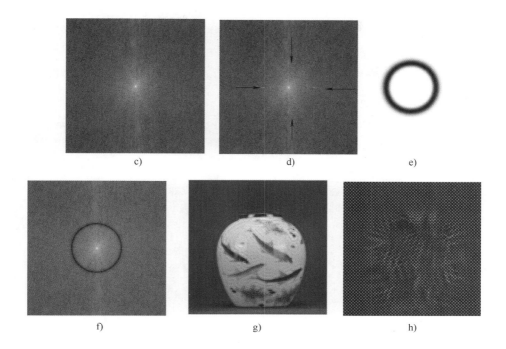

图 4-22　用高斯带阻滤波器对叠加正弦周期噪声的图像进行滤波复原的实例（续）

c）图 4-22a 的频谱图像　d）图 4-22b 的频谱图像　e）以图像形式显示的高斯带阻滤波器传递函数
f）带阻滤波后图像的频谱，图 4-22d 与图 4-22e 相乘的结果　g）带阻滤波后，将图 4-22f 转换
到空间域后的图像　h）高斯带通滤波器提取周期噪声后的图像

2. 陷波滤波器

陷波滤波器可用于去除周期噪声，虽然带阻滤波器也能去除周期噪声，但带阻滤波器对噪声以外的成分也会有所衰减。而陷波滤波器主要对某个点进行衰减，其余成分不损失。陷波滤波器阻止事先定义的频率矩形邻域中的频率。中心为 (u_0, v_0) 的陷波滤波器传递函数在 $(-u_0, -v_0)$ 位置必须有一个对应的陷波，原因是陷波滤波器为零相移滤波器，零相移滤波器必须关于原点（频率矩形中心）对称。陷波滤波器传递函数可用中心被平移到陷波滤波中心的两个高通滤波器函数的乘积来产生，形式为

$$H_{NR}(u,v) = \prod_{k=1}^{Q} H_k(u,v) H_{-k}(u,v) \tag{4-38}$$

式中，$H_k(u,v)$ 和 $H_{-k}(u,v)$ 是高通滤波器传递函数，它们的中心分别是 (u_k, v_k) 和 $(-u_k, -v_k)$，中心根据频率矩形的中心 $(M/2, N/2)$ 确定，M 和 N 是输入图像的行数和列数。

传递函数的距离计算公式为

$$D_k(u,v) = \left[(u - M/2 - u_k)^2 + (v - N/2 - v_k)^2 \right]^{1/2} \tag{4-39}$$

和

$$D_{-k}(u,v) = \left[(u - M/2 + u_k)^2 + (v - N/2 + v_k)^2 \right]^{1/2} \tag{4-40}$$

图 4-23 为 3 种陷波滤波器的传递函数透视图和以图像形式显示的传递函数。图 4-23a、b、c 分别为理想陷波滤波器、巴特沃斯陷波滤波器和高斯陷波滤波器的传递函数透视图。

陷波滤波器阻止事先定义的中心频率邻域内的频率。图 4-23d、e、f 显示了 3 种滤波器以图像形式显示的传递函数，可以直观地看出，黑色为衰减区域，白色为通过区域。由于傅里叶变换是对称的，因此陷波滤波器必须以关于原点对称的形式出现。特例是如果陷波滤波器位于原点，则应以它本身的形式出现。可实现陷波对的数量是任意的，陷波区域的形状也是任意的（如矩形）。

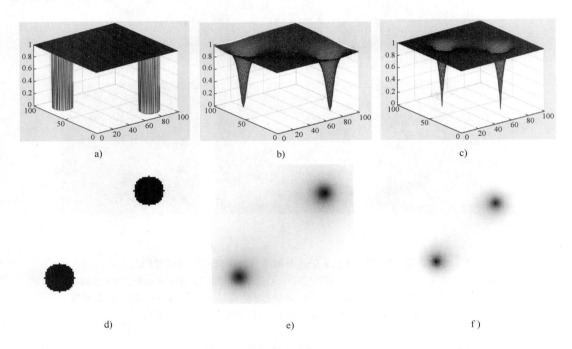

a)   b)   c)

d)   e)   f)

图 4-23　陷波滤波器的传递函数透视图和以图像形式显示的传递函数

a）理想陷波滤波器的传递函数透视图　b）巴特沃斯陷波滤波器的传递函数透视图
c）高斯陷波滤波器的传递函数透视图　d）以图像形式显示的理想陷波滤波器的传递函数
e）以图像形式显示的巴特沃斯陷波滤波器的传递函数　f）以图像形式显示的高斯陷波滤波器的传递函数

【例 4-13】　如图 4-24 所示，使用巴特沃斯陷波滤波器对图像进行复原，消除图像中的莫尔波纹。莫尔波纹是在使用周期或者近似周期分量对场景取样时产生的。当两个频率接近的等幅正弦波相叠加时，合成信号的幅度将根据两个频率之差变化。当扫描介质印刷物（如报纸和杂志）时，或者在具有周期分量的图像中，如果它的间隔与取样间隔有可比性，莫尔波纹通常就会出现。

　　分析： 从图 4-24b 中的箭头所指方向可以看出莫尔波纹噪声在频谱图上显示为近似冲激信号的亮点，共有 4 对。莫尔波纹是近似周期性噪声导致的，可通过陷波滤波器衰减这些亮点。本例中使用巴特沃斯陷波滤波器，如图 4-24c、d 所示，阶数 $n = 4$，中心频率 $D_0 = 30$。通过将陷波滤波器频率域传递函数与图像的频率域变换相乘，可以得到图 4-24e 所示的频谱图。从频谱图上可以看到，4 对高强度亮点已经被陷波滤波器滤除，变为暗点。对图 4-24e进行傅里叶逆变换，变换回空间域，此时图像中的莫尔波纹噪声已经被消除。通过设置巴特沃斯陷波滤波器的阶数和中心频率点，可以消除频率域上孤立的冲激信号。

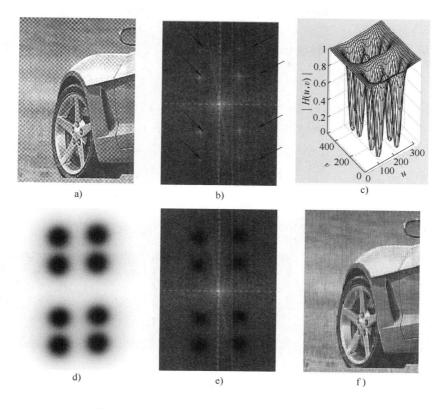

图 4-24 使用巴特沃斯陷波滤波器消除莫尔波纹

a）受莫尔波纹噪声影响的原图像 b）图 4-24a 的频谱
c）陷波滤波器的透视图 d）陷波滤波器的图像显示形式
e）受噪声污染的图像频谱与陷波滤波器相乘的结果，图 4-24b 与图 4-24d 相乘的结果
f）消除莫尔波纹后的图像，对图 4-24e 进行傅里叶逆变换后的空间域图像

4.4 复原的经典理论方法（选学）

图像复原的最终目的是借助给定退化图像 $g(x,y)$、退化函数 $h(x,y)$ 和噪声 $n(x,y)$ 信息来获取未退化图像的最优估计。下面介绍 3 种经典的复原方法：逆滤波复原、维纳滤波复原和约束最小二乘方滤波复原。

4.4.1 逆滤波复原

逆滤波也称反向滤波，在不考虑噪声的情况下，原图像的退化可以描述为

$$G(u,v) = H(u,v)F(u,v) \tag{4-41}$$

对式（4-41）进行变换可得

$$F(u,v) = \frac{G(u,v)}{H(u,v)} = P(u,v)G(u,v) \tag{4-42}$$

式中，$P(u,v)=\dfrac{1}{H(u,v)}$。

如果把 $H(u,v)$ 看作一个滤波函数，则它与 $F(u,v)$ 的乘积是退化图像的傅里叶变换 $G(u,v)$。用 $G(u,v)$ 除以 $H(u,v)$ 就是一个反向滤波的过程。其中，$P(u,v)=\dfrac{1}{H(u,v)}$ 被称为逆滤波器。复原的图像可以表示为

$$\hat{f}(x,y)=F^{-1}(F(u,v))=F^{-1}(P(u,v)G(u,v))\tag{4-43}$$

逆滤波复原的基本步骤：①将待处理的图像 $g(x,y)$ 从空间域转换到频率域，得到 $G(u,v)$；②通过反向滤波 $P(u,v)=\dfrac{1}{H(u,v)}$ 进行复原；③将处理结果 $F(u,v)$ 由频率域转换回空间域，得到复原后的图像 $\hat{f}(x,y)$。

【例 4-14】 图 4-25 所示为使用逆滤波对运动模糊图像进行复原的实例。

a)   b)   c)

图 4-25 使用逆滤波对运动模糊图像进行复原的实例

a) 原图像 b) 运动模糊图像 c) 逆滤波复原后的图像

分析：从图 4-25 中可知，当原图像的退化仅仅是由于运动模糊引起的而不含其他噪声时，逆滤波可以较好地复原退化图像，得到的复原图像如图 4-25c 所示，接近图 4-25a 所示的原图像。

上面的例子说明逆滤波对于没有被噪声污染的图像很有效，当考虑噪声的影响时，公式变为

$$\hat{F}(u,v)=F(u,v)+\dfrac{N(u,v)}{H(u,v)}\tag{4-44}$$

如果出现噪声，且噪声是未知的，就会使逆滤波复原出现偏差。另外，若退化函数 $H(u,v)$ 的幅值比较小，此时 $N(u,v)/H(u,v)$ 占式（4-44）的主导地位，噪声的影响可能支配整个结果。另外，如果 $H(u,v)$ 为 0，那么分母为 0。此时可以通过 3 类方法来避免这种偏差的影响：

1）根据式（4-44），对于 $H(u,v)=0$ 的点不做计算，避免了分母出现 0 值的情况，当 $H(u,v)=0$ 时，设 $P(u,v)=\dfrac{1}{H(u,v)}=1$。

2）$H(0,0)$ 通常是频率域中 $H(u,v)$ 的最大值，且 $H(u,v)$ 会随着 u、v 与原点距离的增加而迅速减小，而噪声 $N(u,v)$ 却变化缓慢。在这种情况下，采用逆滤波器进行图像复原应该局限在离原点较近的有限区域内，其他区域使 $P(u,v)=\dfrac{1}{H(u,v)}=1$。

3）为了避免振铃效应的影响，可以把第二类方法改进为 $P(u,v)=\dfrac{1}{H(u,v)}=k$，其中 k 为常数。

注意：对一幅图像进行滤波处理，若选用的频率域滤波器具有陡峭的变化，则会使滤波图像产生"振铃"。所谓的"振铃"，就是指输出图像的灰度剧烈变化处产生的振荡，就像钟被敲击后产生的空气振荡。

【例 4-15】　图 4-26 所示为对受高斯噪声污染后的运动模糊图像进行逆滤波复原的实例。

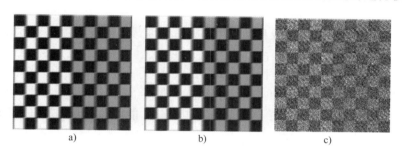

a)　　　　　　　　　　　　b)　　　　　　　　　　　　c)

图 4-26　逆滤波复原的实例

a）原图像　b）受均值为 0、方差为 0.008 的高斯噪声污染的运动模糊图像
c）逆滤波复原后的图像

分析：发现此时的逆滤波复原效果没有图 4-25 中复原出来的图像效果好。该结果表明，对运动模糊且受噪声污染后的图像直接进行逆滤波复原的效果较差。

综上所述，逆滤波复原在无噪声影响下的复原效果较好，如果有噪声，或者退化函数幅值较小或为 0 时，使用逆滤波复原的效果较差。此时需要考虑其他的复原方法。

4.4.2　维纳滤波复原

上一节介绍了逆滤波复原的方法，本节介绍一种根据退化函数和噪声的统计特性进行复原的方法。该方法的前提条件是将图像和噪声都看作随机变量，复原的目标是输出的图像 $\hat{f}$ 尽可能接近未退化前的图像 f，使未退化前的图像 f 和复原图像 $\hat{f}$ 之间的均方误差最小。均方差的定义为

$$e^2=E\{(f-\hat{f})^2\} \tag{4-45}$$

式中，$E\{\cdot\}$ 为参数的数学期望。

如果假设图像和噪声是不相关的（即其中一个的均值为 0），那么式（4-45）中的误差函数的最小值在频率域的表达式为

$$\hat{F}(u,v)=\left[\frac{H^*(u,v)S_f(u,v)}{S_f(u,v)\mid H(u,v)\mid^2+S_n(u,v)}\right]G(u,v)$$

$$=\left[\frac{1}{H(u,v)}\frac{\mid H(u,v)\mid^2}{\mid H(u,v)\mid^2+S_n(u,v)/S_f(u,v)}\right]G(u,v) \tag{4-46}$$

式中，$\hat{F}(u,v)$ 为退化图像复原后的傅里叶变换；$G(u,v)$ 为退化图像的傅里叶变换；$H(u,v)$ 为退化函数；$H^*(u,v)$ 为 $H(u,v)$ 的复共轭；$\mid H(u,v)\mid^2=H(u,v)H^*(u,v)$；$S_n(u,v)=\mid N(u,v)\mid^2$ 为噪声的功率谱，是噪声相关矩阵的傅里叶变换；$S_f(u,v)=\mid F(u,v)\mid^2$ 为未退化之前图像

的功率谱，是图像相关矩阵的傅里叶变换。

式（4-46）中，[ ]里的部分组成滤波器，称为维纳滤波器。退化后的复原图像是由 $\hat{F}(u,v)$ 求傅里叶逆变换得到的。

当无噪声影响时，即噪声功率谱密度为 0 时[即 $S_n(u,v)=\mid N(u,v)\mid^2=0$]，维纳滤波器退化为逆滤波器。因此，逆滤波可以看作维纳滤波器的一种特殊情况。在有噪声存在的情况下，与逆滤波器相比，式（4-46）中的维纳滤波器由于存在 $S_n(u,v)/S_f(u,v)$ 项，会对噪声的放大具有自动抑制作用，不会出现上一节提到的逆滤波复原中，当 $H(u,v)$ 为 0 时，分母为 0 的情形。

如果不知道或者难以获取图像和噪声的功率谱密度，则可以用式（4-47）来近似，即

$$\hat{F}(u,v)=\left[\frac{1}{H(u,v)}\frac{\mid H(u,v)\mid^2}{\mid H(u,v)\mid^2+k}\right]G(u,v) \tag{4-47}$$

式中，k 为常数，表示噪声与信号的谱密度的比值，即 $k=S_n(u,v)/S_f(u,v)$。在实际应用中，k 可以通过已知的信噪比获得。注意：通常需要通过实验才能得到 k，一般通过两次实验后 $k=2$。

【例 4-16】 图 4-27 所示为使用逆滤波复原法、维纳滤波复原法对退化图像进行复原的效果对比。

图 4-27　使用逆滤波复原法、维纳滤波复原法对退化图像进行复原的效果对比

a）原图像　b）运动模糊退化的图像　c）运动模糊加上高斯噪声后退化的图像
d）对图 4-27c 使用逆滤波复原法复原后的图像　e）对图 4-27c 使用维纳滤波复原法复原后的图像
f）对仅有运动模糊的图像（图 4-27b）进行逆滤波复原后的效果

分析： 从图 4-27 可以看到，在噪声较强的情况下，使用维纳滤波复原法复原图像的效果明显优于逆滤波复原法。在无噪声而只有运动模糊的情况下，使用逆滤波复原法复原图像的效果很好。在有噪声和运动模糊的情况下，使用逆滤波复原法复原的图像效果非常差。

维纳滤波器的应用场合和特性如下：

1）维纳滤波器假设退化模型为空间不变系统，当物体的运动模糊不是由于匀速、均加

速的状态导致的，那么维纳滤波器失效。

2）维纳滤波器以均方误差估计为准则，对所有像素赋予同样的计算法则，没有考虑到人眼视觉特性。

3）进行维纳滤波时需要知道原图像和噪声的统计特性，将这些统计特性作为先验知识，但是实际上在计算时经常不能获取原图像和噪声的统计特性，而用常数代入计算，这是一种粗略近似计算。

4.4.3 约束最小二乘方滤波复原

本章讨论的所有方法都需要用到关于退化函数 H 的一些信息。然而，在已知退化函数 H 的前提下，使用维纳滤波器仍存在一些困难，需要知道未退化图像和噪声的功率谱，但这在实践中是很困难的。尽管图像和噪声的功率谱可以使用式（4-47）近似得到，但有时功率谱用常数进行估计时，还是没有合适的解。此外，维纳滤波是一种统计方法，可以得到平均意义上最优的复原结果，但不能保证对处理的每一幅图像都是最优的（即没有考虑人眼视觉感知的动态范围这一特性）。而约束最小二乘方滤波复原只需要有关噪声的均值和方差的信息，就可以对每幅给定的退化图像产生最优复原结果。

根据式（4-1）表示的关系，将表达式变为向量—矩阵形式，即

$$g = Hf + \eta \tag{4-48}$$

式中，g、H、f、η 分别为退化后的输出图像、退化函数、输入原图像、噪声等信号的向量形式。公式明确地以矩阵形式来表达问题，可以简化复原技术的推导。约束最小二乘方滤波的核心是解决退化函数 H 对噪声的敏感性问题，以平滑度量为最佳复原标准，如图像的二阶导数——拉普拉斯变换可以用于度量图像的平滑程度。由第 3 章可知，二阶导数拉普拉斯变换在边界（有信息突变的地方）的数值最大。找到一个带约束条件的最小准则函数 C，定义如下：

$$C = \sum_{x=0}^{M-1} \sum_{y=0}^{N-1} \left[\nabla^2 f(x,y) \right]^2 \tag{4-49}$$

对式（4-49）的约束条件是

$$\| g - h\hat{f} \|^2 = \| \eta \|^2 \tag{4-50}$$

式中，$\| g - h\hat{f} \|^2 \triangleq (g - h\hat{f})^T(g - h\hat{f})$ 和 $\| \eta \|^2 \triangleq \eta^T \eta$ 是欧几里得范数；$\hat{f}$ 是对未退化前的图像的估计。

拉普拉斯算子 ∇^2 在第 3 章中已介绍。这个问题在频率域的最优解为

$$\hat{F}(u,v) = \left[\frac{H^*(u,v)}{|H(u,v)|^2 + \gamma |P(u,v)|^2} \right] G(u,v) \tag{4-51}$$

式中，γ 是需要满足式（4-50）的约束条件参数；$P(u,v)$ 是如下矩阵函数的傅里叶变换：

$$p(x,y) = \begin{pmatrix} 0 & -1 & 0 \\ -1 & 4 & -1 \\ 0 & -1 & 0 \end{pmatrix} \tag{4-52}$$

这个矩阵函数是一个拉普拉斯模板。在式（4-51）中，$\gamma = 0$，公式简化为逆滤波复原。

【例 4-17】 图 4-28 所示为使用逆滤波复原法、维纳滤波复原法和约束最小二乘方滤波复原法对图像复原的比较。

分析：对图 4-28a 所示的图像进行运动模糊退化并加上均值为 0、方差为 0.00001 的高

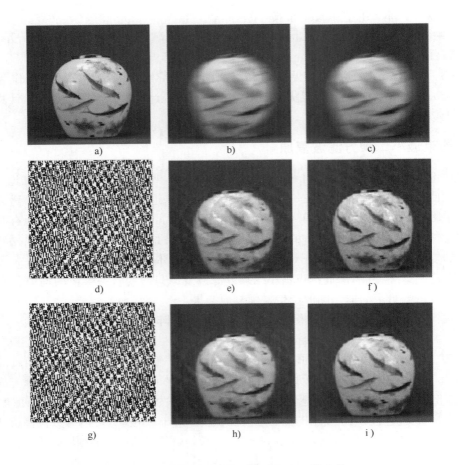

图 4-28　使用 3 种复原法对图像复原的比较

a）原图像　b）添加运动模糊和均值为 0、方差为 0.00001 的高斯噪声后的图像

c）添加运动模糊和均值为 0、方差为 0.000001 的高斯噪声后的图像　d）对图 4-28b 进行逆滤波复原

e）对图 4-28b 进行维纳滤波复原　f）对图 4-28b 进行约束最小二乘方滤波复原

g）对图 4-28c 进行逆滤波复原　h）对图 4-28c 进行维纳滤波复原

i）对图 4-28c 进行约束最小二乘方滤波复原

斯噪声，得到图 4-28b。对图 4-28b 进行逆滤波复原、维纳滤波复原和约束最小二乘方滤波复原，得到图 4-28d、e、f。可以看出，对于叠加了高斯噪声的运动模糊图像，约束最小二乘方滤波复原效果最好，维纳滤波复原的效果次之，逆滤波复原效果最差，复原后不能分辨出图像内容。对图 4-28a 所示的图像进行运动模糊退化并加上均值为 0、方差为 0.000001 的高斯噪声，得到图 4-28c，此时加入的高斯噪声比图 4-28b 中的低一个数量级。对图 4-28c 进行逆滤波复原、维纳滤波复原和约束最小二乘方滤波复原，得到图 4-28g、h、i。可以发现，加入的图像噪声方差越小，复原出来的图像效果越好。

综上所述，维纳滤波复原技术是平均意义上的最优，约束最小二乘方复原是全局最优。值得一提的是，最优性准则是从理论公式推导而言的，与视觉感知的动态范围无关，因此，选择哪种算法总是取决于结果图像的感知视觉质量。

4.5　图像的几何失真变换

数字图像在获取过程中，由于受成像系统（如镜头）本身的非线性、图像获取时视角的变化、拍摄对象表面弯曲等的影响，会使获取到的图像与原景物相比产生比例失调甚至扭曲变形的现象，这类图像退化现象被称为几何失真。典型的几何失真如图 4-29 所示。枕形失真与桶形失真实例如图 4-30 所示，从图像中的围栏处可以明显观察出两类失真现象。

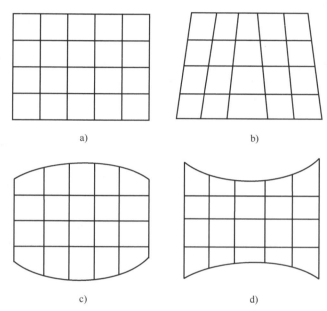

图 4-29　几何失真示意图

a）原图像　b）梯形失真图像　c）桶形失真图像　d）枕形失真图像

图 4-30　枕形失真与桶形失真实例

a）枕形失真图像　b）桶形失真图像

对这几类几何失真进行复原，称为几何失真变换（校正）。从原理上来讲，几何失真变换（校正）又被称为"橡皮布变换"，这种变换看起来就像在一块"橡皮布"上印下一幅图，然后根据预先确定的一套规则将这块"橡皮布"加以拉伸或者收缩。

通过上述的描述可知，几何失真变换需要改变像素在空间上的位置。改变像素在空间上的位置会引入另一个问题：像素点空间位置改变之后，新空间位置上像素点的灰度值如何确定。因此，完整的几何失真变换需要由两个步骤来实现：①空间变换：对图像平面上的像素进行重新排列，以恢复原空间关系；②灰度插值：对空间变换后的像素赋予相应的灰度值，以恢复图像各像素点的灰度值。

空间变换将失真图像 $f(x,y)$ 的坐标变换到标准图像坐标 $g(x',y')$，实现失真图像的空间坐标校正。标准图像和失真图像坐标之间存在如下关系：

$$g(x',y')=f(a(x,y),b(x,y))\tag{4-53}$$

式中，g 表示标准图像；f 表示失真图像；$a(x,y)$ 和 $b(x,y)$ 分别是图像的 x 坐标和 y 坐标的空间变换函数。

灰度插值主要是对空间变换后的像素赋予灰度值，恢复原位置处的灰度值。在空间变换中，g 的灰度值一般由处在非整数坐标上 f 的值来确定，即 g 中的一个像素一般处于 f 中几个像素之间的位置。图像一般用整数位置处的像素来定义，各像素点的灰度值需要重新确定。

4.5.1 基本的几何失真变换

图像空间变换是将一幅图像中的坐标位置映射到另一幅图像中的新坐标位置，其关键是确定这种空间映射关系，以及映射过程中的变换参数。图像空间变换不改变图像的像素值，只是在图像平面上进行像素的重新安排。

本小节介绍几何失真变换的第一步，即空间变换所需的运算。需要用空间变换所需的运算如平移、旋转和镜像等，来表示输出图像与输入图像之间的像素坐标的映射关系。空间坐标变换公式（4-55）的矩阵形式可以描述为

$$\begin{pmatrix} x' \\ y' \end{pmatrix} = \begin{pmatrix} a_{11} & b_{12} \\ a_{21} & b_{22} \end{pmatrix} \begin{pmatrix} x \\ y \end{pmatrix}\tag{4-54}$$

式中，$\begin{pmatrix} a_{11} & b_{12} \\ a_{21} & b_{22} \end{pmatrix}$ 是变换矩阵。

式（4-54）可以表示大部分的仿射变换，但是如果要表示平移变换，则需要在公式右侧加上一个常数二维向量，将式（4-54）改为式（4-55）：

$$\begin{pmatrix} x' \\ y' \\ 1 \end{pmatrix} = \begin{pmatrix} a_{11} & b_{12} & c_{13} \\ a_{21} & b_{22} & c_{23} \\ 0 & 0 & 1 \end{pmatrix} \begin{pmatrix} x \\ y \\ 1 \end{pmatrix}\tag{4-55}$$

下面对 4 种变换进行介绍：

1. 缩放（反射）变换

缩放（反射）变换示意图如图 4-31 所示，可以看出图像的长宽发生变化。

用到的坐标变换矩阵为

$$\begin{pmatrix} c_x & 0 & 0 \\ 0 & c_y & 0 \\ 0 & 0 & 1 \end{pmatrix}\tag{4-56}$$

图 4-31　缩放（反射）变换示意图

a）缩放变换的第一种情况　b）缩放变换的第二种情况

式中，c_x、c_y 是缩放变换的比例因子。当 c_x 与 c_y 的其中一个设置为 -1 时，为反射变换。

【**例 4-18**】　图 4-32 所示为缩放变换的第一种情况实例。

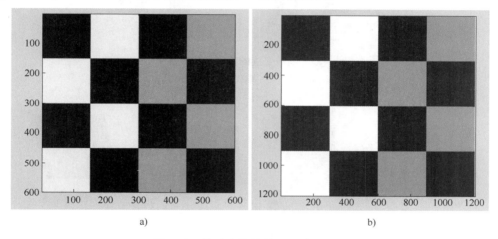

图 4-32　缩放变换的第一种情况实例

a）原图像　b）缩放变换后的图像

分析：图 4-32a 为缩放变换前的原图像，图 4-32b 为缩放变换后的图像。可以发现像素值没有改变，改变的是坐标值。图像的横、纵坐标范围从 $[0,600]$ 按比例变化为 $[0,1200]$。

【**例 4-19**】　图 4-33 所示为缩放变换的第二种情况实例。

分析：图 4-33a 为缩放变换前的原图像，图 4-33b 为缩放变换后的图像。可以发现像素值没有改变，改变的是坐标值。横轴范围不变，纵轴范围被拉伸为 $[0,160]$。

2. 垂直/水平剪切变换

剪切变换示意图如图 4-34 所示，图 4-34a 为垂直剪切变换，图 4-34b 为水平剪切变换。

坐标变换矩阵为

$$\begin{pmatrix} 1 & s_v & 0 \\ 0 & 1 & 0 \\ 0 & 0 & 1 \end{pmatrix} \tag{4-57}$$

或者

$$\begin{pmatrix} 1 & 0 & 0 \\ s_h & 1 & 0 \\ 0 & 0 & 1 \end{pmatrix} \tag{4-58}$$

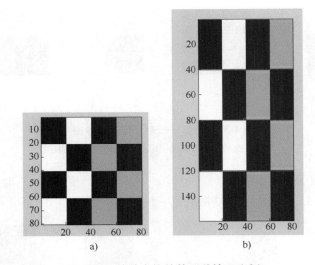

图 4-33 缩放变换的第二种情况实例

a）原图像 b）缩放变换后的图像

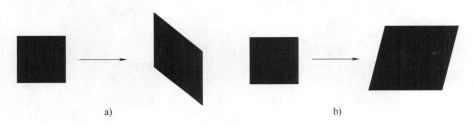

图 4-34 剪切变换示意图

a）垂直剪切变换 b）水平剪切变换

其中，式（4-57）为垂直剪切公式，s_v 为垂直剪切系数；式（4-58）为水平剪切公式，s_h 为水平剪切系数。

【例 4-20】 图 4-35 所示为垂直剪切变换实例。

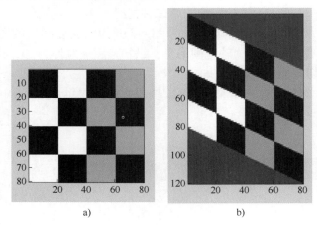

图 4-35 垂直剪切变换实例

a）原图像 b）垂直剪切变换后的图像

分析：图 4-35a 为垂直剪切变换前的原图像，图 4-35b 为垂直剪切变换后的图像。可以发现变换后的图像在横坐标不变，在纵坐标上进行拉伸扭曲。

3. 旋转变换

旋转变换示意图如图 4-36 所示，图像的旋转是以图像的中心为原点进行旋转。

旋转变换矩阵为

$$\begin{pmatrix} \cos\theta & -\sin\theta & 0 \\ \sin\theta & \cos\theta & 0 \\ 0 & 0 & 1 \end{pmatrix} \qquad (4\text{-}59)$$

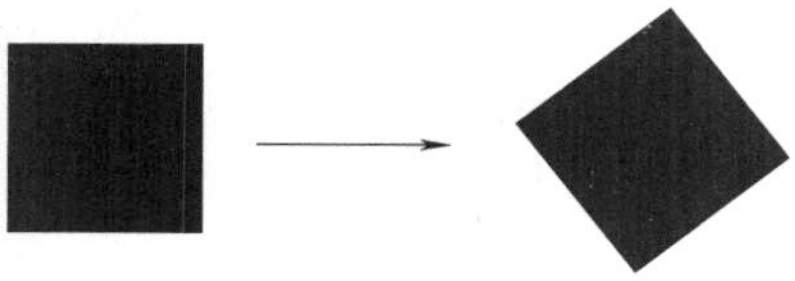

图 4-36　旋转变换示意图

式中，θ 为关于原点旋转的角度。

注意：由于旋转的原因，旋转之后图像的空间矩阵会大于原图像的空间矩形，如图 4-37 所示。处理这种情况一般有两种方法：第一种，修剪旋转图像，使其大小与原图像大小相同，如图 4-37b 所示，边界之外的图像会被修剪掉；第二种，保留整个旋转图像的较大图像，如图 4-37c 所示，旋转图像中不包含图像数据的区域需要填充某个值，通常填充 0（黑色）。

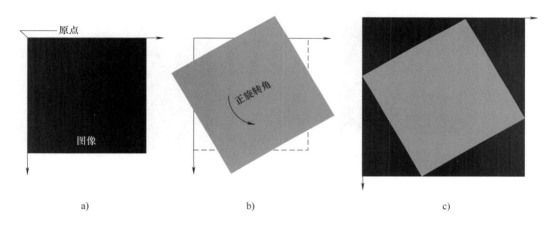

图 4-37　旋转变换的两种处理方式

a）原图像　b）旋转变换后边界之外被修剪　c）旋转变换后保留整个图像

【例 4-21】 图 4-38 所示为旋转变换实例。

分析：图 4-38a 为旋转变换前的原图，图 4-38b 为旋转变换后的图像。可以发现变换后的图像旋转了一个角度 θ。

4. 平移变换

平移变换示意图如图 4-39 所示，图像的平移是从原点开始向 x 轴与 y 轴方向平移一段距离。

平移变换矩阵为

$$\begin{pmatrix} 1 & 0 & t_x \\ 0 & 1 & t_y \\ 0 & 0 & 1 \end{pmatrix} \qquad (4\text{-}60)$$

式中，t_x 与 t_y 为位移量。

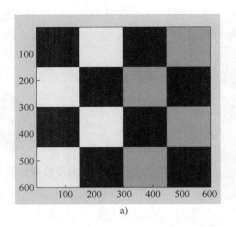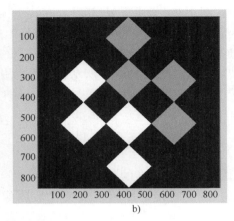

图 4-38　旋转变换实例

a）原图像　b）旋转变换后的图像

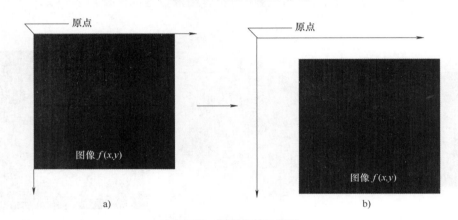

图 4-39　平移变换示意图

a）原图像　b）平移变换后的图像

【例 4-22】　图 4-40 所示为平移变换实例。

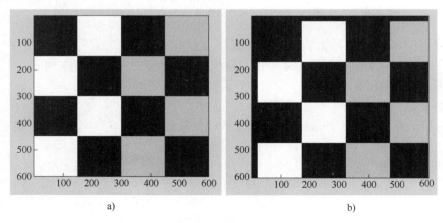

图 4-40　平移变换实例

a）原图像　b）平移变换后的图像

分析： 由图 4-40 所示的平移变换可以发现，变换后的图像在 x 轴和 y 轴方向平移。

4.5.2　灰度插值复原

本小节介绍图像几何失真变换的第二步，即灰度插值。灰度插值可对空间变换后的像素赋予相应的灰度值，以恢复图像各像素点灰度值。

灰度插值是用来估计像素在图像像素间某一位置处取值的过程。例如，如果修改了一幅图像的大小，使其包含比原始像素更多的像素，那么必须使用插值方法计算其额外像素的灰度取值。例如，假设一幅大小为 500×500 像素的图像要放大到原来的 1.5 倍，即放大到 750×750 像素，简单的方法是创建一个大小为 750×750 像素的假想网格，网格的像素间隔和原图像像素间隔完全相同，然后收缩网格，使得它的尺寸和原图像相同。这时，收缩后的 750×750 的像素间隔显然会小于原图像的像素间隔，对 750×750 像素图像中的每个点赋予灰度值，则将在 500×500 像素的原图像中找最接近的像素，并把像素灰度值赋给 750×750 像素图像的新像素点。

灰度插值的方法有很多种，但无论使用何种插值方法，首先都需要找到与输出图像像素相对应的输入图像点，然后通过计算该点附近某一像素集合的加权平均值来指定输出像素的灰度值。像素的权值是根据像素到点的距离而定的，不同插值方法的区别就在于所考虑的像素集合不同。下面介绍 3 种常见的灰度插值方法：最邻近插值、双线性插值和双三次插值的方法。

1. 最邻近插值

最邻近（Nearest）插值，在待求像素的四邻像素中，将距离待求像素最邻近的像素灰度值赋给待求像素。如图 4-41 所示，设 $i+u$，$j+v$（i,j 为正整数，$0<u,v<1$，下文相同）为待求像素坐标，则待求像素灰度的值为 $f(i+u,j+v)$。如果 $(i+u,j+v)$ 落在 A 区，即 $u<0.5$，$v<0.5$，则将左上角像素的灰度值赋给待求像素；同理，落在 B 区则赋予右上角像素的灰度值，落在 C 区则赋予左下角像素的灰度值，落在 D 区则赋予右下角像素的灰度值。

最邻近插值法计算量较小，但可能会造成插值生成的图像灰度上的不连续，在灰度变化的地方可能出现明显的锯齿状。

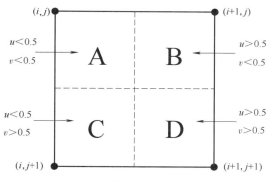

图 4-41　最邻近插值示意图

2. 双线性插值

双线性（Bilinear）插值，其输出像素灰度值是像素 2×2 邻域内的加权平均值，示意图如图 4-42 所示，已知 (i,j)、$(i+1,j)$、$(i,j+1)$、$(i+1,j+1)$ 4 个点，要求计算灰度值的点为 P。双线性插值的原理是：首先在 x 轴方向上，对 R_1 和 R_2 这两个点进行一次线性插值运算，然后

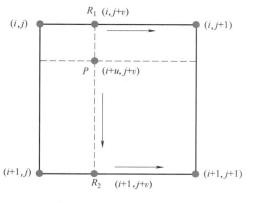

图 4-42　双线性插值示意图

根据 R_1 和 R_2 对 P 点进行一次线性插值运算。

如图 4-42 所示，双线性插值运算的过程如下：R_1 坐标值为$(i,j+v)$，灰度值为$f(i,j+v)$，$f(i,j)$到$f(i,j+1)$的灰度变化是线性的，则有

$$f(i,j+v)=[f(i,j+1)-f(i,j)]\times v+f(i,j) \tag{4-61}$$

同理，对于 R_2，其坐标值为$(i+1,j+v)$，灰度值为$f(i+1,j+v)$，则有

$$f(i+1,j+v)=[f(i+1,j+1)-f(i+1,j)]\times v+f(i+1,j) \tag{4-62}$$

从 R_1 灰度值$f(i,j+v)$到 R_2 灰度值$f(i+1,j+v)$的灰度变化也是线性的，由此可推导出待求像素 P 灰度值的计算式为

$$f(i+u,i+v)=[f(i+1,j+v)-f(i,j+v)]\times u+f(i,j+v)(1-u)\times$$
$$(1-v)\times f(i,j)+(1-u)\times v\times f(i,j+1)+ \tag{4-63}$$
$$u\times(1-v)\times f(i+1,j)+u\times v\times f(i+1,j+1)$$

双线性插值法的计算比最邻近插值法复杂，计算量较大，但没有灰度不连续的缺点，结果基本令人满意。

3. 双三次插值

双三次（Bicubic）插值，其输出像素灰度值是像素 4×4 邻域内的加权平均值，待求像素(x,y)的灰度值由其周围的 16 个灰度值加权内插得到，而各采样点的权重由该点到待求插值点的距离确定，此距离包括水平和竖直两个方向上的距离。图 4-43 所示是一个二维图像的双三次插值俯视示意图。设待求像素点的坐标为$(i+u,j+v)$，已知其周围 16 个像素坐标点的灰度值，还需要计算 16 个点各自的权重。以像素坐标点(i,j)为例，因为该点在 y 轴和 x 轴方向上与待求插值点$(i+u,j+v)$的距离分别为 u 和 v，对应一定的权重，同理可得其余 15 个像素坐标点各自的权重。

双三次插值方法的计算量较大，但插值后的图像效果最好，具体运算公式可以表示为

$$v(x,y)=\sum_{i=0}^{3}\sum_{j=0}^{3}a_{ij}x^i y^i \tag{4-64}$$

式中，a_{ij} 为权重系数，16 个系数可用点(x,y)的 16 个最邻近像素点写出的 16 个方程求出。

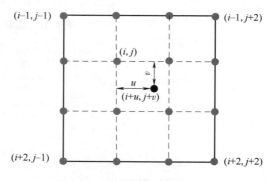

图 4-43　双三次插值俯视示意图

【例 4-23】 图 4-44 所示为使用 3 种插值法进行灰度插值复原图像的实例。

分析： 图 4-44 中，3 种插值法得到的图像都是以原始尺寸显示的。实际上，插值后的图像会比原图像更大。图 4-44b 中，通过最邻近插值后，将图像物体边缘放大到与图 4-44c 相同的

图 4-44　使用 3 种插值法进行灰度插值复原图像的实例

a）原图像　b）最邻近插值法得到的结果　c）双线性插值法得到的结果　d）双三次插值法得到的结果

大小，会发现在物体边缘处能够明显地看到大块的像素点（在图像右上角显示）。图 4-44c 为对原图像进行双线性插值的结果，双线性插值的效果明显好于最近邻插值，但仍然有不足之处，放大到与图 4-44d 相同的大小时，图像的细节变得模糊了，这是因为双线性插值对图像具有平滑的作用。图 4-44d 为双三次插值后的图像，比图 4-44c 所示的双线性插值法得到的图像更大，图像细节比前两种插值法更多。

综上所述，下面对 3 种灰度插值算法进行总结。①最邻近插值法的优点是计算量很小，算法简单，运算速度较快；但它仅使用距离待测采样点最近的像素的灰度值作为该采样点的灰度值，未考虑其他相邻像素点的影响，因而重新采样后灰度值有明显的不连续性，图像质量损失较大，会产生明显的马赛克和锯齿现象。②双线性插值法的效果要好于最邻近插值法，计算量稍大一些，算法较复杂，程序运行时间也稍长，但缩放后的图像质量高，基本克服了最邻近插值灰度值不连续的特点，因为它考虑了待测采样点周围的 4 个邻近点对该采样点的相关性影响；但是，此方法仅考虑待测采样点周围 4 个邻近点灰度值的影响，而未考虑各邻域点间灰度值变化率的影响，因此具有低通滤波器的性质，从而导致缩放后图像的高频分量受到损失，图像边缘在一定程度上变得模糊。用此方法缩放后的输出图像与输入图像相比，仍然存在由于插值函数设计时考虑不周而产生的图像质量受损与计算精度不高的问题。③双三次插值法是最为复杂的，计算量最大。双三次插值法不仅考虑了周围 16 个相邻像素点灰度值的影响，还考虑到它们的灰度值变化率的影响，因此克服了前两种方法的不足之处，能够产生比双线性插值法更清晰的边缘，计算精度很高，处理后的图像质量效果最佳。

在进行图像缩放处理时，应根据实际情况对 3 种算法做出选择，既要考虑时间方面的可行性，又要对变换后的图像质量进行考虑，这样才能达到较为理想的结果。

4.6 本章小结

图像复原的效果在很大程度上取决于对退化过程中先验知识的了解程度和精确性。本章讨论的退化是建立在线性退化系统及加性噪声基础上的。

在噪声方面，用噪声的统计模型（即概率密度函数）对噪声进行描述。典型的噪声有高斯噪声、均匀分布噪声、椒盐噪声、瑞利噪声等，一般使用空间域滤波器滤除。另外介绍了周期噪声，周期噪声在频率域有特殊的性质，如正弦周期噪声在频率域表现为一对高亮的冲激信号，可以用频率域方法滤除。

对于仅含噪声的图像复原，实际上就是对噪声的滤波，有空间域滤波和频率域滤波两类方法。空间域滤波器有均值滤波器、统计排序滤波器两类：均值滤波器有算术均值滤波器、几何均值滤波器、谐波均值滤波器、反谐波均值滤波器；统计排序滤波器有中值滤波器、最大值滤波器、最小值滤波器、中点滤波器和修正阿尔法滤波器。频率域滤波器有带阻滤波器、带通滤波器、陷波滤波器等。

对于退化函数的估计，主要的方法有观察法、试验法和数学模型法。

图像复原的经典理论方法有逆滤波复原、维纳滤波复原和约束最小二乘方滤波复原。逆滤波复原通过对图像进行逆滤波来实现反卷积，该方法方便快捷，无须循环或迭代，直接可以得到反卷积结果。然而，逆滤波复原即使知道退化函数，也不能准确地复原退化图像，因为噪声是未知的。若退化函数是零或者很小，则噪声项很容易支配整个结果，对复原很不利。维纳滤波复原可以解决退化函数为零的问题，维纳滤波是一种基于退化函数和噪声统计特性的复原方法，但维纳滤波复原要求未退化图像和噪声的功率谱是已知的。由于这两个要求不易获得，因此引入了约束最小二乘方滤波复原，此方法仅要求知道关于噪声的方差和均值的知识。各种算法的复原效果都与视觉感知的动态范围无关，选择哪种算法总是取决于结果图像的感知视觉质量。

通过几何失真变换可以校正由于成像系统的非线性、图像获取时视角的变化、拍摄对象表面弯曲等的影响。几何失真变换需要两步运算：首先是空间变换运算，表示输出图像与输入图像之间的像素坐标的映射关系，空间变换有缩放、平移、剪切和旋转变换；其次是灰度插值，空间变换后的像素点被赋予灰度值。灰度插值法有最邻近插值法、双线性插值法和双三次插值法。在选择灰度插值法时既要考虑时间方面的可行性，又要考虑变换后的图像质量。

第 5 章

彩色图像处理

5.1 彩色图像处理概述

在现实生活中，从外界获取的图像大部分具有丰富的色彩信息。在图像处理中，通过彩色图像处理可以获取更多的信息。首先，彩色是一个强大的特征描述子，可以简化提取和识别目标的过程；其次，人类可以分辨数千种不同的颜色，但只能分辨几十种灰度。彩色图像可分为伪彩色图像、假彩色图像和真彩色图像。伪彩色图像处理是将灰度图像中的每一个灰度值对应颜色空间中的某一种颜色，将灰度图像变换为彩色图像。伪彩色图像处理有两种方法：灰度分层、灰度级别彩色变换。假彩色图像处理是将原本的多通道（非红、绿、蓝 3 通道）图像（如多光谱图像）用其他的波段（通道）进行合成，生成彩色图像，如对遥感图像的多个波段采用红、绿、蓝三色合成彩色图像。真彩色图像是指每个像素都可分为红、绿、蓝 3 个分量的图像。图 5-1a 为陶瓷的真彩色图像，图 5-1b 为多光谱遥感图像，图 5-1c 为行李箱的 X 光图像，图 5-1d 为对图 5-1c 的行李箱的 X 光图像进行伪彩色图像处理后的图像。

本章内容框架如图 5-2 所示，本章讨论的内容主要分为以下几个方面：彩色基础、彩色模型、伪彩色图像处理、彩色变换、彩色图像增强、彩色图像分割。另外，前几章介绍的一些灰度方法可直接用于彩色图像。

a)

b)

图 5-1 各种类型的彩色图像

a）陶瓷的真彩色图像 b）多光谱遥感图像

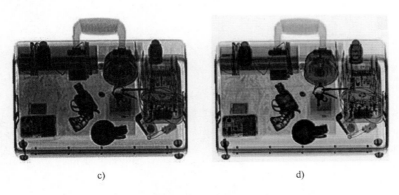

c)   d)

图 5-1   各种类型的彩色图像（续）

c）行李箱的 X 光图像   d）对行李箱的 X 光图像进行伪彩色图像处理后的图像

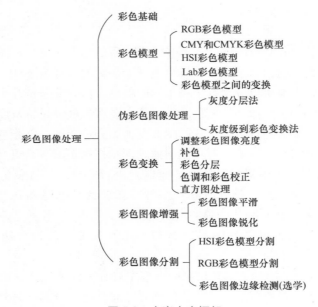

图 5-2   本章内容框架

5.2   彩色基础

17 世纪，著名的物理学家艾萨克·牛顿发现当一束太阳光通过玻璃三棱镜时，另一端会出现 6 个较宽的区域，即紫色、蓝色、绿色、黄色、橙色和红色。这些颜色的光线是不能进一步被分解的。这些颜色的边缘不是突变的，而是从一种颜色混合平滑地过渡到下一种颜色。

人类感知颜色是由物体反射光的性质决定的。一个物体反射有限的可见光谱时，可呈现某种颜色，如绿色物体反射绿色的光（500~570nm），吸收其他波长光的能量。

光的特性是彩色学的特性，如果光是无色的，那么属性仅仅是亮度，如人们在黑白电视机中看到的光。在之前的章节中多次使用的"灰度级"这一术语，是亮度标量上的度量，范围从黑色过渡到灰色，最终到白色。

5.2.1　彩色的颜色属性

用来区别不同颜色的属性有亮度、色调和饱和度。

1. 亮度

亮度表示光的强度，反映光的明亮程度。

2. 色调

色调表示观察者感知的主要颜色，色调是混合光波中与主波长相关的属性。当人们说一个物体为红色时，指的就是它的色调。

3. 饱和度

饱和度指的是相对纯净度，或者一种颜色混合白色光的数量。纯色的光是全饱和的，而浅紫色的光是欠饱和的。饱和度与所加的白光的量成反比。

色调和饱和度一起称为色度，颜色可以用亮度和色度来表征。

5.2.2　原色相加理论和原色相减理论

人眼的锥状细胞是负责彩色视觉的传感器。人眼中的 600~700 万个锥状细胞可分成 3 个主要感知类别，65%的锥状细胞对红光敏感，33%的锥状细胞对绿光敏感，2%的锥状细胞对蓝光敏感。图 5-3 所示为人眼中的红色、绿色、蓝色锥状细胞吸收光的平均实验曲线。另外，国际照明委员会（CIE）规定了如下波长的光为三原色：蓝色的波长为 435.8nm，绿色的波长为 546.1nm，红色的波长为 700nm。

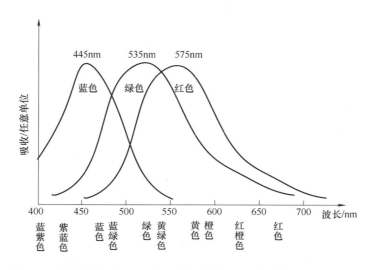

图 5-3　人眼中的红色、绿色、蓝色锥状细胞吸收光的平均实验曲线

1. 原色相加混色

三个原色按照不同的比例相加，可以得到不同的颜色（或称为二次色），这称为原色相加混色，如图 5-4 所示。

从图 5-4 中得出：

$$红+绿+蓝=白$$
$$绿+红=黄$$
$$绿+蓝=青 \tag{5-1}$$
$$红+蓝=深红$$

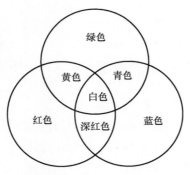

图 5-4　原色相加混色

　　发光二极管（LED）彩色显示器就是基于原色相加混色原理。利用发光二极管点阵模块或像素单元组成平面式显示屏幕，发光二极管由红、绿、蓝三色组成，按照图 5-4 中的原色相加混色可显示各种颜色。

　　2. 原色相减混色

　　与原色相加混色不同的是原色相减混色，对于颜料或者着色剂而言，原色是减去或者吸收光的一种原色，并反射或者透射其他两种原色。相减混色的三原色为青、深红、黄，二次色为红、绿、蓝，如图 5-5 所示。

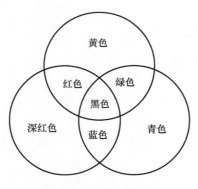

图 5-5　原色相减混色

从图 5-5 中得出：

$$青+深红+黄=白-红-绿-蓝=黑$$
$$白-蓝=黄$$
$$白-红=青 \tag{5-2}$$
$$白-绿=深红$$

　　青、深红、黄被称为颜料三原色。颜料三原色在绘画、印刷中的应用广泛。由于颜料可以吸收白光中特定的光成分，并通过反射未被吸收的光，进入人眼形成相应的彩色感知。例如，绘画中的颜料吸收蓝色，人眼感知的颜色为黄色。而颜料中三原色混合的比例不同，对光的吸收程度也不一样，形成不同的彩色。

5.3　彩色模型

彩色模型也称彩色空间或彩色系统，是用来精确标定和生成各种颜色的一套规则和定义，它的用途是用标准的方式规定颜色。彩色模型通常可以采用坐标系统来描述，位于系统中的每种颜色都可由坐标空间中的单个点来表示。

常见的典型的彩色模型有 RGB（红、绿、蓝）彩色模型、CMY（青、深红、黄）彩色模型、CMYK（青、深红、黄、黑）彩色模型和 HSI（色调、饱和度、亮度）彩色模型。彩色监视器和彩色视频摄像机常用 RGB 彩色模型描述；彩色打印机常用 CMY 彩色模型和 CMYK 彩色模型描述；HSI 彩色模型则符合人眼对颜色的描述。HSI 彩色模型可将灰度信息和颜色信息彻底分离开，更适合本书描述的灰度处理技术。本节将要讨论的是图像处理的几种常见模型。

5.3.1　RGB 彩色模型

RGB 彩色模型是工业界的一种颜色标准，通过对红、绿、蓝 3 个颜色亮度的变化以及它们相互之间的叠加来得到各种各样的颜色。该标准几乎包括了人类视觉所能感知的所有颜色，是目前运用最广的颜色模型之一。

RGB 彩色模型表示的图像包含 3 个图像分量，分别与红、绿、蓝三原色相对应。当送入显示器时，3 个图像分量混合，产生一幅合成的彩色图像。RGB 彩色模型中，用于表示每一个像素的比特数称为像素深度。

如图 5-6 所示，在 RGB 彩色模型中，每种颜色都出现在红、绿、蓝的原色光谱分量中。RGB 原色位于 3 个角上，二次色（青、深红和黄）位于另外 3 个角上，黑色位于原点处，白色位于距离原点最远的角上。该模型中，灰度级沿着连接这两点的直线从黑色延伸到白色。

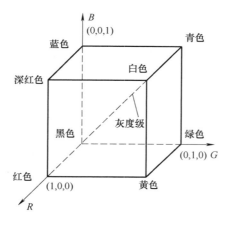

图 5-6　RGB 彩色模型

对于一幅 RGB 图像，每幅红、绿、蓝图像都是 8bit 图像，每个 RGB 彩色图像都有 24bit 深度，即 3 个图像平面乘以每个平面的比特数（8bit）等于 24bit。在 24bit 深度的 RGB 图像中，颜色总数是 $(2^8)^3 = 1.6777216 \times 10^7$。24bit 深度的图像通常称为真彩色或全彩色图像。

5.3.2 CMY 和 CMYK 彩色模型

RGB 彩色模型为光的三原色模型，而 CMY 描述的是颜料的三原色（光的二次色，青、深红、黄）模型，一般应用于彩色打印机和复印机这类可以在纸上沉积彩色的设备。由于色彩的显示不直接来自于光线的色彩，而是光线被物体吸收一部分之后反射剩余光线所产生的，因此 CMY 彩色模型又称减色法混合模型。例如，当使用青色颜料涂表面后，用白光照射表面时，该表面吸收红光，即青色是从反射的白光中减去了红光。其中，白光是由等量的红光、绿光和蓝光组成的。具体的原色相减原理见 5.2.2 小节和图 5-5。CMY 彩色模型可由 RGB 彩色模型转换得到，具体见 5.3.5 小节的内容。

而 CMYK 彩色模型是在 CMY 彩色模型中加入了黑色（即 K）。按照图 5-5 中，等量的颜料原色（青、深红、黄）可以生成黑色，但产生的黑色不纯。组合这些颜色印刷黑色时，会产生模糊的棕色，为产生真正的黑色，加入第四种颜色——黑色，构成 CMYK 彩色模型，即印刷中的"四色打印"。CMYK 彩色模型可由 CMY 彩色模型转换得到，具体见 5.3.5 小节的内容。

5.3.3 HSI 彩色模型

RGB、CMY、CMYK 彩色模型都是适合描述硬件的彩色模型，HSI 模型则是从人的视觉系统出发，直接使用颜色 3 要素——色调（Hue）、饱和度（Saturation）和亮度（Intensity，也称作密度或灰度）来描述颜色的。色调和饱和度合称为色度。颜色的 3 要素有以下特点：

1) 色调是彩色最重要的属性，决定颜色的本质，由物体反射光线中占优势的波长来决定，不同的波长使人产生不同的颜色感觉。

2) 饱和度是指颜色的深浅程度，饱和度越高，颜色越深。饱和度的深浅和加入白光的比例有关，加入的白光越多，饱和度越低。

3) 亮度是不可测的主观描述量，指人感觉的光的明暗程度。光的能量越大，亮度越大。

图 5-7 所示为圆锥形的 HSI 彩色模型，图中的小黑点是某一个彩色点，它与红色的夹角是色调（H），向量的长度是饱和度（S），从顶部白色到底部黑色的中轴为亮度（I）。

H 表示颜色的相位角，不同的相位角表示不同的颜色，反映该颜色最接近什么样的光谱波长。0° 为红色，120° 为绿色，240° 为蓝色。0°~240° 覆盖了所有可见光谱的颜色，240°~300° 是人眼可见的非光谱色（如紫色），红、绿、蓝相隔 120°，互补色分别相差 180°。S 表示颜色的饱和度和该颜色最大饱和度之间的比值，范围为 $[0,1]$，反映颜色的深浅程度。I 表示色彩的明亮程度，范围为 $[0,1]$。

HSI 彩色模型和 RGB 彩色模型只是同一物理量的不同表示法，HSI 彩色模型中的色调使用颜色类别表示；饱和度与颜色中加入的白光亮度成反比；亮度反映颜色的相对明暗程度。

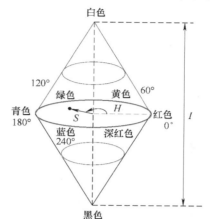

图 5-7　圆锥形的 HSI 彩色模型

5.3.4　与设备无关的彩色模型——Lab 彩色模型

由于个体差异，人眼感知的颜色会有不同，且显示器和打印机等设备对同一种颜色也会产生色差。为保证所用显示器、输出设备之间颜色的一致性，最好使用一个和设备无关的模型，Lab 彩色模型就是一个和设备无关的模型，由 CIE（国际照明委员会）制定。自然界中的任何颜色都可以在 Lab 彩色模型中表达出来，它的色彩空间比 RGB 空间大，弥补了 RGB 和 CMYK 彩色模型必须依赖于设备特性的不足。

如图 5-8 所示，Lab 颜色空间中的 L 分量用于表示像素的亮度，取值范围是 $[0,100]$，表示从纯黑到纯白；a 表示从红色到绿色的范围，取值范围是 $[-128,127]$；b 表示从黄色到蓝色的范围，取值范围是 $[-128,127]$。

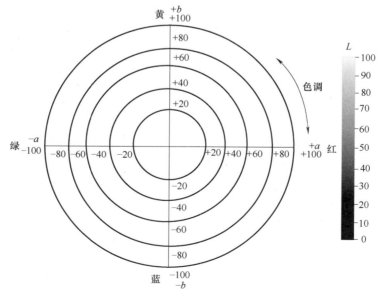

图 5-8　Lab 彩色模型

5.3.5　彩色模型之间的变换

1. RGB 到 CMY 的变换

已知一幅 RGB 彩色格式的图像，且所有值都已经归一化，即所有值都在 $[0,1]$ 之间，转换操作表达为

$$\begin{pmatrix} C \\ M \\ Y \end{pmatrix} = \begin{pmatrix} 1 \\ 1 \\ 1 \end{pmatrix} - \begin{pmatrix} R \\ G \\ B \end{pmatrix} \tag{5-3}$$

从式（5-3）可以看出，青色颜料吸收了红色的光，因此反射的光中无红色（即 $C = 1-R$）；深红色颜料反射光中无绿色（即 $M = 1-G$）；黄色颜料反射光中无蓝色（即 $Y = 1-B$）。

2. CMY 和 CMYK 的相互变换

已知一幅 CMY 彩色格式的图像，从 CMY 转换为 CMYK 的过程如下：
首先令

$$K = \min(C, M, Y) \tag{5-4}$$

如果这时 $K = 1$，则产生无颜色贡献的纯黑色，可以得出

$$C = 0 \tag{5-5}$$

$$M = 0 \tag{5-6}$$

$$Y = 0 \tag{5-7}$$

否则，有

$$C = (C-K)/(1-K) \tag{5-8}$$

$$M = (M-K)/(1-K) \tag{5-9}$$

$$Y = (Y-K)/(1-K) \tag{5-10}$$

式中，所有值都假设在 $[0,1]$ 区间内。

从 CMYK 到 CMY 的转换为

$$C = C(1-K)+K \tag{5-11}$$

$$M = M(1-K)+K \tag{5-12}$$

$$Y = Y(1-Y)+K \tag{5-13}$$

3. RGB 到 HSI 的变换

已知一幅 RGB 彩色格式的图像，且所有值都归一化到 $[0,1]$ 区间，每个 RGB 像素的 H 分量可以表示为

$$H = \begin{cases} \theta, & B \leq G \\ 360-\theta, & B > G \end{cases} \tag{5-14}$$

式中，

$$\theta = \arccos\left\{ \frac{\frac{1}{2}[(R-G)+(R-B)]}{[(R-G)^2+(R-B)(G-B)]^{1/2}} \right\} \tag{5-15}$$

饱和度分量为

$$S = 1 - \frac{3}{R+G+B}\min(R, G, B) \tag{5-16}$$

亮度分量为

$$I = \frac{1}{3}(R+G+B) \tag{5-17}$$

其中，角度 θ 是相对于 HSI 空间中的红色轴测量的。

4. HSI 到 RGB 的变换

已知一幅 HSI 彩色格式图像的值在 [0,1] 内，求同一区间内的 RGB 值。这种转换适用的公式取决于 H 的值，存在 3 个扇区，以 120°分隔，先将 H 乘以 360°，将色调调回 [0°,360°] 区间，然后可以用表 5-1 中的公式进行变换。

表 5-1　HSI 到 RGB 的变换公式

H	B	R	G
RG 扇区 （0°≤H<120°） $\hat{H}=H$	$B=I(1-S)$	$R=I\left(1+\dfrac{S\cos\hat{H}}{\cos(60°-\hat{H})}\right)$	$G=3I-(R+B)$
GB 扇区 （120°≤H<240°） $\hat{H}=H-120°$	$B=3I-(R+G)$	$R=I(1-S)$	$G=I\left(1+\dfrac{S\cos\hat{H}}{\cos(60°-\hat{H})}\right)$
BR 扇区 （240°≤H≤360°） $\hat{H}=H-240°$	$B=I\left(1+\dfrac{S\cos\hat{H}}{\cos(60°-\hat{H})}\right)$	$R=3I-(B+G)$	$G=I(1-S)$

5.4　伪彩色图像处理

伪彩色图像处理是利用指定规则对灰度图像赋予颜色的处理。伪彩色图像处理的主要应用：①将图像可视化；②解释单幅图像或序列图像中的灰度。人眼可以分辨几千种颜色，但只能分辨 20 多种灰度。使用伪彩色图像处理，将灰度图像中的灰度值赋予不同颜色可以达到图像增强的目的。伪彩色图像处理的方法有灰度分层法、灰度级到彩色变换法。

5.4.1　灰度分层法

将灰度图像中的像素灰度理解为高度，则可以将图像转换为三维，通过插入分割平面，将灰度图像划分为不同的"层"，为每一层赋予一种彩色。图 5-9 所示为灰度分层法示意图。灰度分层法处理的过程为灰度图像→灰度分层处理→彩色图像。

图 5-9a 所示为一幅图像的灰度分层法三维图描述，x 轴、y 轴为图像 $f(x,y)$ 的坐标轴，z 轴为图像的灰度值。图 5-9a 中的平面两侧赋予不同的颜色，灰度级在平面之上的像素编码为一种颜色，灰度级在平面之下的像素编码为另一种颜色，结果是图像被分割成了两种颜色。

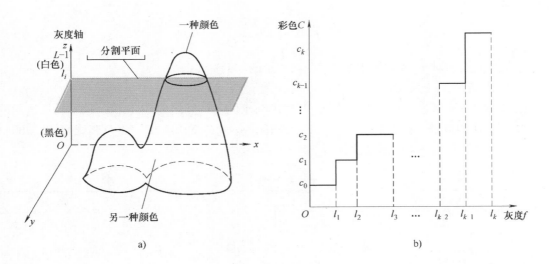

图 5-9　灰度分层法示意图

a）灰度分层法三维图描述　b）灰度分层法的另一种描述

图 5-9b 所示为灰度分层法的另一种描述，假设一幅灰度图像 $f(x,y)$ 的灰度范围是 $[0,L-1]$，用 k 个灰度平面（定义的灰度级为 $l_1,l_2,\cdots,l_k$）对该图像灰度范围进行分段，分为 V_1，$V_2,\cdots,V_{k+1}$ 共 $k+1$ 个区间，灰度级与彩色的赋值关系为

$$g(x,y)=c_i \tag{5-18}$$

式中，$g(x,y)$ 为输出的伪彩色图像；c_i 为灰度在 V_i 区间对应的颜色。使用多个分割级时，映射函数呈台阶状，如图 5-9b 所示。

【例 5-1】　基于灰度分层法的伪彩色图像处理的实例如图 5-10 所示。

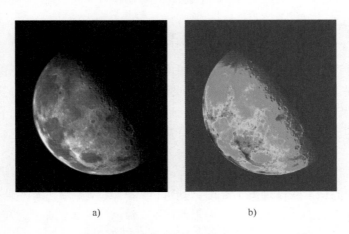

a）　　　　　　　　　　　　　b）

图 5-10　灰度分层法进行颜色编码

a）月球的灰度图像　b）进行灰度分层后的结果

分析：图 5-10a 为月球的灰度图像；图 5-10b 为将原灰度图像的灰度均匀分为 64 个等级再进行灰度分层后的结果，对每个灰度范围编码为一种颜色，共有 64 种颜色。图 5-10a 中

图像左下部分月球表面，人眼观察大部分区域灰度几乎不变。但通过灰度分层法变换后的伪彩色图像发现，实际上这一区域的灰度变化较大。图 5-10b 与图 5-10a 对比可以发现，原本很难通过人眼分辨的月球表面灰度变化图像，经过灰度分层法变换为伪彩色图像后，月球表面的变化被显示出来。通过灰度分层法，改变颜色的数量和灰度区间大小，可以快速了解灰度图像中目标物体的灰度变化和轮廓特征。

5.4.2　灰度级到彩色变换法

与灰度分层技术相比，本小节介绍的灰度级到彩色的变换更加通用。对输入的灰度图像的灰度级分别在红、绿、蓝 3 个通道上使用对应的预设函数进行独立的变换，然后将 3 个函数的输出送入显示器的 3 个通道，合成一幅伪彩色图像，此方法为灰度级到彩色变换的方法。图 5-11 所示为灰度级到彩色变换法的示意图。图 5-12 为灰度级到彩色变换的预设函数及 3 个通道合成的函数。

图 5-11　灰度级到彩色变换法的示意图

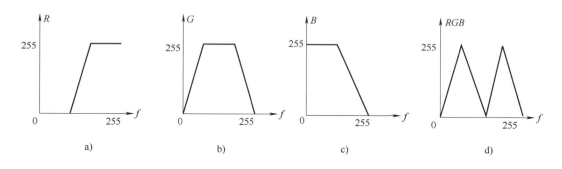

图 5-12　灰度级到彩色变换的预设函数及 3 个通道合成的函数

a) 红色通道预设函数　b) 绿色通道预设函数

c) 蓝色通道预设函数　d) 3 个通道合成的函数

【例 5-2】　如图 5-13 所示，使用灰度级到彩色变换法对灰度图像进行伪彩色图像处理。

分析：本例使用灰度级到彩色变换法对灰度图像进行彩色变换，使用灰度到彩色的变换可以帮助检测行李箱中是否有危险物品。从图 5-13a 所示的灰度图像中可以发现，物品之间重叠导致难以分辨，通过分别对原图像在红、绿、蓝 3 个通道上进行对应的预设函数变换，再对 3 个输出合成一幅伪彩色图像，得到图 5-13b。处理后的图像中物品层次清晰，可以被很好地识别分辨开，具有较好的图像增强效果。

a)   b)

图 5-13　使用灰度级到彩色变换法进行伪彩色图像处理

a）行李箱的 X 光扫描灰度图像　b）灰度级到彩色变换后的结果图像

5.5　彩色变换

本节描述的彩色变换可在单一模型内处理彩色图像的分量，达到彩色图像增强的效果。在介绍彩色变换之前，先对真彩色图像处理方法进行介绍，处理方法分为两类：第一类，首先分别处理分量图像，再将处理后的分量图像合成一幅彩色图像；第二类，直接处理彩色像素，例如，RGB 彩色模型中，每个彩色像素点都可以用 RGB 坐标系中从原点出发到某点的向量来表示。c 是 RGB 彩色模型中的一个任意向量，有

$$c = \begin{pmatrix} c_R \\ c_G \\ c_B \end{pmatrix} = \begin{pmatrix} R \\ G \\ B \end{pmatrix} \tag{5-19}$$

图像的彩色变换表示为

$$s_i = T_i(r_i), i = 1, 2, \cdots, n \tag{5-20}$$

式中，r_i 是输入分量图像的灰度值；s_i 是输出分量图像的灰度值；T 是对 r_i 进行彩色变换的映射函数；n 是分量图像的总数。例如，在 RGB 图像中，$n = 3$，表示有 3 个分量图像，r_1、r_2、r_3 为输入分量图像灰度，s_1、s_2、s_3 为变换后的输出分量图像灰度。

5.5.1　调整彩色图像亮度

如果通过彩色变换调整图像亮度，那么对于不同的彩色模型有不同的变换方法。对于 HSI 彩色模型，有单独的 I 分量表示亮度，可以进行简单变换，有

$$s_3 = kr_3 \tag{5-21}$$

令 $s_1 = r_1$，$s_2 = r_2$，这里仅仅改变亮度分量 s_3。使用 RGB 彩色模型，那么 R、G、B 这 3 个分量都必须变换，则

$$s_i = kr_i, i = 1, 2, 3 \tag{5-22}$$

使用 CMY 彩色模型调整亮度，则要求为一个相似的线性变换，即

$$s_i = kr_i + (1 - k), i = 1, 2, 3 \tag{5-23}$$

使用 CMYK 彩色模型调整图像亮度为

$$s_i = \begin{cases} r_i, & i=1,2,3 \\ kr_i+(1-k), & i=4 \end{cases} \tag{5-24}$$

从式（5-24）可以得知，改变 CMYK 图像的亮度，只需改变第 4 个分量 K 即可。以上变换的主要思路是将彩色图像的各分量分开，以灰度图像处理的方式分别处理。

5.5.2　补色

在图 5-14 所示的彩色环上，与一种色调直接相对立的另一种色调称为补色。彩色环是根据颜色之间的色度关系排列的，彩色环两端对立的颜色是互补的。补色的作用是增强嵌在彩色图像暗区的细节。

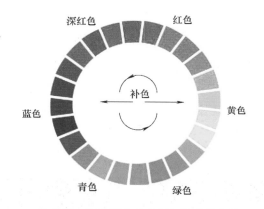

图 5-14　彩色环中的各颜色及其补色

【例 5-3】　图 5-15 所示为对彩色图像的补色变换的实例。

a)　　　　　　　　　　　　　　　　b)

图 5-15　彩色图像的补色变换的实例

a）原彩色图像　b）RGB 补色图像

分析：可以看出，补色图像变换类似于普通照片及其底片，原图像的黄色区域被蓝色代替，原图像背景是白色，补色是黑色。补色图像中的每种色调都可以使用图 5-14 中的彩色环推导得出。

5.5.3 彩色分层

彩色分层技术为突出图像中特殊的彩色区域，达到从图像中分离出目标物的目的，有两种经典方法：第1种，沿用灰度分层技术，但对彩色图像来说，变换函数的复杂程度比灰度图像高很多；第2种，把某些感兴趣区域以外的彩色映射为不突出的自然色。

第2种方法中，感兴趣的颜色可以用立方体包围公式和球体包围公式来表达。如果感兴趣的颜色由宽为 W、中心为分量 $(a_1, a_2, \cdots, a_n)$ 的立方体包围（$n>3$ 为超立方体），那么变换为

$$s_i = \begin{cases} 0.5, & \left[\, |r_j - a_j| > \dfrac{W}{2} \,\right]_{1 \leqslant j \leqslant n} \quad (i=1,2,\cdots,n) \\ r_i, & \text{其他} \end{cases} \tag{5-25}$$

如果使用球体来指定感兴趣的颜色，那么变换为

$$s_i = \begin{cases} 0.5, & \sum_{j=1}^{n} (r_j - a_j)^2 > R_0^2 \quad (i=1,2,\cdots,n) \\ r_i, & \text{其他} \end{cases} \tag{5-26}$$

式中，R_0 是球体半径，若 $n>3$ 就是超球体。使用式（5-25）和式（5-26）指定感兴趣的颜色区域，并减小区域之外的颜色亮度，实现彩色分层。

【例5-4】 如图5-16所示，使用彩色分层技术突出感兴趣的颜色。

a)   b)

图5-16 彩色分层技术分离出红色区域
a）原彩色图像 b）将感兴趣的红色与其他背景分离

分析： 在图5-16a中，在红色陶瓷中选择一种红色，它的RGB彩色坐标为(0.68, 0.16, 0.19)，调整 W 和 R_0 的值，本例中选用的值为 $W=0.25$，$R_0=0.12$，使用式（5-26）指定感兴趣的颜色区域。将感兴趣的颜色区域保留，减小区域之外的颜色亮度。图5-16b所示的结果图像中包含了陶瓷中的红色区域。

5.5.4 色调和彩色校正

校正图像的色调范围，能解决图像中颜色不规则的问题。图像的色调范围（也称为主

特性），是指图像颜色亮度的分布范围，可提供彩色强度的分布信息。总结各类图像的色调范围特点，分为以下几类情况：①高特性图像的彩色亮度信息集中在高亮度处；②低特性图像的彩色亮度集中在低亮度处；③中特性图像的彩色亮度集中在中间亮度处。色调的校正，实际上是根据原图像的色调范围特点选择合适的变换函数，使得变换后的彩色图像亮度在高亮度和低亮度之间均匀分布，达到增强图像的效果。

【例 5-5】　图 5-17 所示为对彩色图像进行色调校正。

分析：图 5-17 中的 3 组图像反映的是采用色调校正来校正 3 种色调范围分布不均的情况，使用的是典型变换函数对图像进行变换。第一组为图 5-17a、b、c，将较平淡、对比度较低的彩色图像进行色调校正。图 5-17b 中的曲线函数能提升图像的对比度，曲线的中点被固定；在高亮度区域进行压缩，使图像的高亮区域变暗；在低亮度区域进行扩展，使图像的暗区域变亮。第二组为图 5-17d、e、f，将较亮的彩色图像校正为较暗的图像，图 5-17e 中的曲线将亮度的整个区域进行压缩，使较亮的图像校正为较暗的图像。第三组为图 5-17g、h、i，将较暗的彩色图像校正为较亮的图像，图 5-17h 中的曲线将整个区域进行扩展，使较暗的图像校正为较亮的图像。图 5-17e、h 所示曲线可以联想到第 3 章中的幂律变换。

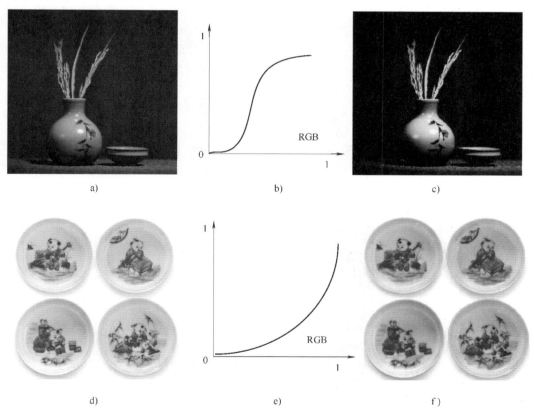

图 5-17　各种类型的色调校正

a）对比度较低的原图像　b）变换函数　c）通过图 5-17b 色调校正后的图像

d）较亮（高特性图像）的原彩色图像　e）变换函数　f）通过图 5-17e 色调校正后的图像

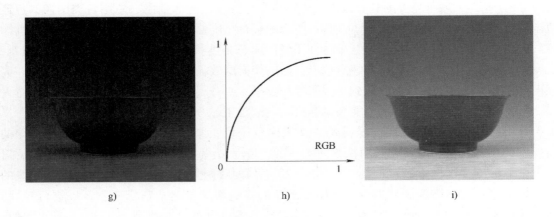

图 5-17　各种类型的色调校正（续）

g）较暗（低特性图像）的原彩色图像　h）变换函数　i）通过图 5-17h 色调校正后的图像

5.5.5　直方图处理

第 3 章中提到的灰度直方图可以应用于处理彩色图像。灰度直方图均衡化能自动地确定一种变换，这种变换试图产生具有均匀灰度值的直方图，在单色图像的情况下能成功处理低、中、高主调图像。彩色图像是由多个分量组成的，独立地对各彩色分量图像的直方图均衡化通常是不明智的，这将产生不正确的彩色。另一个合适的方法是均匀地扩展彩色亮度，保留色调不变。

【例 5-6】　如图 5-18 所示，对 HSI 彩色模型图像的直方图均衡化。

分析：图 5-18a 中亮度分量（归一化后）的值域为 $[0,1]$。图 5-18b 中，处理前的亮度分量直方图包含大量的暗色。这里仅对 HSI 彩色模型图像亮度分量进行直方图均衡，不改变色调和饱和度。从图 5-18c 所示的结果可以看出，整个图像都被有效地提高了亮度，位于右下角的莲蓬和放置陶瓷花瓶的木制台面的花纹都清晰可见。图 5-18d 所示为这幅新图像的亮

a）

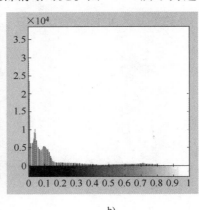

b）

图 5-18　对 HSI 彩色模型图像的直方图均衡化

a）原彩色图像　b）原彩色图像的亮度分量（I）的直方图

 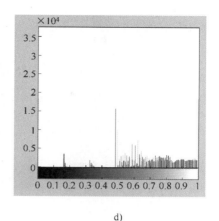

c)　　　　　　　　　　　　　　　　　　　d)

图 5-18　对 HSI 彩色模型图像的直方图均衡化（续）

c）直方图均衡化后的图像　d）均衡化后彩色图像的亮度分量（I）的直方图

度直方图，发现此时的亮度分量已经均匀分布在整个范围内。另外，虽然亮度均衡处理并不改变图像的色调和饱和度的值，但它的确影响了图像的整体颜色感观，如图 5-18c 所示的背景，原因是亮度的改变会影响图像颜色的相对外观。

5.6　彩色图像增强

彩色变换考虑的是单个像素的变换，本节提到的彩色图像的平滑和锐化考虑的是利用中心像素和周围邻域像素的运算对中心像素点进行改变。

5.6.1　彩色图像平滑

从第 3 章可知，灰度图像平滑可以视为空间滤波运算。模板滑过图像，每个像素的值都被模板覆盖的邻域中像素的平均值代替。这个概念可以推广至彩色图像中，但要注意的是，处理的不是标量灰度值，而是彩色模型中的向量。

在 RGB 彩色图像中，S_{xy} 是中心为 (x,y) 的一个邻域，这个邻域分量向量的平均值为

$$\bar{\boldsymbol{c}}(x,y)=\frac{1}{K}\sum_{(s,t)\in S_{xy}}\boldsymbol{c}(s,t) \tag{5-27}$$

其中，

$$\bar{\boldsymbol{c}}(x,y)=\begin{pmatrix} \dfrac{1}{K}\displaystyle\sum_{(s,t)\in S_{xy}}R(s,t) \\[2mm] \dfrac{1}{K}\displaystyle\sum_{(s,t)\in S_{xy}}G(s,t) \\[2mm] \dfrac{1}{K}\displaystyle\sum_{(s,t)\in S_{xy}}B(s,t) \end{pmatrix} \tag{5-28}$$

$c(s,t)$ 为 RGB 彩色模型在一点处的 RGB 分量。从式（5-27）和式（5-28）可以得出，使用邻域平均法进行平滑可以在 RGB 的每个彩色分量上进行，得到的结果和使用彩色向量进行平均得到的结果相同。

【例 5-7】 如图 5-19 所示，使用邻域平均法对彩色图像进行平滑。

a)   b)

c)   d)

图 5-19   使用邻域平均法对彩色图像进行平滑

a）原彩色图像   b）仅对 HSI 颜色模型中的亮度信息进行平滑的结果

c）对 RGB 颜色模型中的各个分量进行平滑的结果   d）图 5-19b 和图 5-19c 所示的图像之差

分析： 图 5-19b 为对图像 HSI 颜色模型的亮度分量进行 35×35 的空间平均模板平滑处理，保持色调和饱和度分量不变。为了便于显示，又将其转换回 RGB 图像；图 5-19c 为对图像 RGB 颜色模型中的 R、G、B 各个分量进行 35×35 的空间平均模板平滑处理的结果。两种平滑后的结果都使图像变得模糊，但又有所不同。从图 5-19d 可以看出，两种方式平滑后的图像是有差别的，且平滑模板越大，区别越大。本例中为了能看出差别，将模板尺寸设置得比较大。造成平滑后图像差别的原因是：在 HSI 颜色模型中仅对亮度分量进行平滑，色调和饱和度不变；而在 RGB 颜色模型中对各个分量进行平滑，各颜色分量都会改变。

5.6.2　彩色图像锐化

本小节将介绍采用拉普拉斯算子进行图像锐化处理。彩色图像的每个点都可以表示为一个向量，此时使用的拉普拉斯锐化算子也为向量。拉普拉斯算子被定义为一个向量，其分量等于输入的独立标量分量的拉普拉斯。

在 RGB 彩色系统中，向量 c 的拉普拉斯变换为

$$\nabla^2\left[c(x,y)\right]=\begin{pmatrix}\nabla^2 R(x,y)\\\nabla^2 G(x,y)\\\nabla^2 B(x,y)\end{pmatrix} \tag{5-29}$$

从式（5-29）可以看出，首先分别计算彩色图像的每一分量的拉普拉斯算子，然后合成各分量结果，得到彩色图像的拉普拉斯算子，以达到锐化的目的。

【例 5-8】　图 5-20 所示为使用拉普拉斯算子对彩色图像进行锐化。

a)　　　　　　　　　　　　　　　　　　　b)

c)　　　　　　　　　　　　　　　　　　　d)

图 5-20　使用拉普拉斯算子对彩色图像进行锐化

a）原彩色图像　　b）对 RGB 彩色模型锐化后的结果

c）对 HSI 彩色模型中的亮度分量进行锐化后的结果　　d）图 5-20b 和图 5-20c 之差

分析：使用第 3 章中图 3-38a 所示的模板，对图 5-20a 所示 RGB 的 3 个分量分别进行拉普拉斯锐化，得到图 5-20b。图 5-20c 所示为对 HSI 彩色模型中的亮度（I）分量使用相同的模板进行锐化后的结果，色度（H）、饱和度（S）保持不变。RGB 和 HSI 锐化图像间的差别显示如图 5-20d 所示。两幅图像之间存在差别的原因是：在 HSI 颜色模型中仅对亮度进行锐化，色调和饱和度不变；而在 RGB 颜色模型中对各个分量进行锐化，各颜色

分量都会改变。

5.7 彩色图像分割

分割是将图像分成多个区域的过程，目的是将感兴趣的目标与背景分割开，以便后续的处理。第 8 章主要讲灰度图像分割，为保持内容的连续性，本节先简单介绍彩色图像分割。

5.7.1 HSI 彩色模型分割

在彩色图像中，希望以彩色为基础对图像进行分割。在彩色图像中利用 HSI 彩色模型分割出感兴趣的特征区，饱和度被用作一个模板图像。在彩色图像分割中，亮度图像不常使用，因为它不携带彩色信息。HSI 彩色模型有以下特点：色调图像方便描述彩色；饱和度图像可作为模板分离感兴趣的特征区；亮度图像不携带彩色信息。下面举例来说明在 HSI 彩色模型中是如何进行图像分割的。

【例 5-9】 图 5-21 所示为 HSI 彩色模型中的图像分割。

分析：本例采用 HSI 彩色模型图像分割方法，对苹果与绿色的树叶背景进行分割，对图像中的苹果进行识别，如对采集图像中的苹果进行计数等。图 5-21b、c、d 所示为彩色图像的 H、S、I 3 个分量图像。通过观察发现，图像中感兴趣的区域是红色区域，色调值相对较高，与背景绿色明显不同。比较图 5-21a 所示的原彩色图像与图 5-21b 所示的色调图像可发现，红色区域的色调值较高，在图 5-21b 中显示为高亮的白色。图 5-21e 为对饱和度图像进行阈值处理后产生的二值饱和度模板图像（二值图像是指图像中像素的灰度值只有 0 和 1 两种），所用的阈值 T 是图像最大饱和度的 10%（即 $S_{max} \times 10\%$），大于该阈值 T 的像素被设置为 1，其他像素被设置为 0。将模板图像（图 5-21e）与色调图像（图 5-21b）相乘，并对相乘的结果进行二值化处理，得到图 5-21f，可将目标图像与背景分割开。

a)   b)

图 5-21　HSI 彩色模型中的图像分割

a）原彩色图像　b）原图像的色调图像

c)　　　　　　　　　　　　　　　　　　　　d)

e)　　　　　　　　　　　　　　　　　　　　f)

图 5-21　HSI 彩色模型中的图像分割（续）

c）原图像的饱和度图像　d）原图像的亮度图像

e）二值饱和度模板图像　f）分割结果

5.7.2　RGB 彩色模型分割

虽然在 HSI 彩色模型中进行分割更加直观，但用 RGB 彩色模型分割的结果更好。彩色图像分割的目的是：在 RGB 图像中分割特定彩色区域的感兴趣的目标，可以给定有代表性彩色点的样本点集，从样本点集中得到该彩色"平均"估计，这种彩色的"平均"估计就是希望分割的彩色。

令这个平均彩色的 RGB 向量为 $\boldsymbol{a}$，$\boldsymbol{z}$ 代表 RGB 空间中的任意一点，$\boldsymbol{z}$ 和 $\boldsymbol{a}$ 间的欧氏距离为

$$D(\boldsymbol{z},\boldsymbol{a}) = \|\boldsymbol{z}-\boldsymbol{a}\| = [(\boldsymbol{z}-\boldsymbol{a})^{\mathrm{T}}(\boldsymbol{z}-\boldsymbol{a})]^{\frac{1}{2}}$$

$$= [(z_R-a_R)^2+(z_G-a_G)^2+(z_B-a_B)^2]^{\frac{1}{2}} \tag{5-30}$$

D_0 是特定的距离阈值。如果 $D(\boldsymbol{z},\boldsymbol{a}) \leqslant D_0$，则 $\boldsymbol{z}$ 与 $\boldsymbol{a}$ 相似，满足指定的颜色准则；如果 $D(\boldsymbol{z},\boldsymbol{a}) > D_0$，则 $\boldsymbol{z}$ 与 $\boldsymbol{a}$ 不相似，不满足指定的颜色准则。

通过判断图像中的点是否满足规定的颜色准则条件，可以将其分成两类：0（黑色）表示不满足指定颜色准则的点；1（白色）表示满足指定颜色准则的点，可产生一幅二值分割图像。另一种更有用的距离测度是

$$D(\boldsymbol{z},\boldsymbol{a}) = [(\boldsymbol{z}-\boldsymbol{a})^{\mathrm{T}}\boldsymbol{C}^{-1}(\boldsymbol{z}-\boldsymbol{a})]^{1/2} \tag{5-31}$$

式中，C 是待分割颜色中具有代表性的颜色样本的协方差矩阵。

【例 5-10】 图 5-22 所示为 RGB 彩色模型中的彩色图像分割。

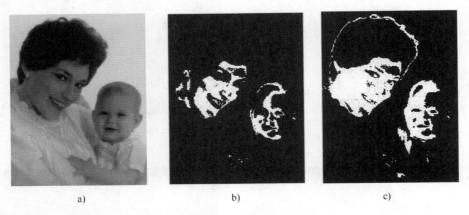

a)   b)   c)

图 5-22　彩色图像分割

a）原彩色图像　b）RGB 模型分割阈值 $T=25$ 的结果　c）RGB 模型分割阈值 $T=50$ 的结果

分析：对于图 5-22a 所示的图像，希望从彩色图像中分割出两人的脸部皮肤。使用 RGB 彩色模型分割，选择感兴趣的区域（ROI）计算其中点的均值向量和协方差矩阵。阈值分别设置为 25 和 50，此时将每个像素点距离小于阈值的标记为白色，将距离大于阈值的标记为黑色。发现当阈值为 50 时，分割结果比较恰当。

5.7.3　彩色图像边缘检测（选学）

对于灰度图像边缘检测，求图像的梯度公式为

$$\nabla f_x(x,y)=f(x+1,y)-f(x,y) \tag{5-32}$$

$$\nabla f_y(x,y)=f(x,y+1)-f(x,y) \tag{5-33}$$

求图像的二阶差分公式为

$$\nabla f_x(x,y)=f(x+1,y)+f(x-1,y)-2f(x,y) \tag{5-34}$$

$$\nabla f_y(x,y)=f(x,y+1)+f(x,y-1)-2f(x,y) \tag{5-35}$$

可根据梯度、二阶差分和最大变化率的方向来寻找可能存在的图像边缘。

彩色图像的每个像素由包含红、绿、蓝 3 个分量的一个三维向量来表示。但是在进行图像边缘检测时会遇到一个问题，就是向量并不存在梯度的概念。可以单独对每个颜色分量进行边缘检测并合并该结果，但这样计算的梯度不能反映图像整体彩色的差异变化。这与直接在 RGB 彩色模型中计算边缘是不同的。

下面介绍广为使用的彩色图像梯度方法，彩色图像的梯度由 $F_\theta(x,y)$ 梯度图像表示，即

$$F_\theta(x,y)=\left\{\frac{1}{2}(g_{xx}+g_{yy})+(g_{xx}-g_{yy})\cos2\theta(x,y)+2g_{xy}\sin2\theta(x,y)\right\}^{1/2} \tag{5-36}$$

式中，$\theta(x,y)$ 和 $F_\theta(x,y)$ 与输入图像的大小相同，$\theta(x,y)$ 是每个点的角度，并且是 $c(x,y)$ 的最大变化率的方向，可由下面的公式得出：

$$\theta(x,y)=\frac{1}{2}\arctan\left[\frac{2g_{xy}}{(g_{xx}-g_{yy})}\right] \tag{5-37}$$

式中，g_{xx}、g_{yy}、g_{xy} 是 x 和 y 的函数。计算向量 $\boldsymbol{u}$、$\boldsymbol{v}$ 的公式为

$$\boldsymbol{u} = \frac{\partial R}{\partial x}\boldsymbol{r} + \frac{\partial G}{\partial x}\boldsymbol{g} + \frac{\partial B}{\partial x}\boldsymbol{b} \tag{5-38}$$

$$\boldsymbol{v} = \frac{\partial R}{\partial y}\boldsymbol{r} + \frac{\partial G}{\partial y}\boldsymbol{g} + \frac{\partial B}{\partial y}\boldsymbol{b} \tag{5-39}$$

式中，R、G、B 是图像分量；$\boldsymbol{r}$、$\boldsymbol{g}$、$\boldsymbol{b}$ 是单位向量，表征颜色分量坐标。继续计算有

$$g_{xx} = \boldsymbol{u}^{\mathrm{T}}\boldsymbol{v} = \left|\frac{\partial R}{\partial x}\right|^{2} + \left|\frac{\partial G}{\partial x}\right|^{2} + \left|\frac{\partial B}{\partial x}\right|^{2} \tag{5-40}$$

$$g_{yy} = \boldsymbol{u}^{\mathrm{T}}\boldsymbol{v} = \left|\frac{\partial R}{\partial y}\right|^{2} + \left|\frac{\partial G}{\partial y}\right|^{2} + \left|\frac{\partial B}{\partial y}\right|^{2} \tag{5-41}$$

$$g_{xy} = \boldsymbol{u}^{\mathrm{T}}\boldsymbol{v} = \frac{\partial R}{\partial x}\frac{\partial R}{\partial y} + \frac{\partial G}{\partial x}\frac{\partial G}{\partial y} + \frac{\partial B}{\partial x}\frac{\partial B}{\partial y} \tag{5-42}$$

【例 5-11】　图 5-23 所示为彩色图像边缘检测实例。

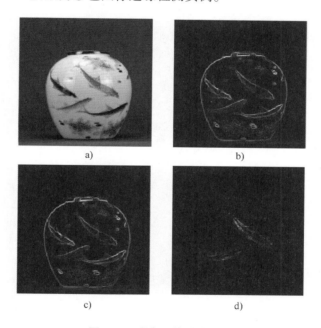

图 5-23　彩色图像边缘检测

a）原彩色图像　b）使用彩色图像梯度方法得到的图像 $F_{\theta}(x,y)$

c）使用 Sobel 算子单独彩色分量求梯度后合并得到的图像　d）两种方法结果之差

　　分析：从图 5-23b 和图 5-23c 的比较可以看出，直接用式（5-36）的彩色图像的向量梯度图得到的细节比求 R、G、B 分量后合并的梯度图得到的细节更多，从陶瓷底部的水草和顶部的鱼可以看出。图 5-23d 显示了两幅梯度图在每个像素上是有差别的，但两种方法都能得到可以接受的边缘检测效果。使用式（5-36）所得到的细节更多，但是计算量有所增加；使用各分量梯度再相加的方法得到的细节少，但计算量相对较少。因此，可以根据具体应用需求选择合适的计算方法。

5.8 本章小结

本章介绍的知识如下：①介绍了彩色图像的基础知识，包括彩色的颜色特性、原色相加理论和原色相减理论。②介绍了彩色模型，包括 RGB 彩色模型、CMK 和 CMYK 彩色模型、HSI 彩色模型和 Lab 彩色模型，分别介绍了这几种彩色模型的特点及各种典型模型之间的转换。③介绍了伪彩色图像处理，伪彩色图像处理指基于指定规则对灰度值赋予颜色的处理，有两种基本伪彩色图像处理的技术：灰度分层法、灰度级到彩色变换法。④介绍了真彩色图像的彩色变换，包括彩色图像亮度调整、补色、色调和彩色校正、直方图处理等。⑤介绍了彩色图像的增强，从彩色图像平滑和彩色图像锐化两个方面进行介绍。⑥介绍了彩色图像分割，与第 8 章内容相关，介绍了 3 种经典彩色分割方法：HSI 彩色模型分割、RGB 彩色模型分割和彩色图像边缘检测。

第6章

图像压缩

6.1 图像压缩概述

在信息化时代的今天，每天都有大量图像数据用于存储、处理和传输。例如，阿里巴巴、腾讯、新浪等互联网公司向消费人群推荐商品信息、个人消费年报以及最新媒体新闻；再如，消费者不用出家门，外卖即可送达消费者，可见互联网数字化时代给人们带来极大的便利。网络上的诸多信息均以图像形式进行存储和展示，因此，对图像信息的存储容量需求极大，鉴于此，研究如何对图像数据进行压缩具有重要意义。

图像压缩最初的研究领域聚焦于利用模拟的方法减少视频所需的带宽。随着时代的发展，计算机和集成电路的出现，特别是香农提出信息论与编码的观点，推动了图像压缩技术由模拟转向数字化。

图像压缩是为了减少表示图像所需的数据量，方法是去除其中的冗余数据。其思路是：在图像进行存储和传输之前，将二维像素矩阵变换为统计不相关的数据集合，然后通过解压缩重构原图像。

本章将首先介绍图像压缩的数学变换基础知识，然后介绍无损压缩编码和有损压缩编码，并给出常用的图像压缩标准与图像格式，最后对本章的知识内容进行简要总结。

本章内容框架如图 6-1 所示。

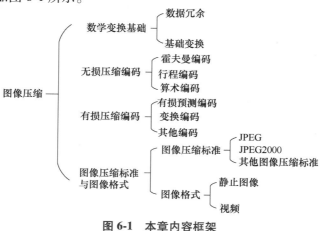

图 6-1　本章内容框架

6.2 数学变换基础

图像压缩旨在尽可能地减少表示图像信息所需的数据量。为减少不必要的信息占据存储空间，需去除其中的冗余数据。在涉及冗余数据的计算、二维像素的阵列变换等时均需要数学变换基础。本节的重点内容为数据冗余与基础变换。

6.2.1 数据冗余

图像信息和数据之间的区别在于两者的概念和意义不一样。图像信息是数据的具体表现形式；数据是图像信息的传送方式。相同信息可用不同的数据量进行表示。例如，讲述同一个故事，有的表达可使故事简短且突出重点，有的表述可使故事冗长且重点不明确，即其中包含许多不必要的数据信息，这些不必要的数据称为数据冗余。

图像压缩就是减少或者消除数据冗余问题。数据冗余在数学上的表示方法：使用 η_1 与 η_2 表示两个相同的信息数据集合承载的信息单元数量，η_1 为压缩前的信息单元数量，η_2 为压缩后的信息单元数量，则第一个数据集合 η_1 的相对数据冗余 R 的表达式为

$$R = 1 - \frac{1}{C} \tag{6-1}$$

式中，C 表示压缩率，并定义为

$$C = \frac{\eta_1}{\eta_2} \tag{6-2}$$

第一种情况，当 $\eta_1 \gg \eta_2$ 时，压缩率 C 趋近于无穷，相对数据冗余 R 趋近为 1，说明存在压缩和大量的冗余数据。

第二种情况，当 $\eta_1 = \eta_2$ 时，压缩率 C 为 1，相对数据冗余 R 为 0，说明 η_1 数据集合不包含冗余数据。

第三种情况，当 $\eta_1 \ll \eta_2$ 时，压缩率 C 趋于 0，相对数据冗余 R 趋近负无穷，表示第二个集合 η_2 远超过表达式的数据量。

如果压缩率为 4:1，那么对于 η_2 来说，η_1 携带了 4bit 的信息量，可算出数据冗余 R 为 0.75，表示第一个数据集合中有 75% 的数据为冗余数据。

在图像压缩中，数据冗余可分为 3 种：编码冗余、像素间冗余以及心理视觉冗余。当其中的一种冗余或多种冗余减少或者消失时，就表示完成了图像压缩。

1. 编码冗余

这里假设图像灰度级为随机变量，在此基础上，通过直方图法对图像增强，并通过图像灰度级直方图获取图像外观的诸多信息。因此，图像灰度级与直方图融合的编码系统可减少表示图像所需的数据量。

假设 $[0,1]$ 区间内的随机变量 r_k 表示图像的灰度级，每个 r_k 出现的概率都为 $p(r_k)$，则其表达式为

$$p(r_k) = \frac{n_k}{n}, k = 0, 1, 2, \cdots, L-1 \tag{6-3}$$

式中，L 是灰度级数；n_k 是第 k 个灰度级在图像中出现的次数；n 是图像中的像素总数。

若使用 r_k 值的比特数为 $l(r_k)$，则每个像素的平均比特数为

$$L_{avg} = \sum_{k=0}^{L-1} l(r_k)p(r_k) \tag{6-4}$$

式（6-4）表示每个灰度级值所用的比特数和灰度级出现的概率相乘后求和，可得不同灰度级的平均码字长度。所以对 $P \times Q$ 像素大小的图像进行编码，得到所需的比特数为 PQL_{avg}。此时，L_{avg} 与 η_2 等价，已知其自然编码长度，根据冗余度计算式（6-1），可计算数据冗余。

【例 6-1】 如表 6-1 所示，一个具有 4 个灰度级图像的灰度级分布，如果以 2bit 二进制进行编码，即 L_{avg} 为 2，求图像压缩后的冗余水平。

表 6-1 像素灰度级概率与比特数

$p(r_k)$	编码 1	$l_1(r_k)$	编码 2	$l_2(r_k)$
0.2	00	2	11	2
0.3	01	2	1	1
0.45	10	2	11	2
0.05	11	2	1101	4

分析：根据表 6-1 中的数据可得，压缩后图像所需的编码平均比特数为

$$L_{avg} = \sum_{k=0}^{3} l(r_k)p(r_k) = 0.2 \times 2 + 1 \times 0.3 + 2 \times 0.45 + 4 \times 0.05 = 1.8\text{bit}$$

根据压缩率计算式（6-2），得压缩率为 2/1.8，同时可计算冗余水平为

$$R = 1 - \frac{1}{C} = 1 - 1.8/2 = 0.1$$

这说明编码 1 中存在 10% 的冗余数据，由编码 2 实现图像压缩。在本例中，使用尽可能少的比特数表示尽可能多的灰度级以实现数据压缩。此处理方法为变长编码。若图像灰度级编码使用的编码符号多于每个灰度级所需的符号数，则会得到编码冗余。

2. 像素间冗余

由于图像中灰度级的出现不是等概率情况，前面介绍了利用变长编码减少像素长度编码带来的编码冗余数据，但编码处理并不会改变图像中像素之间的相关性程度。图像中像素间的相关性来源于图像中对象之间的结构关系。像素间冗余是指图像中像素间的相关性造成的数据冗余。

【例 6-2】 像素间冗余举例，如图 6-2 所示。

分析：图 6-2b 所示的整齐的火柴图的自相关系数曲线有明显的规律性，而图 6-2d 所示的杂乱的火柴图的自相关系数曲线无明显规律。这是由于图 6-2a 火柴的间隔与摆设方式与图 6-2c 截然不同，导致相邻像素间存在差异。

若沿着每幅图像的某一条线计算，则可得到各自的自相关系数。经过归一化得到的表达式为

$$\gamma(\Delta n) = \frac{A(\Delta n)}{A(0)} \tag{6-5}$$

$$A(\Delta n) = \frac{1}{N-\Delta n} \sum_{y=0}^{N-1-\Delta n} f(x,y)f(x,y+\Delta n) \tag{6-6}$$

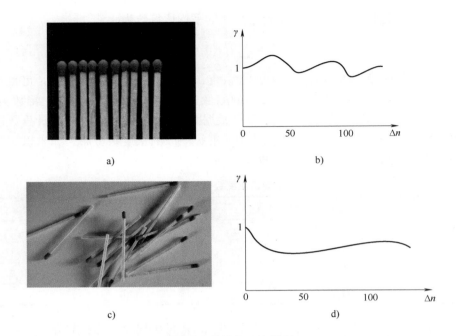

图 6-2　像素间冗余举例

a）整齐的火柴图　b）图 6-2a 某水平（或垂直）扫描线上像素灰度的自相关系数曲线图
c）杂乱的火柴图　d）图 6-2c 某水平（或垂直）扫描线上像素灰度的自相关系数曲线图

式中，$A(\Delta n)$ 为比例因子，反映了 Δn 取整数时求和项变化的项数，Δn 必须严格小于一条线上的像素数目 N；变量 x 表示计算中扫描线的 x 坐标；变量 y 表示计算中扫描线的 y 坐标。图 6-2a、图 6-2c 中的 Δn 均为 2 时，对应的 γ 分别为 0.957 和 0.946。可见图 6-2a、图 6-2c 两幅图中的相邻像素均具有较高的相关性。

　　这体现了图像数据冗余的另一种形式，即像素间相关性。一幅图像中的单一像素对于整体视觉效果的影响不大，但单一像素值可由其他大部分像素预测。为了表示像素间的相互依赖关系，用像素冗余表示。

3. 心理视觉冗余

　　心理视觉冗余主要来自于人们的主观心理感知，人眼感觉区域的亮度不仅取决于该区域的反射光强度，还取决于心理视觉感知。对于重要程度不同的信息，预先的讨论与大脑的思考也会导致心理视觉冗余。例如，在图像亮度相同的区域中，人眼同样可以感受到亮度变化，这是眼睛对所有视觉信息感受的灵敏度不同造成的。在人类视觉处理重要程度不同的信息时，"被认为不重要的信息"称为心理视觉冗余。

　　心理视觉冗余与上述所介绍的像素间冗余不同，心理视觉冗余与可度量的视觉信息是存在联系的，消除正常的心理视觉冗余是可能的，但也必将导致一定量的信息丢失，从数据压缩的定义考虑，即实现了数据压缩。

　　【例 6-3】　图 6-3 所示为心理视觉冗余实例。

　　分析： 如图 6-3 所示，图 6-3a 为 256 灰度级单色图像，按压缩率 2∶1 压缩后得到图 6-3b，图 6-3c 为利用人类视觉系统特性量化后的图像。图 6-3c 中量化过程的压缩率与图 6-3b 一

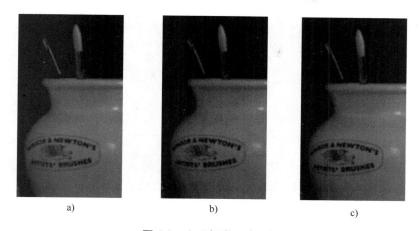

图 6-3　心理视觉冗余实例

a）256 灰度级单色图像　b）压缩后的图像　c）利用人类视觉系统特性量化后的图像

致，均为 2∶1。可见，从视觉效果上来看，图 6-3c 比图 6-3b 更接近于图 6-3a。因此，心理视觉冗余是存在的，而利用人类视觉的心理视觉冗余可实现数据的压缩。

6.2.2　基础变换

本小节主要讲述图像压缩中出现的基础变换，包括快速傅里叶变换（Fast Fourier Transform，FFT）、离散余弦变换（Discrete Cosine Transform，DCT）及小波变换（Wavelet Transform，WT）。

1. 快速傅里叶变换

快速傅里叶变换（FFT）是离散傅里叶变换（DFT）的快速算法，FFT 的过程大大简化了在计算机中进行 DFT 的过程。简单来说，如果一维 DFT 的计算复杂度是 N^2 次复数乘法运算（N 代表输入采样点的数量），则一维 FFT 的计算复杂度是 $N/2\log_2 N$，可见 FFT 提高了运算速度。FFT 不是 DFT 的近似运算，它们完全是等效的。下面介绍 FFT 的计算原理。先将 $x(n)$ 分解为偶数与奇数的两个序列之和，即

$$x(n) = x_1(n) + x_2(n) \tag{6-7}$$

式中，$x_1(n)$ 是偶数序列；$x_2(n)$ 是奇数序列。$x_1(n)$ 和 $x_2(n)$ 的长度都是 $N/2$，则

$$X(k) = \sum_{n=0}^{\frac{N}{2}-1} x_1(n) W_N^{2kn} + \sum_{n=0}^{\frac{N}{2}-1} x_2(n) W_N^{(2n+1)k} \ (k=0,1,\cdots,N-1) \tag{6-8}$$

或

$$X(k) = \sum_{n=0}^{\frac{N}{2}-1} x_1(n) W_N^{2kn} + W_N^k \sum_{n=0}^{\frac{N}{2}-1} x_2(n) W_N^{2kn} \ (k=0,1,\cdots,N-1) \tag{6-9}$$

式中，$W_N^{2kn} = \mathrm{e}^{-j\frac{2\pi}{N}2kn} = \mathrm{e}^{-j\frac{2\pi}{N}kn}{2} = W_{\frac{N}{2}}^{kn}$，则

$$X(k) = \sum_{n=0}^{\frac{N}{2}-1} x_1(n) W_{\frac{N}{2}}^{kn} + W_N^k \sum_{n=0}^{\frac{N}{2}-1} x_2(n) W_{\frac{N}{2}}^{kn} = X_1(k) + W_N^k X_2(k) \ (k=0,1,\cdots,N-1) \tag{6-10}$$

FFT 运算也称为蝶形运算，其运算过程如图 6-4 所示，8 点蝶形图中，FFT 的计算复杂

度为 $4\log_2 8$，DFT 的计算复杂度为 8^2，可见 FFT 明显节省了计算量。

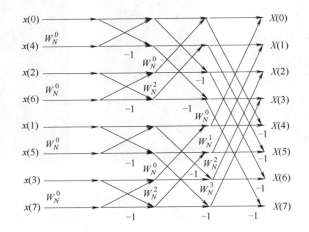

图 6-4　蝶形运算过程

【例 6-4】　图 6-5 所示为陶瓷图像的 FFT 变换实例。

a)　　　　　　　　　　　　　　　　b)

图 6-5　陶瓷图像的 FFT 变换实例

a）原始陶瓷图像　b）原始陶瓷图像频谱图

分析：如图 6-5 所示，对图 6-5a 进行 FFT，得出其频谱图 6-5b，但是由于低频分量分布在图像的 4 个角，所以需要对频谱进行搬移，将低频分量移至图像中间，以方便观察和对频谱进行操作。图像通过 FFT 可简化计算，在空间域中处理图像时所进行的复杂卷积运算，等同于在频率域中进行的简单乘积运算；另外，频谱图表示的频率域图像中心部位是能量集中的低频区域，反映的是图像的平滑部分。随着不断远离频谱图的中心位置，空间域图像中的细节、边缘、结构复杂区域、突变部位和噪声等高频成分逐渐加强。因此，频率域中滤波的概念更为直观。

2. 离散余弦变换

离散余弦变换（DCT）是可分离的变换，其变换核心为余弦函数。DCT 除了具有一般的正交变换性质外，其变换矩阵的基向量能很好地描述人类语音信号和图像信号的相关特征。DCT 包含两个性质：可分离性和能量集中性。可分离性就是可以将二维 DCT 拆分为两个方向的一维 DCT；能量集中性是指将时域图像转换为频域能量分布图，实现能量集中，从而去除空间冗余。在对语音信号、图像信号的变换中，DCT 被认为是一种最佳变换。DCT 是 DFT 的一种形式。在离散时间傅里叶变换（Discrete Time Fourier Transform，DTFT）的傅里叶级数展开式中，如果被展开的函数是实偶函数，那么其傅里叶级数中只包含余弦项，再将其离散化，可导出余弦变换，因此称为离散余弦变换（DCT）。所以 DCT 属于 DFT 的一个子集。

DCT 类似于 DFT，但 DCT 的信号长度是相同信号 DFT 的两倍。此外，DCT 通常被用于对静止图像和运动图像进行有损数据压缩。这是由于 DCT 具有很强的能量集中特性，即大多数的信号能量都集中在 DCT 后的低频部分，且当信号具有接近马尔可夫过程的统计特性时，DCT 具有最优的去相关性。

1）一维离散余弦变换以及逆变换定义如下：

$$
\begin{aligned}
C(u) &= a(u) \sum_{n=0}^{N-1} x(n) \cos\left(\frac{(2n+1)u\pi}{2N}\right), u=0,1,\cdots,N-1 \\
x(n) &= \sum_{n=0}^{N-1} a(u) C(u) \cos\left(\frac{(2n+1)u\pi}{2N}\right), n=0,1,\cdots,N-1
\end{aligned}
\tag{6-11}
$$

式中，$a(u)$ 为归一化加权系数；N 为原始信号的点数；$C(u)$ 为补偿系数，可使 DCT 为正交矩阵。

$$
a(u) = \begin{cases} \sqrt{\dfrac{1}{N}}, & u=0 \\ \sqrt{\dfrac{2}{N}}, & u=1,2,\cdots,N-1 \end{cases}
\tag{6-12}
$$

式中，$a(u)$ 为归一化加权系数；N 为原始信号的点数。

对于一维 DCT，需要进行 N^2 次乘法运算和 $N(N-1)$ 次加法运算。例如，对于一个 8×8 阶矩阵运算，如果使用普通的全矩阵乘法运算，则需要 8^2 即 64 次乘法和 $8\times(8-1)$ 即 56 次加法运算，显然，对于实时的压缩需要来说，这是一个极大的运算量，对硬件要求较高。

2）二维离散余弦变换以及逆变换定义如下：

$$
\begin{aligned}
C(u,v) &= a(u)a(v) \sum_{x=0}^{N-1} \sum_{y=0}^{N-1} f(x,y) \cos\left(\frac{(2x+1)u\pi}{2N}\right) \cos\left(\frac{(2y+1)v\pi}{2N}\right), u,v=0,1,\cdots,N-1 \\
f(x,y) &= \sum_{x=0}^{N-1} \sum_{y=0}^{N-1} a(u)a(v) C(u,v) \cos\left(\frac{(2x+1)u\pi}{2N}\right) \cos\left(\frac{(2y+1)v\pi}{2N}\right), x,y=0,1,\cdots,N-1
\end{aligned}
\tag{6-13}
$$

式中，$f(x,y)$ 为原始信号；$C(u,v)$ 为 DCT 后的系数；N 为原始信号的点数；$a(u)$、$a(v)$ 为补偿系数，可使 DCT 为正交矩阵。

DCT 可以将 8×8 图像空间通过式（6-13）转换为频率域，只需用少量的数据点就可表示图像。由于 DCT 产生的系数很容易被量化，因此能很好地实现块压缩。此外，DCT 有快速算法，如采用快速傅里叶变换实现高效运算，因此它在硬件和软件都容易实现。由于 DCT 是对称算法，所以利用逆 DCT 算法可解压缩图像。

【例 6-5】　图 6-6 所示为对陶瓷图像进行 DCT 实例。

分析：如图 6-6 所示，把陶瓷图像分解为 8×8 的子块，然后对每一个子块进行 DCT。

图 6-6a 为陶瓷碗原始图像，经 DCT 得图 6-6b；图 6-6c 为陶瓷茶杯原始图像，经 DCT 得图 6-6d。由 DCT 原理可知，DCT 就是将二维图像从空间域转换到频率域，由可计算图像的二维余弦波构成。因此，图 6-6b 为图 6-6a 的二维余弦波的构成结果，图 6-6d 同理。此外，图 6-6b 与图 6-6d 的左上部分为低频部分，右下部分为高频部分，且能量集中在低频区域。

a）　　　　　　　　　　　b）

c）　　　　　　　　　　　d）

图 6-6　对陶瓷图像进行 DCT 实例

a）陶瓷碗原始图像　b）图 6-6a 经 DCT 后的图像

c）陶瓷茶杯原始图像　d）图 6-6c 经 DCT 后的图像

3. 小波变换

小波变换是在傅里叶变换的基础上，通过更换傅里叶变换基，将无限长三角函数基转换成有限长衰减的小波基。由于基函数具有伸缩、可分解的特性，当基函数收缩范围较窄时，对应高频分量；当伸缩范围较宽时，对应低频分量。基函数不断和信号做相乘运算，可得某一范围的尺度结果，可认为信号所包含的当前尺度对应频率成分。

小波变换涉及两个核心变量：尺度和平移量。尺度对应于频率，控制小波函数的伸缩；平移量对应于时间，控制小波函数的平移。这样不仅能够获取频率，还能定位到时间。当伸缩、平移到重合情况时，会通过相乘得到一个较大的幅值。

与傅里叶变换不同的是，小波变换不仅可以获取信号的频率成分，还可获取它在时域上的具体位置。傅里叶变换只能得到频谱，而小波变换可得到时频谱。此外，对于突变信号，傅里叶变换存在吉布斯效应。吉布斯效应是指将具有不连续点的周期函数（如矩形脉冲）进行傅里叶级数展开后，选取有限项进行合成。选取的项数越多，在所合成的波形中出现的峰越靠近原信号的不连续点。当选取的项数很大时，该波形的峰值趋于一个常数。对突变剧烈的信号或存在端点的信号，需取足够大的项数 N 来拟合突变信号的能量，而小波变换可很好地处理突变信号。下面从一维离散小波的定义出发介绍其原理。

1）一维离散小波变换定义如下：

$$g(n) = \frac{1}{\sqrt{M}} \sum_j W_\varphi(0,j) \varphi_{0,j}(n) + \frac{1}{\sqrt{M}} \sum_{i=0}^\infty \sum_j W_\psi(i,j) \psi_{i,j}(n) \tag{6-14}$$

$$W_\varphi(0,j) = \frac{1}{\sqrt{M}} \sum_n g(n) \varphi_{0,j}(n)$$

$$W_\psi(i,j) = \frac{1}{\sqrt{M}} \sum_n g(n) \psi_{i,j}(n) \tag{6-15}$$

式中，$n = 0,1,2,\cdots,M-1$；$i = 0,1,2,\cdots,K-1$；$j = 0,1,2,\cdots,2^i-1$；$W_\varphi(0,j)$ 和 $W_\psi(i,j)$ 分别称为近似系数和细节系数。

$\varphi_{i,j}(x)$ 为尺度函数，$\psi_{i,j}(x)$ 为小波函数，定义为

$$\varphi_{i,j}(x) = 2^{\frac{i}{2}} \varphi(2^i x - j) \tag{6-16}$$

$$\psi_{i,j}(x) = 2^{\frac{i}{2}} \psi(2^i x - j) \tag{6-17}$$

2）二维离散小波变换定义。

一维小波变换扩展到二维，需要定义一个二维尺度函数 $\varphi(x,y)$ 和 3 个二维小波函数 $\psi^H(x,y)$、$\psi^V(x,y)$、$\psi^D(x,y)$，定义如下：

$$\begin{aligned} \varphi(x,y) &= \varphi(x)\varphi(y) \\ \psi^H(x,y) &= \psi^H(x)\psi^H(y) \\ \psi^V(x,y) &= \psi^V(x)\psi^V(y) \\ \psi^D(x,y) &= \psi^D(x)\psi^D(y) \end{aligned} \tag{6-18}$$

式中，$\psi^H(x,y)$ 表示水平方向变换；$\psi^V(x,y)$ 表示垂直方向变化；$\psi^D(x,y)$ 表示沿对角线方向变化。二维小波变换定义尺度函数和平移基函数为

$$\varphi_{i,m,n}(x,y) = 2^{\frac{i}{2}} \varphi(2^i x - m, 2^i y - n)$$

$$\psi^l_{i,m,n}(x,y) = 2^{\frac{i}{2}} \psi^l(2^i x - m, 2^i y - n), l = H,V,D \tag{6-19}$$

对于尺寸为 $M \times N$ 的图像 $g(x,y)$，离散小波变换表示为

$$W_\varphi(0,m,n) = \frac{1}{\sqrt{MN}} \sum_{x=0}^{M-1} \sum_{y=0}^{N-1} g(x,y) \varphi_{0,m,n}(x,y)$$

$$W^l_\psi(i,m,n) = \frac{1}{\sqrt{MN}} \sum_{x=0}^{M-1} \sum_{y=0}^{N-1} g(x,y) \psi^l_{i,m,n}(x,y), l = H,V,D \tag{6-20}$$

通常选择 $M = N = 2^k$，这样 $i = 0,1,2,\cdots,k-1$。逆变换为

$$g(x,y) = \frac{1}{\sqrt{MN}} \sum_m \sum_n W_\varphi(0,m,n) \varphi_{0,m,n}(x,y) + \frac{1}{\sqrt{MN}} \sum_{l=V,H,D} \sum_{i=0}^\infty \sum_m \sum_n W^l_\psi(i,m,n) \varphi^l_{i,m,n}(x,y) \tag{6-21}$$

式中，第一项代表第 0 阶的细节；第二项代表第 i 阶 V、H、D 方向上的细节。

通过伸缩平移运算对信号逐步进行多尺度细化，最终达到在高频处时间细分，在低频处

时间粗分，即为频率细分，能自动适应时频信号分析的要求，从而可聚焦信号的任意细节，解决了傅里叶变换无法预测信号各成分出现时刻的问题，成为继傅里叶变换以来在科学方法上的重大突破。

【例 6-6】 利用小波变换对陶瓷图像进行图像压缩。

小波变换图像压缩过程如图 6-7 所示，基于小波变换的图像压缩先对输入图像进行小波编码，然后利用量化器进行量化与符号编码，最后得到压缩图像。鉴于此，利用小波变换对陶瓷图像进行压缩。

图 6-7　小波变换图像压缩过程

小波变换的图像压缩实例如图 6-8 所示。

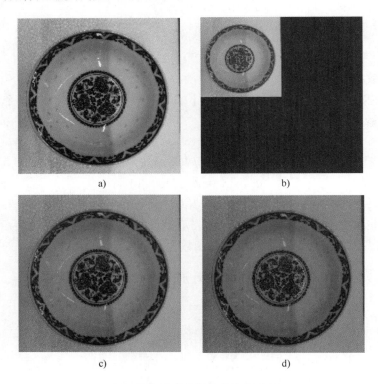

a)　　　　　　　　　　　b)

c)　　　　　　　　　　　d)

图 6-8　小波变换的图像压缩实例

a）原图像　b）分解后的低频与高频信息　c）第一次压缩图像　d）第二次压缩图像

分析： 如图 6-8 所示，图 6-8a 为原图像，利用小波变换对图像层分解并提取分解结构中的低频和高频系数，各频率成分重构得到图 6-8b 所示的分解后的低频与高频信息，其中图 6-8b 左上方为低频信息，右下方为高频信息。第一阶低频信息经过量化器和符号编码器得到图 6-8c 所示的第一次压缩图像，第二阶低频信息经过量化器和符号编码器得到图 6-8d 所示的第二次压缩图像。可见，在信号的低频部分，可以取得较好的频率分辨率，从而能有效地从信号（如语音、图像等）中提取信息，达到数据压缩的目的。

6.3 无损压缩编码

无损压缩是指能够在无失真的条件下完全恢复原始数据。由于它是利用数据的冗余进行压缩的，因此又将其称为冗余度压缩。无损压缩思路是：①建立可替代图像表达方式，以减少像素间冗余；②对这种表达方式进行编码，以消除编码冗余。

无损压缩按照不同的编码压缩方式可分为基于统计模型的压缩和基于字典模型的压缩。基于统计模型的压缩编码方式，可分为霍夫曼（Huffman）编码、行程编码和算术编码等；基于字典模型的压缩编码方式，可分为 LZ77、LZ78 和 LZW 编码等。下面重点介绍霍夫曼编码、行程编码和算术编码。

6.3.1 霍夫曼编码

霍夫曼（Huffman）编码是霍夫曼于 1952 年提出的一种编码方法。霍夫曼编码的思路是：在对独立信源编码时，对每个信源符号生成尽可能少的编码符号，即尽可能地使用最短码字对信源符号进行表示。

编码思想：在一组信源数据中，某个符号出现的概率越大，那么编码之后的码长越短，则用最短的码字进行表示，最终实现使用尽可能少的码符来表示信源数据。例如，对表 6-2 中的 A、B、C、D 这 4 个符号进行霍夫曼编码，由于符号 A 出现的概率最大，对其进行霍夫曼编码，则最短码字将赋予 A。

表 6-2　各符号发生概率

符　号	概　率
A	0.5
B	0.3
C	0.1
D	0.1

霍夫曼编码过程如图 6-9 所示。

1）信源符号 A、B、C、D 按照其出现的概率从大到小进行排序。

2）将信源概率最小的两个信源符号概率相加，即将 C 与 D 相加。

3）将相加之后新的信源符号概率与其余符号概率依然按照从大到小的顺序排列，再次将两个最小的概率相加。

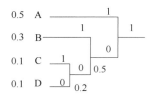

图 6-9　霍夫曼编码过程

4）重复步骤 3），直到只剩两个信源符号的概率为止。

完成上述步骤之后，从最后的两个概率处进行编码。将概率大的信源符号指定为 1、概率小的指定为 0，或者将概率大的信源符号指定为 0、概率小的指定为 1。

5）画出由每个信源符号至概率 1、0 处的路径，记下沿路径的 1 和 0。

6）对每个信源符号都从右到左写出它的 1、0 序列，即为非等长的霍夫曼码。

【例6-7】 一幅20×20像素的图像共有5个灰度级，即S_1、S_2、S_3、S_4、S_5，它们的概率依次为0.4、0.175、0.15、0.15、0.125。

霍夫曼编码过程示意图如图6-10所示。

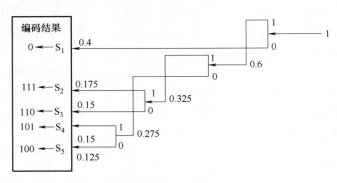

图6-10 霍夫曼编码过程示意图

分析： 首先，将信源符号S_1、S_2、S_3、S_4、S_5按照其出现的概率从大到小进行排序。然后，将信源概率最小的两个信源符号的概率相加，即S_4与S_5相加，并将相加之后的新信源符号概率与其余符号概率依然按照从大到小的顺序排列。接着，再将两个最小的概率相加，重复上述步骤，直到只剩两个信源符号的概率为止。完成上述步骤之后，从最后的两个概率处进行编码。将概率大的信源符号指定为1，概率小的指定为0。最后得到的S_1、S_2、S_3、S_4、S_5的编码结果如表6-3所示。同时可求得编码后的平均码长、信源熵与编码效率。

表6-3 编码结果

信源符号	出现概率	码 字	码 长
S_1	0.4	0	1
S_2	0.175	111	3
S_3	0.15	110	3
S_4	0.15	101	3
S_5	0.125	100	4

编码后的平均码长为

$$L=\sum_{i=1}^{5}p(s_i)l_i=2.325\text{ 比特/符号}$$

信源熵为

$$H(X)=-\sum_{i=1}^{5}p(s_i)\log p(s_i)=2.1649\text{ 比特/符号}$$

编码效率为

$$\eta=\frac{H}{L}=98.4\%$$

最终的信源熵为2.1649比特/符号，霍夫曼编码效率为98.4%。

【例6-8】 将一个陶瓷图像进行抽样、量化为灰度图，像素量化为17个灰度级，然后进行霍夫曼编码，最后对压缩编码计算压缩率，如图 6-11 所示。

a)　　　　　　　　　　　b)　　　　　　　　　　　c)

图 6-11　对陶瓷图像进行霍夫曼编码

a）原始图像　b）压缩前灰度图像　c）压缩后解码图像

分析：使用霍夫曼方法对图像数据进行编码时，必须两次读取图像数据：第一次是为了计算每个数据出现的概率，并对各数据进行排序；第二次是读取数据转换表格中的编码值，代替图像数据存入图像编码文件中，求解图片压缩前与压缩后的编码长度。

根据表 6-4，陶瓷图片二进制编码后的比特长度为

$$L = \sum_{i=1}^{17} p(s_i) l_i = 3.85 \text{ 比特/符号}$$

编码后的信源熵为

$$H(X) = -\sum_{i=1}^{17} p(s_i) \log p(s_i) = 3.80 \text{ 比特/符号}$$

编码效率为

$$\eta = \frac{H}{L} = 98.7\%$$

表 6-4　霍夫曼图像编码结果

信　源	概　率	码　字	码　长
S_1	0.013	0100110	7
S_2	0.113	100	3
S_3	0.077	0011	4
S_4	0.094	0000	4
S_5	0.096	111	3
S_6	0.085	0001	4
S_7	0.065	0101	4
S_8	0.052	0111	4
S_9	0.047	1101	4
S_{10}	0.040	01000	5
S_{11}	0.031	11000	5

（续）

信　　源	概　　率	码　　字	码　　长
S_{12}	0.063	0110	4
S_{13}	0.082	0010	4
S_{14}	0.104	101	3
S_{15}	0.018	010010	6
S_{16}	0.018	11001	5
S_{17}	0.001	0100111	7

最后得到的编码效率为 98.7%，解压后的陶瓷效果如图 6-11c 所示，可见压缩后的图像存储所需的数据量变小了。相对原图像来说，压缩后的图像变暗了，这是因为冗余数据被压缩的原因。

6.3.2　行程编码

行程编码（Run Length Encoding，RLE）采用相同灰度的行程表示方法进行图像压缩，每个行程中都定义了新灰度的起始点和这个灰度的连续像素数量。

在利用行程编码压缩二值图像时，可得较高的压缩效率。由于二值图像只有黑、白两种可能的灰度，因此像素周围的灰度很可能相同。基于此，二值图像行程编码的基本思想是：图像中的每行只由长度序列表示，从左到右扫描一行时，当遇到 1 或 0 组成的连续组时，则按其长度进行编码，并建立行程值的取值标准。较常见的标准为规定每一行中的第一个行程值或假设每行从一个白色行程开始取值。例如，考虑起点为一条全白色的线，以便能够适当地处理图像边界。

尽管行程编码对于二值图像的效果较好，但对于行程本身进行变长编码会产生额外的压缩。根据自身数据的统计特性定制变长编码，可分为白行程编码和黑行程编码。比如，符号 $a(i)$ 代表长度为 i 的黑色行程，则可估计符号 $a(i)$ 被假设为黑色行程信源发出的概率，它为整体图像中长度为 i 的黑色行程数量 M 除以黑色行程的总数量 N。则 $a(i)$ 表示为

$$a(i) = \frac{M}{N} \tag{6-22}$$

将这个黑色行程信源熵定义为 H_0，白色行程信源熵为 H_1，可得图像近似行程熵为

$$H_{RL} = \frac{H_0 + H_1}{L_0 + L_1} \tag{6-23}$$

式中，L_0 与 L_1 分别表示黑色行程和白色行程的平均值。

图像压缩是通过去除空间冗余或者一组相同的灰度来实现的。当相同像素较少或者趋于 0 时，行程编码会出现数据扩展。

【例 6-9】　图 6-12 所示为对左边方框的数字利用行程编码的实例。

图 6-12 中，G 是颜色值，L 是具有相同颜色像素的数目。如图 6-12 所示，编码过程从左到右进行，按从上到下的顺序，每遇到一串相同数据，就利用该数据及其重复的次数来代替原来的数据串。例如，图 6-12 中首行开始有 8 个 0，用（0,8）表示，图中末行有 18 个

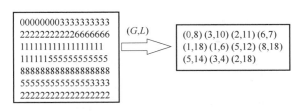

图 6-12　利用行程编码的实例

2，用（2,18）表示，之间其他像素表示同理，可见该方法使用简便。

　　行程编码的优点：①对具有大面积重复色块的图像压缩效果较好；②编码方法直观、简单，是一种无损压缩方式。行程编码的缺点：对于复杂的色块较多且不同的图像来讲，压缩效果不明显。

　　【例 6-10】　图 6-13 所示为图像行程编码实例。

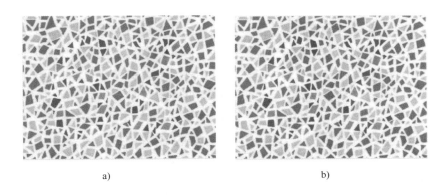

a)　　　　　　　　　　　　　　　　　　　　　　b)

图 6-13　图像行程编码实例（1）

a）原图像　b）行程编码后的图像

　　分析：将行程编码后的图像与原图像相比较，发现压缩效果不明显，因为行程编码对复杂的色块较多且不同的图像压缩效果不明显，对于具有大面积重复色块的图像压缩效果较好。

　　【例 6-11】　选取一张陶瓷图像进行行程编码。

　　编码框图如图 6-14 所示。

图 6-14　图像行程编码框图

　　图 6-15 所示为行程编码实例。

　　分析：在图像行程编码时，先输入原图像，然后建立行程编码数组，再进行行程编码。编码过程中，图像中的每行只由长度序列表示，从左到右扫描一行时，当遇到 1 或 0 组成的连续组时，则按其长度进行编码。对比行程编码前后的陶瓷图像，发现压缩后的陶瓷图像在色觉、亮度上有所下降。

a)   b)

图 6-15　图像行程编码实例（2）

a）原图像　b）行程编码后的图像

6.3.3　算术编码

算术编码也是图像编码的算法之一，它是一种无损数据压缩编码，同时也是一种熵编码。算术编码和其他的熵编码不同：其他的熵编码是将输入的消息分割为符号之后，再对每个符号进行编码；但是算术编码是直接把码字定义为一个满足 0 和 1 的实数区间。

算术编码基本过程：算术编码不是将单个信源符号映射成一个码字，而是将整个信源表示为实数线上的 0~1 之间的一个区间，长度等于该序列的概率，然后在该区间内选择一个有代表性的小数，转换为二进制后作为实际的编码输出。一般地，消息序列中的元素越多，所得到的区间就越小，当区间变小时，就需要更多的数位来表示这个区间。采用算术编码时，每个符号的平均编码长度可为小数。

图 6-16 所示为算术编码的全过程。5 个符号组成的序列 ABCCD，为可编码四符号信源。在编码前期，假定消息占整个 $[0,1)$ 的半开区间，根据表 6-5，将信源符号发生概率分为 4 个区间，符号 A 与子区间 $[0,0.2)$ 相关联，且 A 为第一个被编码符号，因此符号 A 对应于区间 $[0,0.2)$。如图 6-16 所示，这时 $[0,0.2)$ 区间被扩展到该图形的全部高度，并在区间末端使用这个窄区域的值进行标注，在该窄区域中再根据初始信源符号出现的概率进行进一步的细分，并接着处理后面的消息符号。以此方式，符号 B 的子区间变为区间 $[0.04,0.08)$；同理，符号 C 将子区间变窄为区间 $[0.056,0.072)$；如此下去，为保留最后的消息符号，使用特定的消息结束指示符，其将子区间变窄为区间 $[0.06752,0.0688)$。

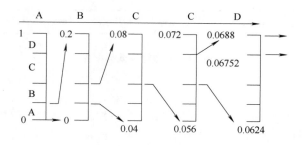

图 6-16　算术编码过程

表 6-5 信源符号信息

信源符号	出现概率	初始子区间
A	0.2	[0.0, 0.2)
B	0.2	[0.2, 0.4)
C	0.4	[0.4, 0.8)
D	0.2	[0.8, 1.0)

【例 6-12】 假设信源符号为 {A,B,C,D}，这些符号的概率为 {0.1,0.4,0.2,0.3}，根据这些概率可把间隔 [0,1] 分成 4 个子间隔：[0,0.1]、[0.1,0.5]、[0.5,0.7]、[0.7,1]。假设二进制消息序列的输入为 C A D A C D B，下面介绍算术编码过程。

分析：如表 6-6 所示，编码时首先输入的符号是 C，根据算术编码原理，得到符号 C 的编码范围是 [0.5,0.7]。由于消息中第 2 个符号 A 的编码范围是 [0,0.1]，因此它的间隔就取 [0.5,0.7] 的第 1 个 1/10 作为新间隔 [0.5,0.52]。以此类推，编码第 3 个符号 D 时取新间隔为 [0.514,0.52]，编码第 4 个符号 A 时取新间隔为 [0.514,0.5146]。消息的编码输出可以是最后一个间隔中的任意数。整个编码信息如表 6-6 所示。

表 6-6 信源符号算术编码信息

步 骤	输入符号	编码间隔	编码判决
1	C	[0.5, 0.7]	符号的间隔范围为 [0.5, 0.7]
2	A	[0.5, 0.52]	[0.5, 0.7] 间隔的第 1 个 1/10
3	D	[0.514, 0.52]	[0.5, 0.52] 间隔的最后 1 个 1/10
4	A	[0.514, 0.5146]	[0.514, 0.52] 间隔的第 1 个 1/10
5	C	[0.5143, 0.51442]	从 [0.514, 0.5146] 间隔的第 5 个 1/10 开始，2 个 1/10
6	D	[0.514384, 0.51442]	[0.5143, 0.51442] 间隔的最后 3 个 1/10
7	B	[0.51438, 0.514402]	[0.514384, 0.51442] 间隔的 4 个 1/10，从第 1 个 1/10 开始
8	从 [0.5143876, 0.514402] 中选择一个数作为输出：0.5143876		

【例 6-13】 选取一张 3×3 像素的图像进行算术编码。

编码框图如图 6-17 所示。

图 6-17 图像算术编码框图

输入原图像，通过计算得到图像的符号概率，经算术编码，效率为 93%，算术解码图像如图 6-18 所示。

分析：输入的原图像是 3 行 3 列的，像素值为 $I = [2\ 6\ 2; 4\ 9\ 7; 9\ 6\ 7]$，灰度级为 9。根据之前所讲的算术编码原理，计算各个灰度像素 2、4、6、7、9 出现的符号概率，分别为 2/9、1/9、2/9、2/9 和 2/9，初始化编码区间后进行编码，通过取上下区间的平均值进行解

原图　　　　　　　　　　解压图像

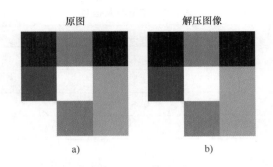

a)　　　　　　　　　　　　b)

图 6-18　算术解码图像

a）原图像　b）算术编码后再解码得到的图像

码，最后将区间的消息符号转换成图像块。根据编码效率计算公式，最终得算术编码效率为 93%。

6.4 **有损压缩编码**

有损压缩主要利用人类肉眼对部分图像或声波中的一些频率成分不敏感的特性，允许在压缩过程中存在部分信息丢失。虽然在恢复过程中不可能恢复所有数据，但其中的损失部分对原始图像的影响较小，以此换取较大的压缩比，即在图像重构准确度上做出牺牲而换取压缩比的增加，使得在不影响数据使用的基础上占用较小的内存空间。

一般常见的有损压缩包括有损预测编码、变换编码、其他编码（如子带编码、模型基编码和分形编码等）。

6.4.1　有损预测编码

有损预测编码系统有时也称为差分脉冲编码调制系统（DPCM），可在图像重构的准确度和压缩性能上进行折中。有损预测编码通过在无损预测编码模型上添加量化器得到。量化器可将预测误差映射为有限范围输出，使用 e_n 表示预测误差，该量确定了与有损压缩编码相关的压缩和失真量。为适应量化器的加入，使得编码器和解码器的输出预测值相等，可在反馈环中设置有损编码器来实现。压缩编码可对量化的误差进行编码，编码的对象仅仅是误差，而不是图像本身，从而达到有损预测编码的目的；解码通过将量化误差和过去输入的预测值相加恢复。

$$f_n = e_n + \hat{f} \tag{6-24}$$

式中，e_n 表示量化误差；f_n 表示反馈输入；$\hat{f}$ 表示过去输入的预测函数值。有损预测编码框图如图 6-19 所示。

图 6-19 中，输入图像至编码器，然后经过量化器进行符号编码。在这个过程中，量化器输出进入反馈环，使得预测误差映射为有限范围输出，从而确定了与有损预测编码相关的压缩和失真量大小。最后得到尽可能小的失真，通过符号编码器输出压缩图像。解码器即为编码器的逆过程，同理也引入量化误差和预测函数值，最终使得量化误差尽可能小，通过符号解码器输出解压缩图像。

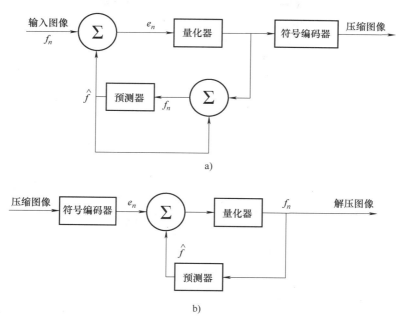

a)

b)

图 6-19 有损预测编码框图

a) 编码器 b) 解码器

【例 6-14】 图 6-20 所示为对彩色图像进行有损预测编码实例。

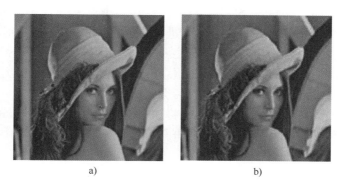

a)   b)

图 6-20 图像有损压缩实例

a) 原图像 b) 压缩后的图像

分析：如图 6-20 所示，对图像进行有损压缩，根据有损预测编码原理和式（6-24），得量化误差为 18.8，图像压缩比为 15.3。将压缩后的图像和原图像对比可知，压缩后的图像明显变得模糊，图像质量有所下降。

6.4.2 变换编码

预测编码技术直接对图像像素进行操作，因此被划为空间域方法。变换编码的思路是：采用一种可逆线性变换，将图像映射至变换系数集合，然后对这部分系数进行量化编码。

图 6-21 所示为变换编码的全过程。在编码过程中，编码器执行 4 大操作，分别是划分子图像、正交变换、量化和编码。首先输入图像被划分为子图像，然后对子图像进行变换，

生成变换阵列，目的是用最少的变换系数来包含尽可能多的信息。量化是为了有选择地去除部分系数，该系数对重构子图像影响极小。编码过程是对量化的系数进行编码操作。由图 6-21 可知，变换解码的 3 大核心为解码器解码、反正交变换与合并子图像。反之，解码即为编码的逆过程，通过解码器、反正交变换以及合并子图像得到解码后的图像。

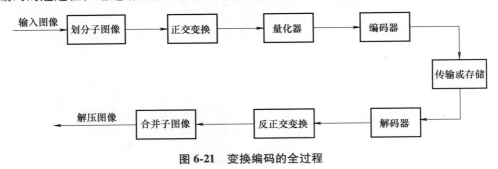

图 6-21　变换编码的全过程

　　根据变换编码对子图像的变换方式不同，常用的图像压缩变换方法有快速傅里叶变换、离散余弦变换以及小波变换。在特定的应用场景中，对变换方法的选择主要取决于计算复杂度和重建误差的容忍度。

6.4.3　其他编码

1. 子带编码

　　子带编码（Sub-Band Coding，SBC）又称为分频带编码，可将原始信号从时域转到频域，利用滤波器将其分割为子频带，再对各子频带进行抽样、量化、编码，达到最优的组合。

　　图像信息具有较宽的频带，信息的能量主要集中在低频区域，细节和边缘信息集中于高频区域。子带编码是在保留低频系数的情况下舍弃高频系数进行编码。以牺牲边缘细节为代价可换取比特数的下降，但会导致图像恢复后会比原图像模糊。

　　子带编码框图如图 6-22 所示。子带编码将输入图像分割为不同频段的子带，然后对不同的频段子带设计独立的预测编码器，分别进行编码和解码操作，最后对各个子带合并，并输出解码后的图像。

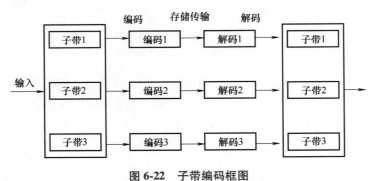

图 6-22　子带编码框图

2. 模型基编码

　　模型基编码是一种基于图像三维模型的方法，通信双方有一个相同的景物三维模型，基于这个模型，在编码器中对图像分析，提取输入图像和模型图像参数的差值，如形状参数、运动参数等。这些参数被编码后通过信道传输到接收端，由后者的解码器根据接收到的参数通过图像合成技术重建图像。

6.5 图像压缩标准与图像格式

图像编码技术的发展促进了图像压缩标准的制定。到目前为止，图像相关国际标准已包括二值图像、灰度图像、静止图像以及运动图像的标准。图像压缩标准定义了压缩与解压缩图像的过程，即定义图像所要减少的冗余数据量，图像压缩标准是图像压缩的基础。

本节主要说明 JPEG、JPEG2000 两种经典压缩标准以及图像格式，同时对其他图像压缩标准进行简单介绍。

6.5.1 JPEG

JPEG 全称是多灰度连续色调静态编码，是用于连续色调静止图像的压缩标准，是由国际标准化组织、国际电话电报咨询委员会共同制定的静态灰度或彩色图像的压缩标准。制定 JPEG 的出发点有以下 3 个：

1）可在大范围调节图像压缩率和相关的编码器参数，方便用户选择期望的压缩比。

2）可应用于连续色调的数字图像，对图像的尺寸大小、像素的长宽比例以及色彩空间不进行限制。

3）确保图像压缩的计算复杂度易于控制。

JPEG 为保证其通用性，定义了以下 3 类编码系统：

1）基于 DCT 的有损编码。该类系统采用顺序模式，可应用于绝大多数场合，为 JPEG 基本系统。

2）基于分层递增模式。它是 JPEG 的扩展系统，采用渐进模式，应用于高精度或高压缩比的图像还原领域。

3）基于空间预测 DPCM 的无损编码。它是一个独立系统，多用于无失真应用场景。

图像系统如果要和 JPEG 兼容，首先必须支持 JPEG 系统，但不需要输入固定文件格式、图像分辨率以及彩色空间模型。这使得 JPEG 具有更广的应用场景，目前 JPEG 的压缩标准可将图像压缩到原来的 1/50~1/10。JPEG 编码和解码框图如图 6-23 所示。

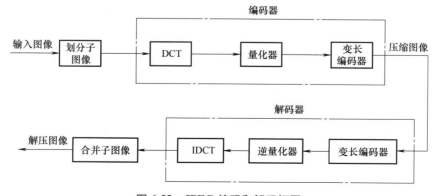

图 6-23 JPEG 编码和解码框图

如图 6-23 所示，输入图像被划分为子图像，进入编码器之后，经离散余弦变换、量化、变长编码后得到压缩图像。然后解码器对压缩图像进行解码、逆量化以及逆余弦变换，从而得到解码后的图像。由此可见，解码器为编码器的逆操作，因此，它们的量化表和编码表、解码表需保持一致，以实现解码的准确性。

6.5.2 JPEG2000

JPEG2000 是国际标准组织于 2000 年 12 月公布的，目的是在高压缩率条件下，有效地保证图像传输质量。JPEG2000 采用小波变换为主的编码方式，相比 JPEG，JPEG2000 具有更多的优势，比如统一了针对静态图像和二值图像的编码方式，压缩性能质量得到明显提高。与 JPEG 不同的是，JPEG2000 算法不需要将图像强制分成正方形小块。但为了降低对内存的需求和方便压缩域中可能的分块处理，JPEG2000 可将图像分割成若干互不重叠的矩形块。JPEG2000 编码及解码框图如图 6-24 所示。

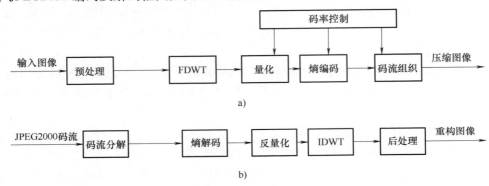

图 6-24 JPEG2000 编码及解码框图
a）JPEG2000 编码过程 b）JPEG2000 解码过程

图 6-24a 所示为 JPEG2000 的编码过程，先对输入图像进行预处理，它主要是对输入图像进行分块，然后对分块图像做快速离散小波变换（FDWT），通过码率控制的量化、熵编码、码流组织得到压缩后的图像数据。其解码操作为编码的逆过程，先对图像 JPEG2000 码流进行分解，再通过熵解码、反量化、逆离散小波变换（IDWT），最后对图像块进行拼接，实现压缩图像的重构。

6.5.3 其他图像压缩标准

其他图像压缩标准包含二值图像压缩标准和视频图像压缩标准。二值图像是指图像像素有两种取值，可以是灰度图像分解后的图像，也可以是直接采集获得的图像。例如，在压缩过程中，可设二值图像背景像素灰度值为"0"，前景目标像素灰度值为"1"。视频图像的压缩标准，由国际标准化组织、国际电话电报咨询委员会于 1988 年成立的运动图像专家组制定。

1. 二值图像压缩标准

二值图像压缩标准包含 G3、G4 及 JBIG。G3 和 G4 由国际电信联盟的前身国际电话电报咨询委员会负责制定，起初的想法是为传真而设计，现已应用到其他的方方面面。G3 采用的是非自适应和一维行程编码技术。G4 是 G3 的一种简化，其中只使用二维编码。使用 G3

与 G4 对相同图像进行压缩，G4 的压缩率比 G3 高。

JBIG 于 1991 年由国际标准化组织和国际电信联盟联合制定。JBIG 主要解决的是 G3 和 G4 存在的非自适应编码的问题，采用的是自适应模板和自适应算术编码技术。此外，JBIG 可通过金字塔样式的分层编码和解码实现渐进地传输和还原图像。自适应技术的采用使得 JBIG 的编码效率比 G3 和 G4 都要高。

2. 视频图像压缩标准

MPEG 编码算法和解码算法是非镜像的对称算法，其编码过程要比解码过程复杂。视频图像压缩标准主要包含 MPEG1、MPEG2 与 MPEG4，下面予以分别介绍。

MPEG1 标准于 1992 年制定，全称是用于数字存储媒体运动图像及其伴音速率为 1.5Mbit/s 的压缩编码。其主要应用领域包括 CD-ROM 存储的运动视频图像以及数字电话网络视频传输。MPEG1 算法广泛应用于 VCD 的制作，MPEG1 视频编码技术为达到较高压缩比的要求，减少基于块的运动补偿技术时间上的冗余性，同时减少基于 DCT 空间上的冗余性。

为保障解码后的图像质量和压缩比，MPEG 将压缩图像分为 3 类：I 图像、P 图像以及 B 图像。I 图像又称为内编码帧，利用图像本身的相关性进行压缩；P 图像称为预测编码帧，P 图像编码时利用最靠近 P 图像的图像作为参考进行运动估计与补偿；B 图像称为双向预测帧，编码时可利用前一个或者后一个图像作为参考进行运动估计与补偿，也可同时使用前后两帧图像作为参考取平均值进行补偿，所以 B 图像可得到更为准确的运动补偿以及更大的压缩比。

MPEG2 标准于 1994 年定制，它可利用 3~100Mbit/s 的数据传输率支撑更高分辨率和更高质量的图像压缩。此外，MPEG2 可支持交替迭代的图像序列、可调节性编码以及多种运动估计方法。MPEG2 是在 MPEG1 的基础之上实现低码率和多声道扩展的，支持更大范围的压缩比来适应不同画面质量以及存储容量的要求。

MPEG4 标准于 1998 年发布，主要针对低速率条件下的视频以及音频的编码，还有多媒体系统的交互灵活性。MPEG4 是一种有损的高比率压缩算法，应用领域包括数字电视、互联网、动态图像、实时多媒体监控以及因特网上的可视游戏等。MPEG4 中的视听对象使得更多的交互操作成为可能，视听对象可以是人，也可以是声音。MPEG4 与对象交互操作有：首先利用视听对象来表示听觉、对视听内容进行组合、生成复合的视听对象与视听场景；其次对视听数据进行灵活的合成与同步以便对象数据传输；最后允许收发端在场景中对视听对象进行交互操作。与 MPEG1 和 MPEG2 相比，MPEG4 更适合于交互式的视听以及远程监控，因其具备更好的适应性和可扩展性。

6.5.4 图像格式

在数字图像处理中，图像数据格式是描述和存储图像数据的标准。其目的是定义数据排列方式和压缩类型。图像存储器与文件格式类似，能够存储多种类型的图像数据。表 6-7 和表 6-8 列出了静止图像和视频的格式名称、组织及描述。

表 6-7 静止图像格式

名 称	组 织	描 述
BMP	Microsoft	Windows 位图，主要用于未压缩图像的一种文件格式
GIF	CompuServe	图形交换格式。对 1~8bit 的图像使用无损 LZW 码的文件格式，常用于小动画和低分辨率短片

（续）

名　　称	组　　织	描　　述
PDF	Adobe System	便携文档格式。以与设备和分辨率无关的方式来表示二维文档的一种格式，可作为 JPEG、JPEG2000、CCITT 和其他压缩图像的存储格式
PNG	万维网联盟	便携网络图形格式。一种透明无损压缩全彩色图像的文件格式，它对每个像素值与基于过去像素预测的值进行编码
TIFF	Aldus	标记图像文件格式。一种灵活的文件格式，支持各种图像压缩标准，包括 JPEG、JPEG2000 和其他格式
WebP	Google	可进行有损压缩和无损压缩，支持透明性
JPEG	ISO/IEC/ITU-T	是互联网常用的压缩标准之一

表 6-8　视频格式

名　　称	组　　织	描　　述
AVS	MII	我国开发的音视频标准。类似于 H.264，使用 Golomb 码
HDV	公司联盟	高清视频标准。为高清电视 DV 的扩展，包括通过预测差分去除时间冗余
M-JPEG	多家公司	运动 JPEG，使用 JPEG 独立压缩每帧的一种压缩格式
Quick-Time	Apple Computer	支持 DV、H.261、H.262、H.264、MPEG1、MPEG2、MPEG4 以及其他视频压缩格式的媒体容器
VC-1 WMV9	SMPTE Microsoft	互联网最通用的视频格式，适用于高清和蓝光高清 DVD。类似于 H264/AVC，使用具有不同块大小的整数 DCT 及上下文相关的变长码，但无帧内预测
H.264	ITU-T	适用于视频会议、流媒体以及电视。支持预测帧内差分、可变块大小整数变换以及上下文自适应算术编码
H.265	ISO/IEC/ITU-T	高效视频编码。通常应用于 4K 视频中
MPEG	ISO/IEC	运动图像专家组标准。适于非隔行高速扫描视频的应用，几乎所有的计算机与 DVD 都支持该标准
WebP VP8	Google	一种根据块变换编码预测帧内差和帧间差的文件格式。这些差是使用自适应算术编码器的熵编码

6.6　本章小结

　　本章主要介绍了图像压缩概述和理论基础，描述了常见的无损压缩编码、有损压缩编码及几种通用的压缩标准。首先从图像压缩的目的出发对其进行了概述，图像压缩的目的是减少表示图像所需的数据量，减少数据量的方法是去除其中的冗余数据；接着介绍了图像压缩的主要应用领域和方法。

　　数学变换基础主要内容包括数据冗余和基础变换：数据冗余包括编码冗余、像素间冗余及心理视觉冗余，其中重点对编码冗余和像素间冗余进行介绍并举例；基础变换包括快速傅里叶变换、离散余弦变换及小波变换。然后重点介绍了无损压缩编码与有损压缩编码：无损压缩编码是指在无失真的条件下完全恢复原始数据，并对霍夫曼编码、行程编码和算术编码3 种无损编码方式进行详细表述，从定义、编码思路、编码过程 3 个角度对以上方法的原理展开举例说明，并深入分析编码的全过程；有损压缩编码是在图像重构的准确度和压缩性能上折中考虑的，重点介绍了有损预测编码和变换编码，对各自的定义以及编码框图详细描述，然后通过举例深入说明有损压缩编码的原理及过程，特别是对变换编码中的 FFT 与 DCT 分别举例来说明其图像压缩的过程。最后介绍了图像压缩标准与图像格式，重点说明 JPEG、JPEG2000 两种经典压缩标准及图像文件格式标准。

第 **7** 章

图像形态学及其应用

7.1 **图像形态学概述**

7.1 图像形态学概述

形态学原本是生物学的一个分支，主要研究动植物的形态和结构。数学形态学作为图像处理与分析的工具，1964 年由 G. Mathern 和 J. Serra 在积分几何的基础上创立。数学形态学作为工具从图像中提取表达和描绘区域形状的图像分量，如通过形态学进行边界提取、骨架提取等。此外，图像形态学还可以用来进行预处理和后处理，如通过形态学进行滤波、细化、孔洞填充等。

数学形态学是一种特殊的数字图像处理方法和理论，以图像的形态特征为研究对象。它通过设计一整套变换（运算）、概念和算法来描述图像的基本特征。数学形态学中各种变换、运算的目的在于描述图像的基本特征或基本结构。作为一种用于数字图像处理和识别的方法，数学形态学虽然理论复杂，但其基本思想简单易懂。数学形态学用集合表达为：一是运算由集合运算（如并、交、补等）来定义；二是所有的图像都以合理的方式转换为基本特征的集合。

使用形态学进行图像处理可以简化图像数据，保持图像中目标的基本形状特征，并消除图像中一些不相干的结构。形态学还具备一些独有的性质：一是图像形态信息反映的是一幅图像中像素间的逻辑关系；二是形态学是一种非线性的图像处理方法；三是形态学可以用来描述和定义图像的几何参数与特征。

形态学方法由一组形态学的基本运算组成，包括腐蚀、膨胀、开运算和闭运算。基于这些基本运算可组合各种形态学实用算法。

本章首先介绍数学形态学的基本概念；其次介绍二值图像数学形态学的运算工具，包括腐蚀、膨胀、开运算、闭运算；再次介绍数学形态学的常见算法，包括边界提取、孔洞填充、击中与击不中变换、提取连通分量、细化和粗化、骨架抽取等；最后将数学形态学扩展到灰度图像形态学。本章内容框架如图 7-1 所示。

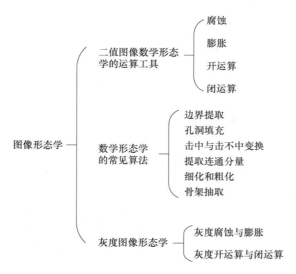

图 7-1　本章内容框架

7.2　二值图像数学形态学的运算工具——腐蚀与膨胀

7.2.1　数学形态学的基础知识

1. 结构元（SE）

形态学以结构元（SE）为基础对图像进行分析，其基本思想是用具有一定形态的结构元去度量和提取图像中的对应形状，以达到对图像分析和识别的目的。结构元具有某种确定形状，用于探测当前图像的一个小集合（邻域）。结构元的形态决定了形态学提取后目标的形态。因此，为确定形态学提取后目标的结构，需要设计一个合理的结构元。在图像中不断移动结构元，对图像各区域进行检验，逐个考查各区域之间的关系，最后得到一个表示图像各区域之间关系的目标集合。结构元相当于图像中移动的"探针"，通过"探针"的检验得到一个集合，表示图像中各区域运算的结果。图 7-2 所示为二值图像膨胀和腐蚀的运算过程及结果，膨胀使得白色区域增大，腐蚀使得白色区域减小（灰色为原白色区域，腐蚀后收缩以去掉该区域）。学习图像形态学运算之前，先介绍工具"探针"——结构元。

对图像进行数学形态学处理时，结构元的形状和尺寸必须适应待处理目标图像的几何性质。通常情况下，结构元的尺寸要明显小于图像中目标的尺寸。根据不同的图像分析目的，常用的结构元有方形、扁平形、十字形等，如图 7-3 所示。

此外，利用结构元对图像进行形态处理时，需要对结构元定义原点。原点可以使结构元定位于给定的像素上，作为结构元参与形态学运算的参考点。结构元原点可以包含在结构元内部，也可以在结构元的外部。图 7-4 给出了两种情况示例，白色代表灰度值为 1，黑色代表灰度值为 0，其中，"·"表示结构元的原点。原点位于黑色部分时定义为结构元的外部。使用不同形状的结构元对同一图像中的目标进行相同的形态学运算，运算结果可能存在差异。

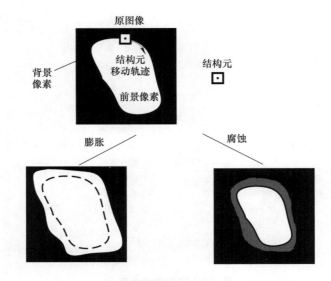

图 7-2　二值图像膨胀和腐蚀的运算过程及结果

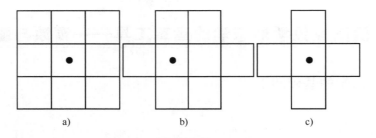

图 7-3　不同形状的结构元
a）方形结构元　b）扁平形结构元　c）十字形结构元

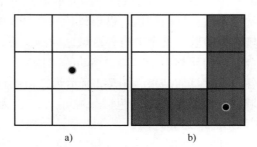

图 7-4　原点在不同位置的结构元
a）原点在结构元内部　b）原点在结构元外部

2. 几种基本集合运算定义

在介绍二值的腐蚀和膨胀之前，先介绍相关的集合概念。集合为具有某种性质的、确定的事物全体。如果某种事物不存在，则称为空集。集合常用大写字母 A，B，C，$\cdots$ 表示，空集用 $\varnothing$ 表示。形态学的数学基础是集合论，上面提到的结构元也是一种集合。下面介绍集合论中的几个基本概念。

（1）子集、并集和交集

当且仅当集合 A 的元素都属于集合 B 时，则称 A 是 B 的子集，图 7-5a 中 A 为黑色区域，A 包含于 B 之中。由集合 A 和集合 B 中所有元素构成的集合称为 A 和 B 的并集，图 7-5b 中 A、B 为黑色区域，所有的黑色区域为并集。由集合 A 和集合 B 中公共元素构成的集合称为 A 和 B 的交集，图 7-5c 中黑色部分为交集。

（2）补集

集合 A 的补集记为 A^c，其定义为

$$A^c = \{ x \mid x \notin A \} \tag{7-1}$$

如图 7-5d 所示，A 为黑色区域，白色区域是集合 A 的补集 A^c。

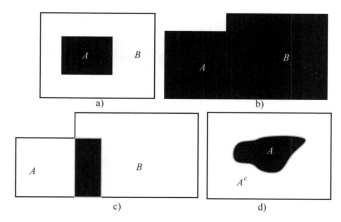

图 7-5　各种集合关系

a）A 是 B 的子集　b）A 和 B 的并集　c）A 和 B 的交集　d）集合 A 的补集

（3）平移

结构元（集合）相对于 $z = (z_1, z_2)$ 的平移表示为 $(B)_z$，定义为

$$(B)_z = \{ c \mid c = b + z, b \in B \} \tag{7-2}$$

式（7-2）说明集合平移时坐标 (x, y) 被 $(x + z_1, y + z_2)$ 代替，如图 7-6 所示，箭头为集合 B 的平移方向。平移一般指结构元在一幅图像上平移（滑动），以便结构元在其覆盖的图像区域中执行一次集合运算。比如前面提到的二值图像膨胀和腐蚀，这两种运算需要结构元在原图像中进行平移。

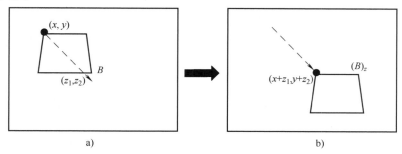

图 7-6　集合 B 与它的平移

a）集合 B　b）集合 B 的平移 $(B)_z$

（4）反射

形态学中广泛使用结构元（结构元也是集合）的反射和平移等相关运算，结构元（集合）B 相对于其原点的反射表示为 $\hat{B}$，其定义为：

$$\hat{B} = \{w \mid w = -b, b \in B\} \tag{7-3}$$

从式（7-3）可以得出，B 的坐标为 (x,y)，$\hat{B}$ 的坐标为 $(-x,-y)$。注意：反射是将结构元相对于原点旋转 $180°$，结构元中的所有元素都会被旋转。图 7-7a 所示为集合 B，图 7-7b 所示为集合 B 的反射 $\hat{B}$，黑色的原点是集合的起始位置，反射 $\hat{B}$ 是集合 B 关于原点旋转 $180°$ 后的结果。

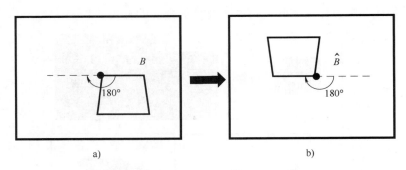

图 7-7 集合 B 和它的反射

a) 集合 B b) 集合 B 的反射 $\hat{B}$

（5）差集

集合 A 和 B 的差记为 $A-B$，其定义为

$$A-B = \{x \mid x \in A, x \notin B\} \tag{7-4}$$

根据定义可以看出，集合 A 和 B 的差集是属于集合 A 但不属于集合 B 的部分，如图 7-8 所示。

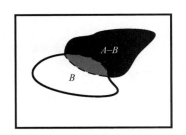

图 7-8 集合 A 与集合 B 的差集

如图 7-8 所示，黑色阴影部分为集合 A 和 B 的差集，差集把属于集合 A 且属于集合 B 的内容减掉，只剩下属于集合 A 的部分，显示为图中的黑色阴影部分；浅灰色阴影部分为被减去的部分，此部分属于集合 A 且属于集合 B。

7.2.2 二值腐蚀与膨胀

二值图像是指灰度值只取两个值的图像，两个灰度值通常取 0 或 1。习惯上认为灰度值为 1 的点对应于景物中的点，称为前景像素点；灰度值为 0 的点构成背景，称为背景像素点。所有 1 值点的集合（即物体或称为前景）记为 A，是本章的关注重点。对集合 A 进行分析，采用的是"探针"（结构元）与物体（图像）相互作用的方法。"探针"（结构元）也是一个集合，根据分析确定结构元的大小及形状，然后利用结构元对物体集合进行变换。下面介绍形态学的两个最基本运算：腐蚀和膨胀。

1. 二值腐蚀运算

腐蚀是指用结构元对一个图像进行探测，找出图像前景目标内部可以"腐蚀"的区域，是一种消除边界点并使边界向内部收缩的过程。腐蚀后，图像中前景目标的像素集合会比原图中更"瘦"，这种操作可以用来消除小且无意义的前景目标。集合 A 被 B（结构元）腐蚀，表示为 $A\ominus B$，其定义为

$$A\ominus B=\{z\,|\,(B)_z\cap A^c=\varnothing\} \tag{7-5}$$

式中，集合 A 为输入图像的前景像素；B 为结构元。

从式（7-5）可以得出，将 B 看作模板，在 A 中平移，平移过程中所有完全包含于 A 内部的结构元 B 原点的集合，组成 B 对 A 的腐蚀。

下面举例说明结构元对图像前景目标腐蚀的过程以及使用不同形状的结构元对图像腐蚀后的结果。

如图 7-9 所示，要使得结构元 B 完全包含于 A，就需要 B 完全在 A 内移动。图 7-9b 中的实线是 A 的原边界，虚线边界是结构元 B 原点位移的界限，B 可以在这一界限内移动，超过这一界限移动时会使得结构元的某些元素不再完全包含于 A。因此，结构元 B 原点的所有移动轨迹形成了 B 对 A 腐蚀之后的前景像素集合。图 7-9c 所示为腐蚀后的结果，可以发现使用大小为 $d/4\times d/4$、原点在中心的结构元对大小为 $d\times d$ 的前景目标进行腐蚀运算，腐蚀后的前景目标是尺寸为 $3d/4\times 3d/4$ 的区域。

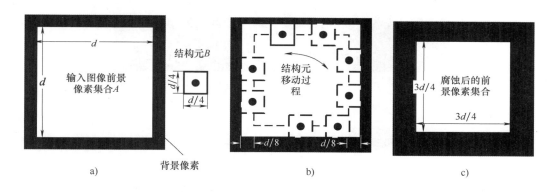

图 7-9　二值图像腐蚀的过程

a）原图像前景像素集合 A 和结构元 B　b）结构元 B 在前景像素 A 内部移动

c）腐蚀后的前景像素集合 A

图 7-10 所示为另外一种形状的结构元 B 对前景像素集合 A 进行腐蚀。图 7-10b 为结构元移动的过程，结构元 B 原点的轨迹形成了一条直线。图 7-10c 为腐蚀后的前景像素集合，可以发现使用大小为 $d\times d/4$、原点在中心的结构元对大小为 $d\times d$ 的前景目标进行腐蚀运算，腐蚀后的前景目标是长度为 $3d/4$ 的一条直线。

从以上两种情况可以看出，同样的前景像素集合，腐蚀结果和结构元的形状有关系。

【例 7-1】　如图 7-11 所示，使用腐蚀去除图像中白色前景像素集合的部分。

分析：使用腐蚀消除图像的细节部分，将小于结构元尺寸的前景目标消除，产生滤波器的作用。如图 7-11c 所示，灰度值为 1 的前景像素集合（白色字符和校徽部分）的面积收缩，灰度值为 0 的背景像素集合（黑色部分）得到保留。这里使用值为 1、大小为 3×3 的方形结构元腐蚀图像，宽度小于 3×3 的白色字母被完全删除。腐蚀可缩小或细化二值图像中的目标，将腐蚀视为形态学滤波运算，能滤除图像中小于结构元的图像细节。

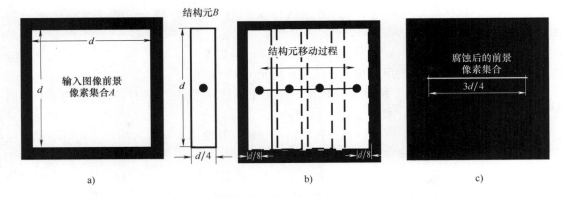

图 7-10　不同的结构元对二值图像腐蚀的过程

a）原图像前景像素集合 A 和结构元 B　b）结构元 B 在前景像素 A 内部移动

c）腐蚀后的前景像素集合 A

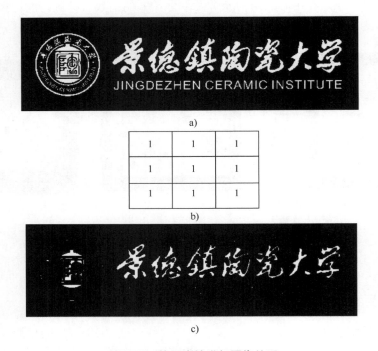

图 7-11　使用腐蚀进行图像处理

a）原二值图像　b）3×3 的方形结构元　c）使用方形结构元腐蚀后的图像

2. 二值膨胀运算

膨胀是腐蚀运算的对偶运算。膨胀运算后，图像中的前景目标会比运算之前更"胖"，膨胀运算会粗化图像中的目标。集合 A 被 B 膨胀，表示为 $A \oplus B$，定义为

$$A \oplus B = \{ z \mid (\hat{B})_z \cap A \subseteq A \} \tag{7-6}$$

式中，集合 A 为输入图像的前景像素集合；B 为结构元；$\hat{B}$ 表示 B 关于坐标原点的反射。从式（7-6）可以得出，膨胀的操作过程描述为：将 B 的反射 $\hat{B}$ 看作模板，在模板 $\hat{B}$ 平移的过程中保证 $\hat{B}$ 与 A 中至少有一个元素重叠，这些模板原点的集合组成 B 对 A 的膨胀。

下面举例说明结构元对图像前景目标膨胀的过程以及不同形状结构元膨胀后的图像。图 7-12 所示为二值图像膨胀的过程。结构元 $\hat{B}$ 为 B 的反射，将其平移，保证 $\hat{B}$ 与前景像素集合 A 中至少有一个像素重叠，图 7-12b 所示的虚线是 A 的原边界，虚线边界外的实线边界是 $\hat{B}$ 位移的界限，超过这一界限移动时会使得 $\hat{B}$ 与 A 不再满足"至少一个元素重叠"的条件。因此，$\hat{B}$ 原点的轨迹形成 B 对 A 膨胀后的前景像素集合，图 7-12c 中的白色部分为膨胀后的结果，可以发现使用 $d/4 \times d/4$ 大小、原点在中心的结构元对大小为 $d \times d$ 的前景目标进行膨胀运算，膨胀后的前景目标大小变为 $5d/4 \times 5d/4$ 的区域。

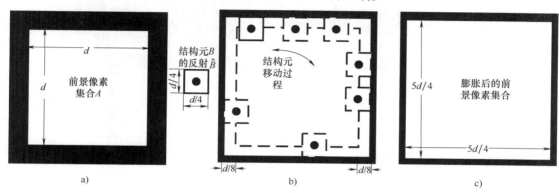

图 7-12 二值图像膨胀的过程

a）原图像前景像素集合 A 和结构元的反射 $\hat{B}$　 b）$\hat{B}$ 移动保证与 A 至少有一个像素重叠

c）膨胀后的前景像素集合

图 7-13 所示为另一种形状的结构元对前景像素集合 A 的膨胀，使用大小为 $d \times d/4$、原点在中心的结构元对前景目标进行膨胀，膨胀后的前景目标变得比图 7-12c 大。

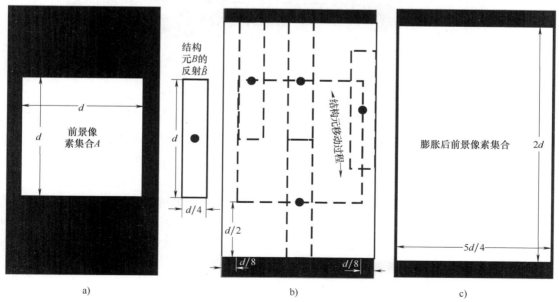

图 7-13 不同结构元对二值图像膨胀的过程

a）原图像前景像素集合 A 和结构元的反射 $\hat{B}$　 b）$\hat{B}$ 移动保证与 A 至少有一个像素重叠

c）膨胀后的前景像素集合

从以上两种情况可以看出，同样的前景像素集合 A，膨胀结果与结构元的形状有关系。

如果结构元为一个圆盘，那么此时进行膨胀可填充图像中的小孔（比结构元小的孔洞）及图像边缘处的小凹陷部分。

【例 7-2】　图 7-14 所示为结构元对二值图像进行膨胀的实例。

a)

1	1	1
1	1	1
1	1	1

b)

c)

图 7-14　使用膨胀进行图像处理的实例

a）原二值图像　b）3×3 方形结构元　c）膨胀后的结果

分析：原二值图像利用 3×3 方形结构元进行膨胀。进行膨胀运算得到的结果如图 7-14c 所示。白色是前景，黑色是背景。图像中的白色部分通过 3×3 方形结构元的膨胀后面积增大，变得更加明显。

【例 7-3】　膨胀的简单应用实例——断裂文字补全，如图 7-15 所示。

分析：图 7-15a 所示为带有断裂文字的图像，这种图像对机器的识别非常不利。图 7-15b 为修复断裂使用的结构元（注意：用 1 表示结构元的前景像素，而 0 表示背景）。图 7-15c 所示为利用形态学的膨胀修复图像中断裂文字的结果，这里是对图像进行 3 次膨胀处理后的结果。

3. 腐蚀和膨胀的运算关系

腐蚀和膨胀满足运算关系

$$(A \ominus B)^c = A^c \oplus \hat{B} \tag{7-7}$$

和

$$(A \oplus B)^c = A^c \ominus \hat{B} \tag{7-8}$$

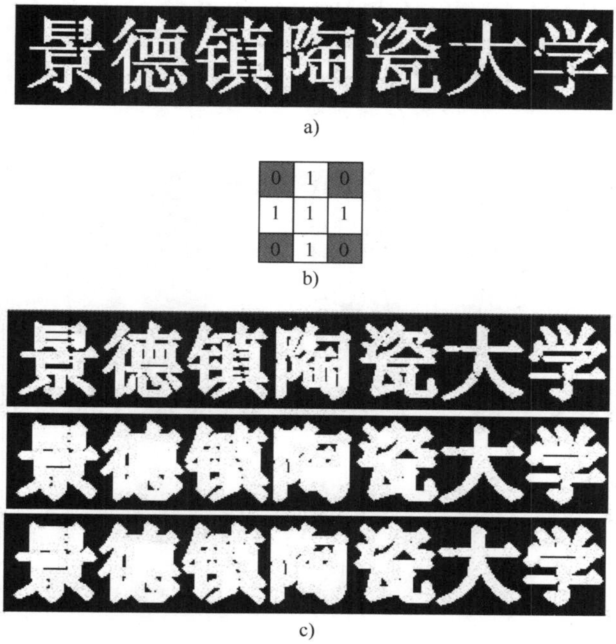

图 7-15　对断裂文字通过结构元进行膨胀的实例

a）原断裂文字二值图像　b）扁平形结构元　c）进行多次膨胀的结果

式（7-7）描述为 B 对 A 的腐蚀是 $\hat{B}$ 对 A^c 的膨胀的补集，式（7-8）描述为 B 对 A 的膨胀是 $\hat{B}$ 对 A^c 的腐蚀的补集。式（7-7）和式（7-8）说明，对目标对象的腐蚀是对背景内容的膨胀，反之亦然，两个运算为对偶运算。

7.3　二值图像数学形态学的运算工具——开运算与闭运算

在形态学图像处理中，除了腐蚀和膨胀两种基本运算外，还有由腐蚀和膨胀定义的运算：开运算和闭运算。这两种运算是数学形态学中最主要的运算。从结构元填充的角度看，这两种运算具有更为直观的几何形式。

7.3.1　二值图像开运算

假定 A 为输入图像的前景目标元素集合，B 为结构元，利用 B 对 A 进行开运算，用符号 $A \circ B$ 表示，其定义为

$$A \circ B = (A \ominus B) \oplus B \tag{7-9}$$

从式（7-9）可以看出，开运算实际上是 A 先被 B 腐蚀，腐蚀后的结果再被 B 膨胀。开运算也可写成

$$A \circ B = \cup \{(B)_z \mid (B)_z \subseteq A\} \tag{7-10}$$

式中，$\cup$ 表示大括号内所有集合的并集；$(B)_z$ 表示结构元的平移。

式（7-10）形象地描述了开运算过程，当结构元 B 平移扫过整个 A 集合时，B 的平移过

程中的任何像素不超出集合 A 边界，B 所有平移的并集是 $A \circ B$。B 在 A 内部移动，B 能到达 A 内所有的点（包括 A 边界中最远的点）组成的集合，就是 $A \circ B$。图 7-16b 所示为结构元 B 在 A 的边界内移动时，B 在 A 内部所能到达 A 边界内最远的点构成 $A \circ B$。图 7-16c 所示为 B 对 A 开运算的结果，去除了三角形向外突出的 3 个尖角。

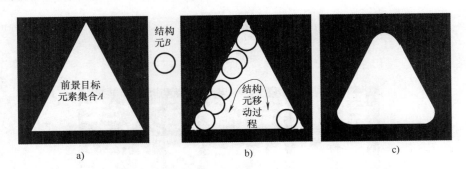

图 7-16　开运算过程

a）前景目标元素集合 A 和结构元 B　b）B 在 A 的边界内移动　c）开运算的结果

从图 7-16 看出，开运算具有两个显著的作用：一是用圆盘状的结构元对前景目标进行开运算，可以起到平滑作用，类似于低通滤波，用 $A - A \circ B$ 可得到图像的尖角；二是开运算时，B 平移不能拟合 A 中 3 个尖角处，开运算能删除比结构元更窄的区域。

7.3.2　二值图像闭运算

闭运算是开运算的对偶运算，定义为先进行膨胀再进行腐蚀。B 对 A 的闭运算表示为 $A \cdot B$，即

$$A \cdot B = (A \oplus B) \ominus B \tag{7-11}$$

还可以采用以下方法来描述闭运算：

$$A \cdot B = \left[\cup \{ (B)_z \mid (B)_z \cap A = \varnothing \} \right]^c \tag{7-12}$$

式（7-12）形象地描述了闭运算的过程：结构元 B 在 A 集合边界的外侧平移，结构元 B 不进入集合 A，且结构元 B 能到达 A 边界上最远的所有点组成的集合，就是 $A \cdot B$。

图 7-17b 所示为结构元 B 不能进入 A 内部，在 A 的边界外侧移动时，B 在 A 外部所能到达 A 边界上最远的点构成 $A \cdot B$。图 7-17c 所示为 B 对 A 闭运算的结果，去除了向内凹的狭长尖角。

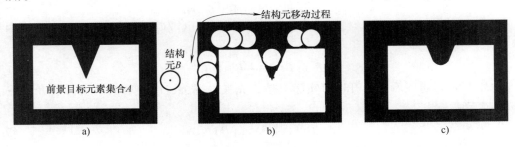

图 7-17　闭运算过程

a）前景目标元素集合 A 和结构元 B　b）B 在 A 的边界外移动　c）闭运算的结果

从图 7-17 看出，闭运算具有两个显著的作用：①用圆盘状结构元对前景目标进行闭运算可以起平滑作用；②与开运算不同的是，闭运算可填充向内凹且小于结构元大小的狭长沟槽。

【例 7-4】　如图 7-18 所示，对含噪声的原始图像进行开运算和闭运算以达到形态学滤波的目的。

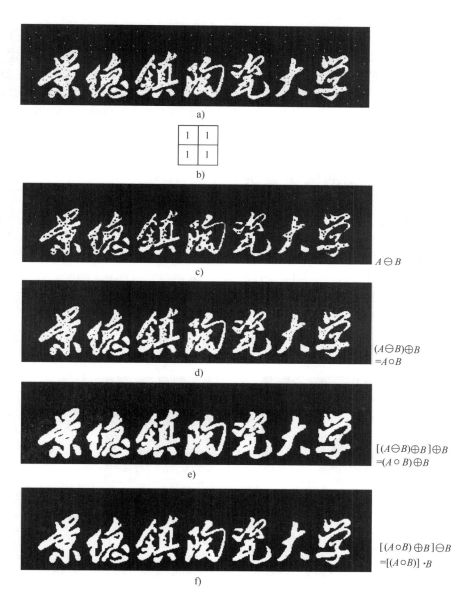

图 7-18　开运算和闭运算去除噪声实例

a）原含噪声二值图像　b）方形结构元 B　c）B 对 A 腐蚀的结果 $A \ominus B$
d）腐蚀后再膨胀$(A \ominus B) \oplus B$（开运算结果 $A \circ B$）　e）开运算后再膨胀$(A \circ B) \oplus B$
f）开运算后闭运算$\left[(A \circ B) \right] \cdot B$

分析：图 7-18a 所示的黑色背景上有白色的盐噪声，白色的目标上有黑色的胡椒噪声，可通过开运算和闭运算进行形态学的滤波以去除噪声。使用图 7-18b 中的方形结构元对图 7-18a 中的图像进行腐蚀，得到图 7-18c，能够消除背景中的白色噪声。但图 7-18c 中的前景目标——字符中的黑色噪声仍然存在，且被增大。用结构元 B 对图 7-18c 进行膨胀，可以得到图 7-18d。图像先腐蚀后膨胀，构成了结构元对图像的开运算。对图 7-18d 进行开运算后，图像目标区域中仍然存在黑色噪声。再次用结构元对图 7-18d（开运算后的结果）进行膨胀，得到图 7-18e。此时发现字符中的黑色噪声被完全消除了，但字符的线条增粗。为使字符线条恢复到原来的尺寸，用结构元 B 对图 7-18e 进行腐蚀，得到图 7-18f，图像中字符的线条变细。图像先膨胀后腐蚀，即构成了结构元 B 对图像的闭运算。本例中，先用结构元对图像进行开运算，消除了背景中的白色噪声，黑色噪声仍然存在；然后对开运算的结果进行闭运算，消除了字符区域的黑色噪声。从本例中发现，开运算和闭运算可以进行形态学的滤波，对噪声进行滤除。

7.4　数学形态学的常见算法

在处理二值图像时，形态学运算可用于提取图像中表示和描述形状的成分，如图像的边界提取、孔洞填充、击中与击不中变换的形态学算法。本节还要探讨几种用于预处理或后处理的方法，包括孔洞填充、细化和粗化等。在介绍每种形态学处理时，为清楚每种处理的原理，在进行描述时设定图像的前景目标用 1（白色）表示，背景用 0（阴影）表示。

7.4.1　边界提取

设二值图像中存在目标集合 A，边界记为 $\gamma(A)$，图 7-19 所示为边界提取示意图。

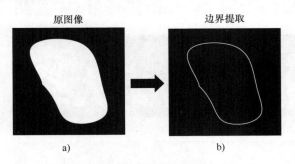

图 7-19　边界提取示意图
a）原图像　b）边界提取的结果

使用结构元 B 先对 A 进行腐蚀，再取 A 和腐蚀结果的差集，就可以得到 $\gamma(A)$，定义为

$$\gamma(A)=A-(A\ominus B) \tag{7-13}$$

图 7-20 所示为边界提取的过程，显示了一个简单的二值前景目标、一个结构元 B 利用式（7-13）提取边界情况。使用图 7-20b 中的 3×3 方形结构元可以得到 1 像素宽度的边界。图 7-20c 为 $A\ominus B$ 的结果，前景元素"收缩"。根据式（7-13），用集合 A 减去 $A\ominus B$（腐蚀），得到原前景目标元素被 B 腐蚀消去的那一圈外轮廓，即提取到的 A 的边界。

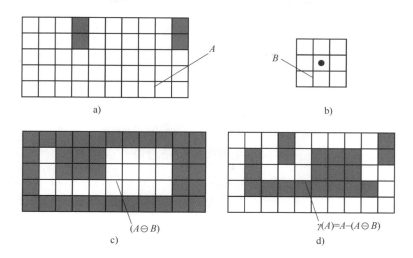

a)　　　　　　　　　　　　b)

$(A \ominus B)$　　　　　　　　　$\gamma(A)=A-(A \ominus B)$

c)　　　　　　　　　　　　d)

图 7-20　形态学方法进行边界提取的过程

a）图像及前景元素 A　b）结构元 B　c）B 对 A 的腐蚀　d）A 对腐蚀结果的差集

【**例 7-5**】　形态学处理实例——提取边界，如图 7-21 所示。

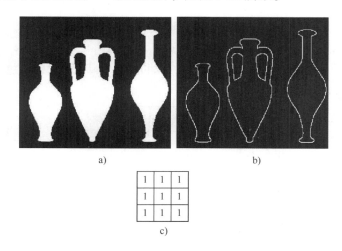

a)　　　　　　　　　　　　b)

c)

图 7-21　边界提取实例

a）二值图像　b）边界提取结果　c）方形结构元

　　分析：使用式（7-13）进行陶瓷瓶的边界提取，使用图 7-21c 中的 3×3 方形结构元 B 进行边界提取，二值图像中的前景目标为陶瓷瓶，灰度值为 1 显示为白色，背景灰度值为 0 显示为黑色。结构元灰度值为 1 的部分显示为白色。通过形态学的边界提取，从图 7-21a 的 3 个白色的陶瓷瓶中提取出白色边界，如图 7-21b 所示。由于所用结构元的尺寸为 3×3，与图 7-20 中的情况相同，图 7-21b 中提取的边界宽度为 1 个像素。

7.4.2　孔洞填充

　　孔洞是由闭合的前景像素集合所包围的背景区域。用灰度值 1 填充所有的孔洞，为孔洞填充算法。图 7-22 为孔洞填充算法示意图，闭合的前景像素集合中包围着一个背景区域

（即一个孔洞），用灰度值 1 对孔洞进行填充。

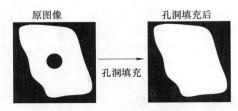

图 7-22　孔洞填充算法示意图

孔洞填充算法过程：先形成一个由灰度值全 0 组成的全黑图像阵列 X_0，图像阵列与原图像大小相同。在 X_0 中对应于孔洞的位置给定一个白色点，这个点的值为 1，然后利用如下公式填充所有孔洞：

$$X_k = (X_k \oplus B) \cap I^c, \quad k = 0, 1, 2, \cdots \tag{7-14}$$

式中，B 是结构元；I 为包含前景目标 A 的图像。

通过对式（7-14）的迭代将孔洞填满，当 $X_k = X_{k-1}$ 时，运算结果不再变化，迭代结束。算法结束后，将 X_k 和 I 求并集，并集中包含所有被填充的孔洞及孔洞的边界。式（7-14）中，$X_k \oplus B$ 膨胀的结果与 I^c（图像 I 的补集）的交集把多次迭代的膨胀结果限制在感兴趣的区域（前景目标 A）之内，这一处理称为条件膨胀。如果对 $X_k \oplus B$ 运算不加限制，那么多次迭代的膨胀结果将填充整个区域，运算结果无意义。

图 7-23 所示为孔洞填充过程。图 7-23 中前景目标 A 的灰度值为 1，用白色表示；背景的灰度值为 0，用阴影表示。

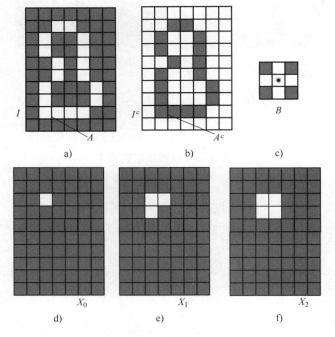

图 7-23　孔洞填充过程

a）集合 A（显示为白色）　b）A 的补集　c）结构元 B
d）边界内的初始点　e）、f）式（7-14）的迭代运算

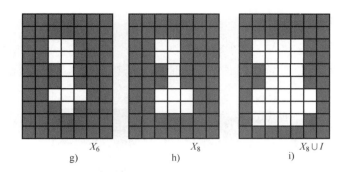

X₆　　　　　X₈　　　　　X₈∪I
g)　　　　　h)　　　　　i)

图 7-23　孔洞填充过程（续）

g）、h）式（7-14）的迭代运算　i）最终结果（图 7-23a 和图 7-23h 的并集）

对集合 A 进行孔洞填充，先求出 I 的补集 I^c 作为约束条件备用，即图 7-23b。图 7-23c 所示为结构元 B。首先，构建 X_0 作为初始图像（如图 7-23d 所示），一幅全黑图像的孔洞位置上有一个白色点（1 个像素灰度值为 1，其他像素灰度值为 0）。然后用 B 对 X_k 进行多次膨胀，用之前构造的补集 I^c 对每次膨胀的结果求交集，将膨胀结果限制在 A^c 之内。多次进行迭代的过程如图 7-23e~h 所示，直到 X_{k-1} 与 X_k 相同。最后求 X_8 与原图像集合 I 的并集，孔洞填充完成，如图 7-23i 所示。

【例 7-6】　如图 7-24 所示，使用孔洞填充将一幅图像中目标区域内的黑色部分消除。

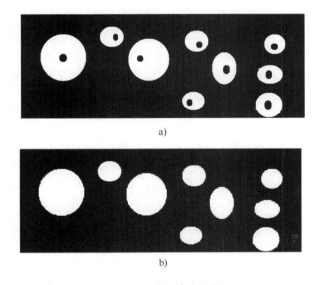

a)

b)

图 7-24　孔洞填充实例

a）原二值图像　b）孔洞填充后的结果

分析：图 7-24a 检测球状物体时，可能因为采集图像时球体外表面某部分的反射较强，将图像灰度化、二值化后在圆形内部出现了黑色区域。通过孔洞填充可消除这些反射，得到完整的圆形，用于后续的检测处理，如球形物体的圆度检测等。图 7-24b 所示为利用形态学孔洞填充的方法填充所有球体内部孔洞的结果。

7.4.3 击中与击不中变换

击中与击不中变换是对前景目标形状检测的一种方法。利用击中与击不中变换可以寻找与结构元相同的形状特征，并定位出该特征的原点，示意图如图 7-25 所示。

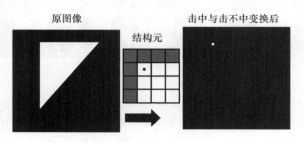

原图像　结构元　击中与击不中变换后

图 7-25　击中与击不中变换示意图

击中与击不中变换的第一种定义方式，需要运用两个结构元。设集合 A 表示二值输入图像中的前景目标集合，B_1 和 B_2 是一对不重合的结构元，则击中与击不中变换定义为

$$A \circledast B_{1,2} = \{z \mid (B_1)_z \subseteq A \text{ 和 } (B_2)_z \subseteq A^c\} = (A \ominus B_1) \cap (A^c \ominus B_2) \tag{7-15}$$

从式（7-15）可以看出，B 对 A 的击中与击不中变换是用 B_1 腐蚀 A、用 B_2 腐蚀 A 的补集 A^c，得到两个腐蚀的结果再求交集。式（7-15）的含义是 B_1 在前景集合 A 中找到匹配项（即 B_1 包含于 A），同时 B_2 在背景集合 A^c 中找到匹配项（即 B_2 包含于 A^c）。注意：此时 $B_1 \cap B_2 = \varnothing$，否则击中与击不中变换将会得到空集的结果。

击中与击不中变换的第二种定义方式，只针对前景像素集合进行定义，构造一个结构元 B，其包含一个宽度为 1 像素的背景像素边界，对 A 进行击中与击不中变换为

$$A \circledast B = \{z \mid (B)_z \subseteq I\} \tag{7-16}$$

式（7-16）说明若需要检测图像前景集合 A 中的某种像素排列特征，可以通过构造结构元 B 将这种特征提取出来。当结构元与其覆盖的图像区域完全相同时，中心像素的值才会被置为 1，否则为 0。例如，若需要检测 A 中的直角边缘、交叉特征、孔洞，则可以通过构造直角边缘、交叉特征、孔洞等特征的结构元 B，通过击中与击不中变换提取出来。

图 7-26 所示为利用击中与击不中变换进行特征检测的过程。图 7-26a 所示的结构元 B 在原图像 I 中移动。当结构元在移动过程中与其覆盖的区域前景目标特征完全相同时，如

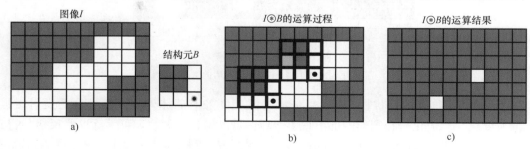

图像 I　结构元 B　$I \circledast B$ 的运算过程　$I \circledast B$ 的运算结果

a)　b)　c)

图 7-26　利用击中与击不中变换进行特征检测的过程

a）原图像和结构元　b）$I \circledast B$ 的运算过程　c）$I \circledast B$ 的运算结果

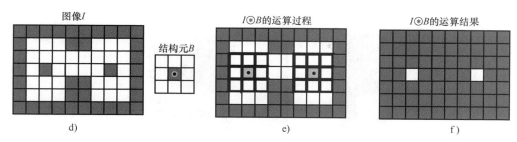

d)　另一种原图像和结构元　e) $I \circledast B$的运算过程　f) $I \circledast B$的运算结果

图 7-26　利用击中与击不中变换进行特征检测的过程（续）

图 7-26b 中的加粗部分，其中心像素灰度值置 1，其他像素灰度值置 0，得到图 7-26c。图 7-26d 为另一种原图像和结构元，希望提取含有一个像素的孔洞目标，构造图 7-26d 所示的结构元，对图像进行击中与击不中变换，得到图 7-26f，此时两个像素灰度值置 1，其他像素灰度值置 0。

【例 7-7】　如图 7-27 所示，用击中与击不中变换进行目标物的特征定位。

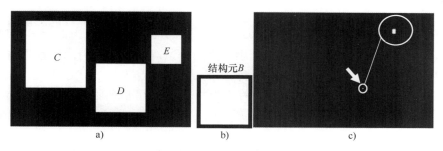

a）原图像　b）结构元 B　c）击中与击不中变换的结果

图 7-27　应用击中与击不中变换进行特征定位

分析：图 7-27a 所示的二值图像中有 3 个前景目标，分别为面积最大的矩形 C、面积中等的矩形 D 和面积最小的矩形 E。要检测图像中矩形 D 的位置，可构造一个结构元 B，其中包含宽度为 1 个像素的背景元素边界，结构元的形状性质与 D 完全相同。通过击中与击不中变换得到图 7-27c，图中的前景像素点用箭头指出，放大后显示在图像的右上角，使用结构元 B 对图像进行击中与击不中变换的结果为矩形 D 的原点位置。因此，使用击中与击不中变换可以对指定特征目标进行定位。

7.4.4　提取连通分量

许多图像分析应用中使用二值图像的提取连通分量进行预处理。当集合 S 里的全部像素之间存在通路时，那么里面的像素是连通的，像素集合是 S 的连通分量。如图 7-28 所示，图像 I 中的 A 为由一个或者多个连通分量组成的前景元素集合，可将连通分量从图像中提取出来，通过连通分量标记可得到连通分量的个数及每个连通分量中的像素数目。

构造一幅图像 X_0，其大小与图像 I 相同，X_0 为全黑图（灰度值为 0），对应于前景集合 A 中的连通部分的一点已知且为白色（灰度值为 1）。连通分量提取公式为

$$X_k = (X_k \oplus B) \cap I, \quad k = 1, 2, 3, \cdots \tag{7-17}$$

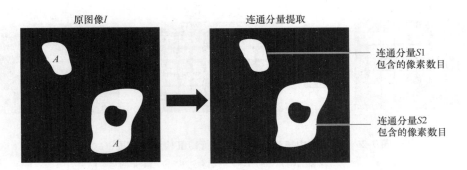

图 7-28 提取连通分量示意图

式中，B 为结构元，式（7-17）进行的是迭代运算。当 $X_k = X_{k-1}$ 时，结果不再变化，迭代结束，此时 X_k 包含图像中前景像素集合的所有连通分量。I 为约束条件，将每次迭代的膨胀运算限制在图像中，其作用与式（7-14）的作用类似。这里提取连通分量中的约束条件为 I，目的是寻找前景目标；而孔洞填充中的约束条件为 I^c，目的是寻找背景，然后对背景进行填充。

图 7-29 所示为提取连通分量迭代运算的过程，图 7-29b 中的 X_0 为迭代运算起始图像，为全黑图（灰度值为 0），只有前景集合 A 中与连通分量对应的一点为已知且为白色（灰度值为 1），结构元 B 对 X_0 进行膨胀，用 I 与膨胀的结果求交集来对迭代结果进行限制，保证迭代运算膨胀结果不会超过原有的图像。图 7-29 中，$k = 5$ 可实现收敛，完成连通分量提取运算。

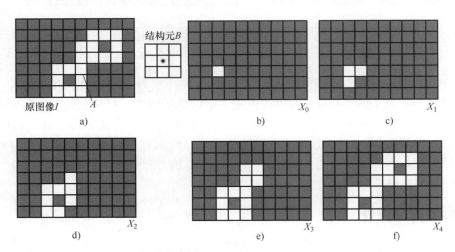

图 7-29 提取连通分量迭代运算的过程

a）原图像和结构元　b）构造的初始图像 X_0　c）迭代第 1 步结果 X_1
d）迭代第 2 步结果 X_2　e）迭代第 3 步结果 X_3　f）迭代第 4 步结果 X_4

【例 7-8】　如图 7-30 所示，提取连通分量并进行标记，计算图像中连通分量的个数。

分析：图 7-30a 为细菌的二值图像，要对图像中的细菌个数进行计数。此时发现二值化后的某些细菌内部的区域有黑色孔洞。首先，对图像进行孔洞填充，填充后的图像如图 7-30b 所

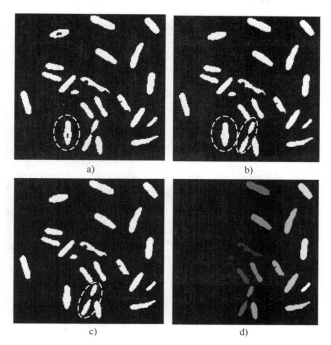

图 7-30 提取连通分量并进行标记

a）原二值图像 b）孔洞填充后的图像

c）进行开运算后的图像 d）进行连通分量提取标记后的图像

示，发现细菌内部的孔洞被填充了（从图 7-30a 和图 7-30b 中的虚线圈可以看出）。然后，通过开运算将图像中细菌之间的连接在一起的狭长部分断开（从图 7-30b 和图 7-30c 中的虚线圈可以看出），可以对细菌的外部轮廓进行平滑，得到图 7-30c。最后，对图像中的连通分量进行标记，如图 7-30d 所示，从左到右图像由暗到明，反映细菌的依次编号。表 7-1 所示为图 7-30c 中的 22 个连通分量及连通分量中的像素数，可得知细菌的计数为 22。

表 7-1 连通分量标记及其像素面积

连 通 分 量	连通分量中的像素数	连 通 分 量	连通分量中的像素数
01	213	12	74
02	136	13	153
03	139	14	215
04	179	15	133
05	165	16	140
06	214	17	224
07	37	18	175
08	168	19	163
09	133	20	180
10	107	21	206
11	255	22	59

7.4.5 细化和粗化

在图像识别时，常要用到形态学的细化。细化可在二值图像中将前景目标减小为单像素宽度，细化示意图如图 7-31 所示。

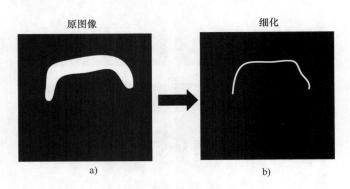

原图像   细化

a)   b)

图 7-31 细化示意图

a）原图像　b）细化后的图像

图像细化可以借助击中与击不中变换来定义，即

$$A \otimes B = A - (A \circledast B) = A \cap (A \circledast B)^c \tag{7-18}$$

另外，可以对称地细化前景目标集合 A，这样的细化是以结构元序列为基础的，即

$$\{B\} = \{B^1, B^2, B^3, \cdots, B^n\} \tag{7-19}$$

用一个结构元序列将目标细化的定义为

$$A \otimes \{B\} = ((\cdots((A \otimes B^1) \otimes B^2) \cdots) \otimes B^n) \tag{7-20}$$

式（7-20）说明 A 被 B^1 细化一次，得到的结果再被 B^2 细化一次，以此类推，直到被 B^n 细化一次。也就是说，直到所有结构元的遍历完成后结构不再变化为止。

使用细化结构元序列的细化过程如图 7-32 所示。

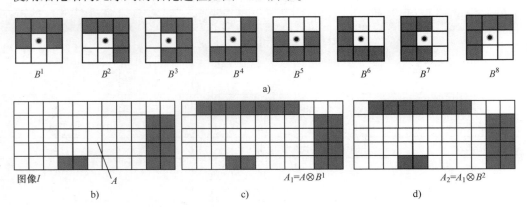

B^1 B^2 B^3 B^4 B^5 B^6 B^7 B^8

a)

图像 I A $A_1 = A \otimes B^1$ $A_2 = A_1 \otimes B^2$

b)   c)   d)

图 7-32 使用细化结构元序列的细化过程

a）结构元序列　b）集合 A　c）使用 B^1 细化 A 的结果（白色）　d）使用 B^2 细化 A_1 的结果

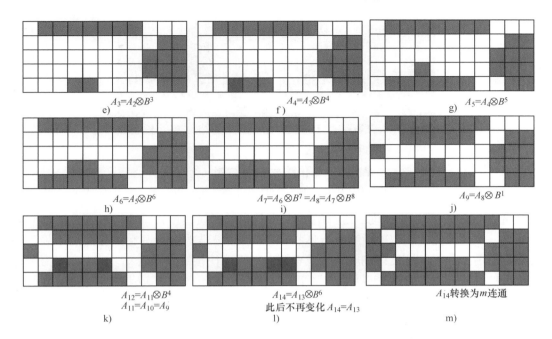

图 7-32　使用细化结构元序列的细化过程（续）

e)~i）使用接下来的 6 个结构元细化的结果　j)、k）再次使用前 4 个结构元细化的结果

l）收敛后的结果　m）转换为 m 连通的结果

图 7-32a 所示为一组常用的细化结构元序列，B^i（当前结构元）是 B^{i-1}（前一个结构元）顺时针旋转 45°所得的。图 7-32c 是使用 B^1 细化一次 A 的结果（白色区域），图 7-32d 是使用 B^2 细化 A_1 的结果，直到细化结果收敛（不变），图 7-32m 是将细化结果转换为 m 连通的细化集合，这样消除了多个路径。

粗化是细化的对偶，可以定义为

$$A \odot B = A \cup (A \circledast B) \tag{7-21}$$

式中，B 是粗化的结构元。在实际工作中，很少用到粗化处理，一般先细化图像中的背景集合，再求结果的补集得到粗化结构。

【例 7-9】 图 7-33 所示为细化算法的应用实例。

图 7-33　细化算法的应用实例

a）原二值图像　b）进行一次细化后的结果

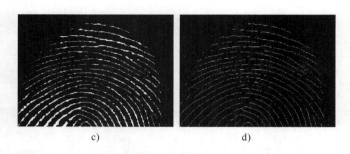

c)   d)

图 7-33　细化算法的应用实例（续）

c）进行两次细化后的结果　d）细化到稳定状态的结果

分析：图 7-33a 为指纹的原二值图像，其中的指纹脊线很粗，可以通过细化运算使得指纹脊线为一个像素宽度，以便后续进行形状分析。图 7-33b 为进行一次细化后的结果，每次细化都会从前景目标的厚度中删除一个或者两个像素，使指纹脊线变细。图 7-33c 为进行两次细化后的结果，指纹脊线变得更细。对图像进行多次细化，直到结果稳定，最后为一个像素宽度的图像，此结果保留了指纹脊线的基本方向特征，如图 7-33d 所示。

7.4.6　骨架抽取

图像形态学中骨架抽取的目标是要获取图像目标的骨架。形态学骨架抽取可以看成是对图像中前景目标的一种特殊腐蚀。用特定形状的结构元进行腐蚀，不断对图像中目标区域的外层像素进行消除，最后留下单像素宽度的目标，这就是原图像的"骨架"。图像前景目标的"骨架"表现了图像中目标集合主要的形态分布和走向。下面介绍形态学的骨架抽取算法，设图像中存在的目标集合为 A，B 表示结构元，A 的骨架记为 $S(A)$，则可定义为

$$S(A) = \bigcup_{k=0}^{K} S_k(A) \qquad (7\text{-}22)$$

和

$$S_k(A) = (A \ominus kB) - (A \ominus kB) \circ B \qquad (7\text{-}23)$$

式中，$(A \ominus kB)$ 是 B 对 A 的连续 k 次腐蚀，即 B 对 A 腐蚀，得到的结果再用 A 腐蚀，直到腐蚀 k 次，结束腐蚀的条件是

$$K = \{ k \mid (A \ominus kB) \neq \varnothing \} \qquad (7\text{-}24)$$

说明 A 被 B 腐蚀为空集的前一步骤为最后一个迭代步骤。

图 7-34 所示为骨架抽取运算的过程，前景目标 A 不断地被结构元 B 腐蚀，最后结果为图 7-34c 中的虚线部分，此时仍然保留原始对象形状的重要信息。也可以将运算过程描述为使用圆盘形状的结构元，圆盘在所有前景元素 A 中移动，内切圆盘圆心组成的集合就是提取的骨架。

【例 7-10】　图 7-35 所示为图像骨架抽取实例。

分析：在运用骨架算法之前，先对原图像进行闭运算，目的是平滑图像并消除图像边缘上的小突起，避免后续骨架算法抽取骨架不准确而产生毛刺，闭运算的结果如图 7-35b 所示。如图 7-35c 所示，骨架抽取之后的图像前景目标集合的粗轮廓被"压缩"成一个像素点的细线，此结果保留了原图像的形状信息。

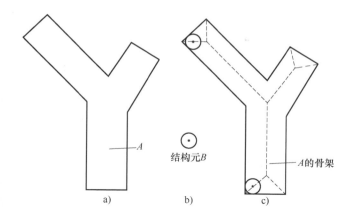

图 7-34　骨架抽取运算的过程

a）图像前景目标 A　b）结构元 B　c）A 的骨架（虚线）

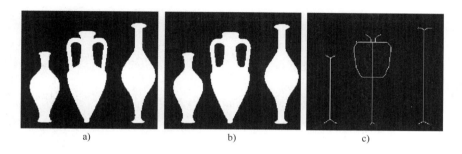

图 7-35　图像骨架抽取实例

a）原图像　b）闭运算的结果　c）骨架算法的结果

7.5　灰度图像形态学

　　前面几节针对二值图像的数学形态学处理进行了介绍。实际上，这些理论也可以推广到灰度图像处理中。灰度图像形态学和二值图像数学形态学有着密切的联系和对应关系。二值图像数学形态学有 4 个基本运算：腐蚀、膨胀、开运算和闭运算。同样，灰度图像形态学也可以定义腐蚀、膨胀、开运算和闭运算。与二值图像数学形态学基于集合的概念不同，灰度图像形态学中的腐蚀、膨胀、开运算和闭运算的操作对象不再被看作集合，而是被看作图像的函数，如 $f(x,y)$ 是灰度图像，$b(x,y)$ 是结构元。

　　灰度图像形态学中的结构元与二值图像数学形态学中的结构元类似，都是检查给定图像中特定性质的"探针"。灰度图像形态学的结构元分为非平坦结构元和平坦结构元。图 7-36 所示为两类结构元及其灰度剖面图。图 7-36a 为非平坦结构元，图 7-36c 为其灰度剖面图；图 7-36b 为平坦结构元，图 7-36d 为其灰度剖面图。本节中提到的所有实例都是基于单位高度、对称、原点位于中心、平坦的结构元。

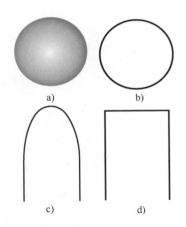

图 7-36 两类结构元及其灰度剖面图

a）非平坦结构元 b）平坦结构元

c）非平坦结构元灰度剖面图 d）平坦结构元灰度剖面图

7.5.1 灰度腐蚀与膨胀

假设平坦结构元 b 的原点是 (x,y)，则在 (x,y) 处对图像 f 的灰度腐蚀定义为图像 f 与 b 重合区域中的最小值，表示为

$$[f\ominus b](x,y)= \min_{(s,t)\in b}\{f(x+s,y+t)\} \tag{7-25}$$

b 对 f 腐蚀，将结构元的原点覆盖在图像中的每个像素位置后进行式（7-25）所示的计算。例如，b 是 3×3 的方形结构元，要得到结构元原点所在像素位置的腐蚀，可取 b 覆盖下的 3×3 区域中像素点的最小灰度值。

类似的，假设平坦结构元 b 的原点是 (x,y)，则在 (x,y) 处对图像 f 的灰度膨胀定义为图像 f 与结构元 $\hat{b}$ 重合区域中的最大值，表示为

$$[f\oplus b](x,y)= \max_{(s,t)\in b}\{f(x-s,y-t)\} \tag{7-26}$$

式中，$\hat{b}$ 是 b 的反射，表示为 $\hat{b}(c,d)=b(-c,-d)$。

【例 7-11】 图 7-37 所示为灰度图像的腐蚀和膨胀实例。

0	1	0
1	1	1
0	1	0

a）   b）   c）   d）

图 7-37 灰度图像的腐蚀和膨胀实例

a）原灰度图像 b）腐蚀结果 c）膨胀结果 d）结构元

分析：图 7-37b 为对原图像进行腐蚀的结果，图 7-37c 为对原图像进行膨胀的结果，所用的结构元都如图 7-37d 所示。与图 7-37a 对比发现，代表鱼眼睛的小亮点在图 7-37b 中已经看不到了，暗特征变大。图 7-37c 的结果正好与图 7-37b 相反，亮点的特征变大，而暗特征变细或者变得看不到。灰度级腐蚀后，图像会比原图像暗，亮特征会变小，暗特征会变大；灰度级膨胀后，图像会比原图像亮，暗特征变小，亮特征变大。

7.5.2　灰度开运算与闭运算

灰度图像形态学中关于开运算和闭运算的定义与二值图像数学形态学中的对应运算具有相同形式。设 f 表示输入图像，b 表示结构元，则可将结构元 b 对图像 f 进行的灰度开运算定义为

$$f \circ b = (f \ominus b) \oplus b \tag{7-27}$$

类似的，用结构元 b 对图像 f 进行的灰度闭运算定义为

$$f \cdot b = (f \oplus b) \ominus b \tag{7-28}$$

灰度开运算为使用结构元 b 先腐蚀后膨胀。如果结构元的值都为正，则灰度开运算可以削弱图像中的亮特征（灰度值降低），削弱的程度取决于这些特征相对于结构元的尺寸大小。但与灰度腐蚀运算不同的是，开运算对图像中的暗特征和背景的影响可以忽略不计。灰度闭运算可以削弱图像中的暗特征（灰度值变高），削弱的程度同样取决于这些特征相对于结构元的尺寸大小。而与灰度膨胀运算不同的是，闭运算对图像中的亮特征和背景的影响可以忽略不计。

【例 7-12】 图 7-38 所示为灰度图像开运算和闭运算实例。

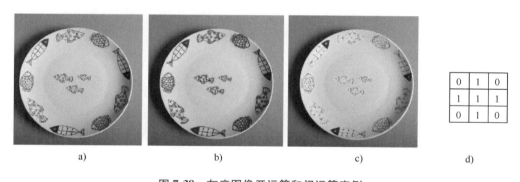

图 7-38　灰度图像开运算和闭运算实例

a）原灰度图像　b）开运算的结果　c）闭运算的结果　d）结构元

分析：图 7-38b 为对原图像进行灰度开运算的结果，图 7-38c 为对原图像进行灰度闭运算的结果，所用的结构元都如图 7-38d 所示。与图 7-38a 对比发现，代表鱼眼睛的亮特征在图 7-38b 中已经看不到，原因是开运算使鱼眼睛的亮特征小于所使用的结构元大小。与例 7-11 中图 7-37b 的腐蚀结果不同的是，图 7-38b 所示的开运算结果对图像中的暗特征几乎无影响，本例进行开运算后，图像整体亮度不变，没有整体变暗。图 7-38c 所示的闭运算结果正好与图 7-38b 所示的开运算结果相反，暗特征变小，亮特征无影响。综上所述，开运算使得图像中的亮特征变小，图像暗特征不变，图像的整体亮度不变；闭运算使得图像中的暗特征变小，图像亮特征不变，图像整体亮度不变。

7.6 本章小结

形态学对图像的处理具有直观性，为基于形状细节的图像处理提供了强有力的方法。形态学建立在集合理论基础上，主要通过选择相应的结构元完成形态学运算，包括腐蚀、膨胀、开运算、闭运算以及基于这些基本运算的组合。形态学在图像处理中有广泛的应用，常被用于解决抑制噪声、特征提取、边缘检测、图像分割、形状识别等图像处理问题。

本章的内容包括以下几个方面：

第一，介绍结构元的作用。结构元是在图像中移动的"探针"，形态学运算通过"探针"的检验得到一个集合。另外，还介绍了集合运算，包括子集、并集、交集、补集、平移、反射等，为后续的形态学运算打下了基础。

第二，介绍二值图像的腐蚀和膨胀两种运算。腐蚀是一种消除边界点、使边界向内部收缩的过程；膨胀是腐蚀的对偶运算，是一种连接狭长边界、使边界向外部膨胀的过程。

第三，介绍二值图像开运算和闭运算。开运算可以平滑前景目标，消除目标中小的突起结构；闭运算同样可以平滑前景目标，使狭长的内凹部分增粗，将狭长的部分连接起来。

第四，介绍常见的数学形态学处理算法。数学形态学处理算法包括边界提取、孔洞填充、击中与击不中变换，还探讨了几种图像处理常使用的预处理或后处理的方法，如细化和粗化、骨架抽取等。

第五，介绍灰度图像形态学算法。灰度图像形态学算法与二值图像的数学形态学运算相似，但不是基于集合进行运算，而是将图像和结构元看作函数进行处理。

形态学是提取图像中感兴趣特征的强大工具。在形态学中，腐蚀和膨胀都是基本运算，其他各种形态学的运算都建立在该基础上。

第 **8** 章

图 像 分 割

8.1 图像分割概述

图像分割技术，是从图像中将某个特定区域（目标）与其他部分（背景）进行分离并提取出来的处理技术，这是图像分析与理解前的一个关键步骤。当只有少量图像样本时，适合利用各种先验知识设计一个具有针对性的算法进行图像分割。

典型的图像分割方法有多种，包括边界分割方法、阈值分割方法、区域提取方法等。越来越多的学者开始将数学形态学、模糊理论、遗传算法理论、分形理论、小波变换理论、深度学习等研究成果运用到图像分割中，产生了结合特定数学方法和针对特殊图像分割的先进图像分割技术。

图 8-1 所示为本章内容框架。本章首先为图像分割概述；然后介绍点、线的边缘检测，在介绍点和线的检测时，主要讨论各种算子及其性能，以及利用霍夫（Hough）变换将检测出来的孤立点连接成线；其次介绍基于阈值的分割方法；再次介绍基于区域提取的分割方法；随后介绍形态学分水岭算法分割图像；最后介绍其他经典的分割算法。

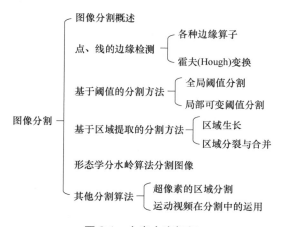

图 8-1　本章内容框架

图像分割是把图像分割成若干个特定的、具有独特性质的区域，并提取出感兴趣目标的技术和过程。这些独特的性质可以是像素的灰度、颜色、纹理等。提取的目标可以对应单个

179

区域，也可以对应多个区域。

借助集合概念对图像分割给出如下定义：令集合 R 代表整个图像区域，对 R 的图像分割可以看作是将 R 分成 N 个满足以下条件的非空子集 R_1，R_2，R_3，$\cdots$，R_N：

1）相似性。在分割结果中，每个子区域内的像素有着相同的特性。

2）互斥性。在分割结果中，不同子区域有不同的特性，且它们没有公共特性。

3）完备性。分割的所有子区域的并集就是原来的图像。

4）连通性。各个子集是像素点的连通区域。

本章中的多数分割算法对灰度图像进行分割时基于灰度值的两个基本性质之一：不连续性和相似性。对于灰度值的不连续性，以灰度值突变为基础分割一幅图像，比如图像的边缘灰度值会产生突变，可以使用各种一阶和二阶边缘算子检测边缘。对于灰度的相似性，根据一组预定义的准则把一幅图像分割为相似的区域，如阈值处理、区域生长、区域分裂和区域聚合。经典的图像分割方法有边缘检测法、阈值分割法、区域提取法。

近几年来，研究人员不断改进原有方法并将其他学科的新理论和新方法引入图像分割，提出了不少新的分割方法。本章对经典的图像分割方法进行分析，并介绍一些新的理论和方法。新的理论方法包括形态学分水岭算法、超分辨的区域分割、运动视频在分割中的运用等。

8.2 点、线的边缘检测方法

边缘提取是图像边缘检测的基本方法，如何准确、快速地提取图像中的边缘信息一直是计算机视觉领域的研究热点。随着计算机研究的深入和整个领域的不断发展，边缘提取技术已经成为图像分割、目标识别等的基础。

8.2.1 边缘检测原理

点、线、边缘是指其周围像素灰度有阶跃变化的像素集合。边缘灰度值的不连续性可以借助求导数的方式进行检测，如一阶导数或二阶导数。如图 8-2 所示，包含对人工图像的灰度扫描，扫描线上包括灰度变化的斜坡、孤立点（独立的噪声点）、有宽度的线。为了方便分析，将灰度级数量限制在 8 以内。将扫描线经过的像素灰度列出，对其求一阶导数和二阶导数（此时的灰度值是离散的，导数可以用差分求出）。通过求导，可以分析出孤立点、线、突变的边缘和缓慢变化的斜坡边缘在求导数后具有哪些特殊性质。

边缘检测边缘点在一阶导数和二阶导数所对应的点如图 8-3 所示。

从图 8-2 和图 8-3 中可以看出如下特点：

1）灰度斜坡一般是物体的边缘。此时，一阶导数在从灰度斜坡开始到结束的整个斜坡处都不为 0，因此，一阶导数产生的边缘"粗"。如图 8-2b 所示的第一个斜坡，图 8-2c 中显示其一阶导数为-1，且有 5 个为-1 的值，会产生一个"粗"边缘。

二阶导数在斜坡开始和结束的两个像素点处不为 0，斜坡上都为 0，因此，二阶导数产生的边缘"细"且会产生双边缘。图 8-2c 中的最后一行显示，二阶导数的第一个值为-1，第六个值为 1，中间值为 0。因此，二阶导数为"细"的双边缘，从图 8-3d 中也可以看到一正一负两个值。

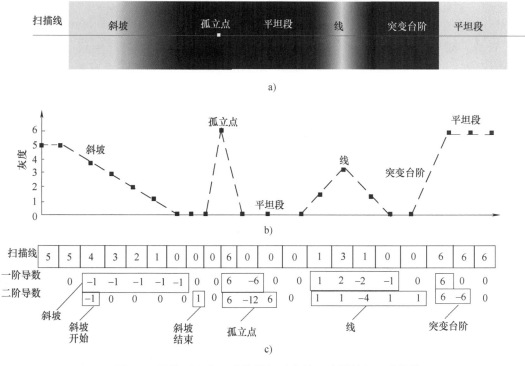

图 8-2 图像孤立点、边缘及相对应的一阶导数和二阶导数

a）人工图像及灰度扫描线 b）扫描线上的对应灰度值 c）扫描线及其一阶导数和二阶导数

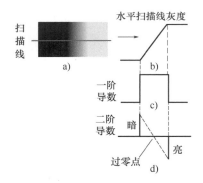

图 8-3 边缘检测边缘点在一阶导数和二阶导数所对应的点

a）扫描线 b）扫描线上的灰度值曲线 c）一阶导数曲线 d）二阶导数曲线

2）对于孤立的噪声点，二阶导数求出的响应幅度会强于一阶导数的响应幅度。图 8-2a 中的孤立点，在图 8-2c 所示的二阶导数产生的值为 -12，强于一阶导数产生的值 -6。对于增强噪声和细节（包括孤立点）来说，二阶导数比一阶导数更强。二阶导数在增强急剧变化方面更加激进。

3）二阶导数可以确定边缘是从亮变化到暗，还是从暗变化到亮。从亮变化到暗的情况，求二阶导数会产生负数；从暗变化到亮的情况，求二阶导数会产生正数。如图 8-3d 所示，暗到亮边缘的二阶导数会产生两个值，一个正值和一个负值，正值对应暗区，负值对应亮区。

4）对图像的边缘求二阶导数生成一个负值和一个正值时，连接这两个值，与横轴的交点为过零点，过零点能确定边缘的中心位置。如图 8-3d 所示，将正负两个值连接，连接线与横轴的交点位置的值，为过零点的中心位置的坐标。

5）计算一阶导数和二阶导数可使用空间卷积方式，计算方法为计算模板中的各系数和模板覆盖区域的灰度值的乘积之和。对于图 8-4 所示的 3×3 的空间卷积模板来说，模板中心点（w_5）的卷积响应为

$$Z=w_1z_1+w_2z_2+\cdots+w_9z_9=\sum_{k=1}^{9}w_kz_k \tag{8-1}$$

式中，z_k 为图像中像素的灰度值；k 为模板中像素的位置信息；w_k 是模板中对应点的系数。

w_1	w_2	w_3
w_4	w_5	w_6
w_7	w_8	w_9

图 8-4   3×3 的空间卷积模板

8.2.2   点检测

二阶导数求出的响应幅度强于一阶导数，利用二阶导数可以有效地检测出孤立点。二阶导数检测孤立点可以用二阶拉普拉斯（Laplace）模板，二阶导数拉普拉斯为

$$\nabla^2f(x,y)=\frac{\partial^2f}{\partial^2x}+\frac{\partial^2f}{\partial^2y} \tag{8-2}$$

由于数字图像中像素点的空间坐标及像素点的灰度值都是离散的，因此式（8-2）可写为

$$\nabla^2f(x,y)=f(x+1,y)+f(x-1,y)+f(x,y+1)+$$
$$f(x,y-1)-4f(x,y) \tag{8-3}$$

图 8-5 为两种二阶拉普拉斯点检测模板。

0	1	0
1	-4	1
0	1	0

1	1	1
1	-8	1
1	1	1

a)   b)

图 8-5   点检测模板

a）可实现式（8-3）的检测模板   b）可实现包含对角项的扩展公式的模板

用以上模板来求各像素点的响应，如果某个像素点响应的绝对值超过规定的阈值 T，就判断该点为孤立点，此时响应值为 1，否则响应值为 0。公式表示为

$$g(x,y)=\begin{cases}1,\ |Z(x,y)|>T\\0,其他\end{cases} \tag{8-4}$$

式中，$g(x,y)$ 为点检测处理后的输出图像；T 是一个非负的阈值；$Z(x,y)$ 为模板处理后的图像的响应输出。

【例 8-1】   图 8-6 所示为利用二阶导数模板检测图像中的斑点缺陷实例。

分析：图 8-6a 所示的白色陶瓷杯有一个斑点缺陷。使用图 8-5b 中的二阶导数模板计算

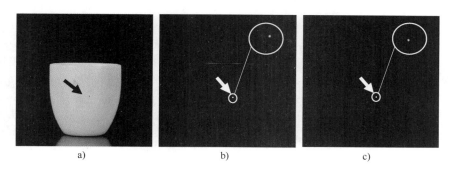

图 8-6　图像中的点检测实例

a）有斑点缺陷的陶瓷杯　b）使用图 8-5b 中的模板进行点检测后的图像　c）式（8-4）计算后的输出图像

后的结果如图 8-6b 所示，原图像中陶瓷杯的边缘和斑点被检测出来，斑点在箭头所指位置。为了便于观察，将斑点放大显示在图的右上角。将式（8-4）中的阈值 T 设为最大值（255），输出图像如图 8-6c 所示，箭头所指的白色点（值为 1）为检测的斑点，其他部分为黑色（值为 0）。

8.2.3　线检测

　　与点检测相比，线检测较为复杂，可以使用一阶导数进行检测，也可以使用二阶导数进行检测。二阶导数产生的响应幅度比一阶导数更强，产生的线检测结果比一阶导数检测结果更细，二阶导数会产生双边缘。

　　线检测使用规定的模板 w 覆盖于待处理的图像上，将图像中每个像素点的灰度值与模板中的系数相乘后求和。由于数字图像的像素点及灰度值都是离散的，因此线检测中的求导可以使用差分代替。图 8-7 所示为线检测模板，其中，图 8-7a 所示的 3×3 线检测模板可表示为

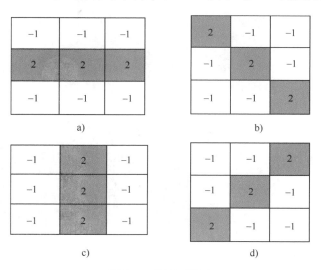

图 8-7　线检测模板

a）0°线检测模板　b）+45°线检测模板　c）+90°线检测模板　d）−45°线检测模板

$$Z = 2f(x,y-1) + 2f(x,y) + 2f(x,y+1) - \\ f(x-1,y-1) - f(x-1,y) - f(x-1,y+1) - \\ f(x+1,y-1) - f(x+1,y) - f(x+1,y+1)$$

(8-5)

如果要检测规定方向的线，使用图 8-7 中的线检测模板可对 0°、+45°、+90° 和 −45° 方向的线进行提取。阴影部分为模板中权重高的部分，模板在权重高的部分可以对像素点进行加权放大。若是在亮度不变的区域像素点，则通过模板计算后的相应响应为 0。若是存在与模板方向相同的线段，则通过模板计算的响应灰度值会因为加权而放大。

【例 8-2】 如图 8-8 所示，对各方向线的人工图像进行线检测。

分析： 图 8-8b 为对图 8-8a 进行 +45° 线检测的结果，使用的是图 8-7b 中的模板。图 8-7b 所示的模板用于检测 +45° 方向的线，检测这些线时，响应要比其他方向线的响应更强，图 8-8c 所示为图 8-8b 中取值为正的所有点。令式（8-4）中的阈值 $T = 254$，将 $T > 254$ 的点设置为 1（白色），将小于这一阈值的点设置为 0（黑色），图 8-8d 所示的图像是由图 8-8c 中的响应最强的点组成的。图 8-8d 中的检测结果图像只留下 +45° 方向线，说明模板可进行 +45° 方向线检测。同理，图 8-8e 为利用图 8-7d 中 −45° 方向模板进行线检测的结果，检测 −45° 方向线时，响应要比其他方向线的响应更强。图 8-8g 为利用式（8-4）进行阈值判别后的结果，说明模板可进行 −45° 方向线检测。

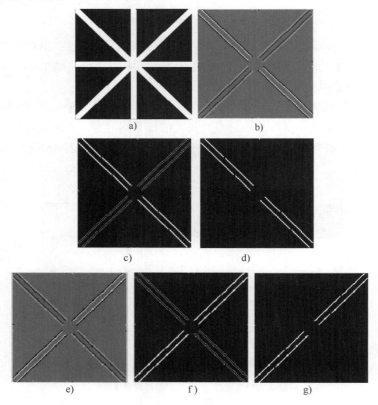

图 8-8　规定方向的线检测

a）原图像　b）使用图 8-7b 所示的模板进行线检测后的结果　c）图 8-8b 中负值置 0 后的结果

d）将式（8-4）中大于阈值的点设置为 1 的结果　e）使用图 8-7d 所示的模板进行线检测后的结果

f）将图 8-8e 中所有负值置 0 后的结果　g）将式（8-4）中大于阈值的点设置为 1 的结果

8.2.4 各种边缘检测算子及性能对比

边缘检测算法通过梯度算子来实现，在求边缘的梯度时，需要对图像中的每个像素位置计算。方法是计算 x 方向偏导数和 y 方向偏导数，在数字图像中，偏导数可以使用前向差分得出，即

$$g_x(x,y) = \frac{\partial f(x,y)}{\partial x} = f(x+1,y) - f(x,y) \tag{8-6}$$

$$g_y(x,y) = \frac{\partial f(x,y)}{\partial y} = f(x,y+1) - f(x,y) \tag{8-7}$$

一维的模板对图像进行梯度运算，利用图 8-9 中的两个一维模板可以实现式（8-6）和式（8-7）。

图 8-9　一维模板

a）实现式（8-6）的模板　b）实现式（8-7）的模板

二维模板可以检测对角边缘信息，因此二维模板更常用。二维梯度算子模板包括一阶的导数算子模板和二阶的导数算子模板。一阶的导数算子模板有 Sobel 模板、Roberts 模板、Prewitt 模板；二阶的导数算子模板有 Laplace 模板、LoG 模板等。以经典的 2×2 和 3×3 模板为例，2×2 为非中心对称模板，3×3 为最小的中心对称模板。非中心对称模板需要在像素之间的内插点上计算梯度，使用奇数模板可以避免此类问题。将图 8-10c 中的 2×2 图像区域和图 8-10a、图 8-10b 中的 2×2 邻域模板对应位置进行乘积后求和，将图 8-10f 中的 3×3 图像区域和图 8-10d、图 8-10e 中的 3×3 的邻域模板对应位置进行乘积后求和，可以用来计算图像中心 z_5 处的梯度。在模板中取不同的值可以得到不同的算子模板。

$w_5=-1$	$w_6=0$
$w_8=0$	$w_9=1$

a)

$w_5=0$	$w_6=-1$
$w_8=1$	$w_9=0$

b)

z_5	z_6
z_8	z_9

c)

$w_1=-1$	$w_2=-1$	$w_3=-1$
$w_4=0$	$w_5=0$	$w_6=0$
$w_7=1$	$w_8=1$	$w_9=1$

d)

$w_1=-1$	$w_2=0$	$w_3=1$
$w_4=-1$	$w_5=0$	$w_6=1$
$w_7=-1$	$w_8=0$	$w_9=1$

e)

z_1	z_2	z_3
z_4	z_5	z_6
z_7	z_8	z_9

f)

图 8-10　计算图像 z_5 处的梯度

a）2×2 的 x 方向模板　b）2×2 的 y 方向模板　c）2×2 的图像区域

d）3×3 的 x 方向模板　e）3×3 的 y 方向模板　f）3×3 的图像区域

对 x 方向和 y 方向求导可写为 S_x 和 S_y，使用 2×2 模板时，偏导数用下式计算：

$$S_x = \frac{\partial f}{\partial x} = w_5 z_5 + w_6 z_6 + w_8 z_8 + w_9 z_9 = z_9 - z_5 \tag{8-8}$$

$$S_y = \frac{\partial f}{\partial y} = w_5 z_5 + w_6 z_6 + w_8 z_8 + w_9 z_9 = z_8 - z_6 \tag{8-9}$$

同理，使用 3×3 模板时，偏导数用下式计算：

$$S_x = \frac{\partial f}{\partial x} = (z_7 + z_8 + z_9) - (z_1 + z_2 + z_3) \tag{8-10}$$

$$S_y = \frac{\partial f}{\partial y} = (z_3 + z_6 + z_9) - (z_1 + z_4 + z_7) \tag{8-11}$$

在式（8-10）、式（8-11）中，参与运算的像素点较多，利用 6 个像素点进行运算的模板（如 Sobel 和 Prewitt）会比利用 2 个像素点进行运算的模板（如 Roberts）更准确。

1. Roberts 算子

Roberts 算子采用对角方向的相邻两个像素之差作为结果，所以也称为交叉梯度算子或四点差分算子。图 8-11 为 Roberts 算子模板。

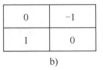

-1	0
0	1

a)

0	-1
1	0

b)

图 8-11　Roberts 算子模板

a）x 方向模板　b）y 方向模板

2. Sobel 算子

Sobel 算子是用于边缘检测的一阶导数算子。图 8-12 所示为 Sobel 算子模板。

1	2	1
0	0	0
-1	-2	-1

a)

-1	0	1
-2	0	2
-1	0	1

b)

图 8-12　Sobel 算子模板

a）x 方向模板　b）y 方向模板

利用图 8-12a、图 8-12b 可分别得出 x 方向及 y 方向的亮度差分。若只对 x 方向进行运算，则选择的是 x 方向的边缘；若只对 y 方向进行运算，则选择的是 y 方向的边缘；若对两方向相加进行运算，则可得一般方向的边缘。

从图 8-12 中可发现，Sobel 算子把重点放在接近模板中心的像素点。模板中，接近模板中心位置的权值较高，为 "-2" "2"。Sobel 算子是根据像素点上、下、左、右相邻点的灰度加权差，在边缘处达到极值这一现象来检测边缘的。算子对噪声具有平滑作用，提供较精确的边缘方向信息，但边缘定位精度不够高。当对精度要求不高时，Sobel 算子是一种较为常用的边缘检测算子。

3. Prewitt 算子

由于图像噪声通常与邻域内的像素存在较大灰度差，因此在检测边缘时，噪声点也会被当作边缘点检测出来，给后续的边缘提取操作带来困难。对实际含有噪声的图像进行边缘检测时，希望检测算法同时具有噪声抑制的功能。Prewitt 算子对噪声具有平滑作用，还能在一定程度上去除部分伪边缘。Prewitt 算子模板如图 8-13 所示。

1	1	1
0	0	0
−1	−1	−1

a)

−1	0	1
−1	0	1
−1	0	1

b)

图 8-13　Prewitt 算子模板

a）x 方向模板　b）y 方向模板

Prewitt 算子的 x、y 方向算子是可分离的，有

$$S_x = \begin{pmatrix} 1 \\ 1 \\ 1 \end{pmatrix} * (-1 \quad 0 \quad 1) \tag{8-12}$$

$$S_y = (1 \quad 1 \quad 1) * \begin{pmatrix} 1 \\ 0 \\ -1 \end{pmatrix} \tag{8-13}$$

从结果来看，x 方向算子先对图像进行垂直方向的均值平滑，然后进行水平方向的差分，水平方向的系数为−1 和 1，接着两者相减。y 方向算子先对图像进行水平方向的均值平滑，然后进行垂直方向的差分。这是 Prewitt 算子能够抑制噪声的原因。

【例 8-3】　如图 8-14 所示，利用一阶导数算子（包括 Roberts、Sobel、Prewitt 算子）对图像进行边缘检测，对各种算子的特点进行分析。

分析：从图 8-14b 可以看出，x 方向 Roberts 算子检测的边缘在水平方向上较清晰，而在垂直方向上较弱。从图 8-14c 可以看出，y 方向 Roberts 算子检测的边缘在垂直方向上较清晰，而在水平方向上较弱。从图 8-14d 可以看出，x 方向 Roberts 算子和 y 方向 Roberts 算子的边缘相加可得完整的边缘。同理，Sobel 算子和 Prewitt 算子也可由 x 方向和 y 方向的边缘相加得到完整的边缘，如图 8-14e ~ g 及图 8-14h ~ j 所示。Sobel 算子和 Prewitt 算子两个方向的边缘较清晰，两个方向相加的边缘较完整；相比之下，Roberts 算子两个方向的边缘相加后的边缘较不完整。

【例 8-4】　图 8-15 所示为一阶导数算子的抗噪声性能，包括 Sobel、Roberts、Prewitt 算子对噪声图像进行边缘检测。

分析：从图 8-15b 可以看出，加入噪声干扰后，Sobel 算子能将边缘很好地提取出来，Sobel 算子的抗噪声性能较好。从图 8-15c 可以看出，Roberts 算子检测边缘的准确性受噪声影响较大，Roberts 算子对噪声较为敏感。从图 8-15d 可以看出，加入噪声干扰后，Prewitt 算子能将边缘提取出来，Prewitt 算子的抗噪声性能较好。

以上例题使用一阶导数算子可以检测陶瓷碗的边缘，检测得到的边缘信息可以用于陶瓷的缺陷检测应用。

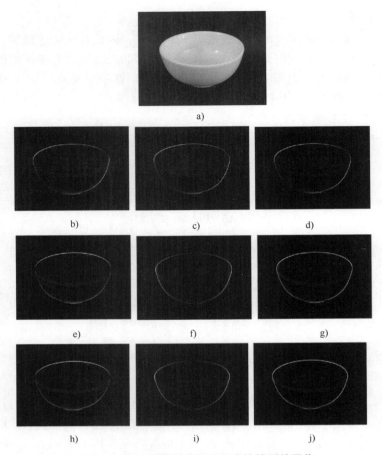

图 8-14　各一阶算子模板进行边缘检测的图像

a）原图像　b）x 方向 Roberts 算子检测结果　c）y 方向 Roberts 算子检测结果　d）两方向 Roberts 算子相加结果

e）x 方向 Sobel 算子检测结果　f）y 方向 Sobel 算子检测结果　g）两方向 Sobel 算子相加结果

h）x 方向 Prewitt 算子检测结果　i）y 方向 Prewitt 算子检测结果　j）两方向 Prewitt 算子相加结果

图 8-15　一阶导数算子的抗噪声性能

a）均值为 0、方差为 0.01 的高斯噪声污染后的图像　b）Sobel 算子边缘检测后的结果

c）Roberts 算子边缘检测后的结果　d）Prewitt 算子边缘检测后的结果

4. Laplace 算子

利用二阶导数也可以检测边缘。对于突变台阶型边缘,其二阶导数在边缘点处出现过零点,可以定位边缘中心位置点。Laplace 算子是二阶导数算子,在图像边缘处理中,二阶导数的边缘定位能力更强,锐化效果更好。

图 8-16 所示为 Laplace 算子 3×3 邻域模板。

0	−1	0		−1	−1	−1
−1	4	−1		−1	8	−1
0	−1	0		−1	−1	−1
a)				b)		

图 8-16 Laplace 算子 3×3 邻域模板

a)4 邻域模板 b)8 邻域模板

从图 8-16 发现,这两个模板的特点是:对应中心像素的系数为正,中心像素的邻近像素系数为负,模板系数之和为零。Laplace 算子检测出边缘的细节信息比较多,获得的边缘比较细致。它对孤立点及线的检测效果较好。但二阶导数 Laplace 算子的抗噪声性能差,且不能提供边缘方向信息。

【例 8-5】 如图 8-17 所示,对一阶和二阶边缘检测算子抗噪声性能进行分析,在图像无噪声污染和添加不同的噪声时,分析一阶、二阶边缘检测算子的抗噪声性能。

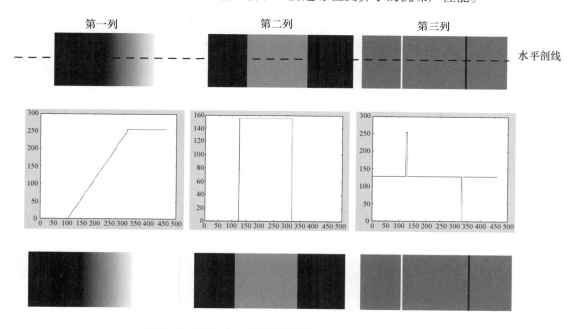

图 8-17 噪声对一阶导数算子和二阶导数算子的影响

第一列:依次被加入均值为 0,方差为 0、0.0001、0.001、0.01 的高斯噪声的灰度图像和
原图像中心水平剖线上的灰度值曲线

第二列:第一列图像的一阶导数图像和一阶导数图像中心水平剖线上的灰度值曲线

第三列:第一列图像的二阶导数图像和二阶导数图像中心水平剖线上的灰度值曲线

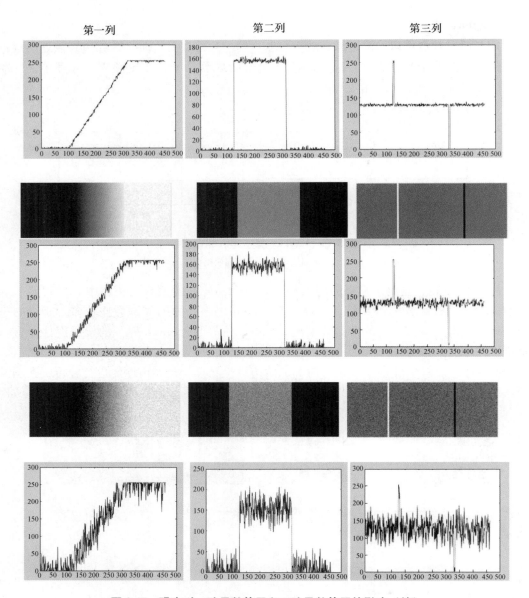

图 8-17 噪声对一阶导数算子和二阶导数算子的影响（续）

第一列：依次被加入均值为 0，方差为 0、0.0001、0.001、0.01 的高斯噪声的灰度图像和
原图像中心水平剖线上的灰度值曲线

第二列：第一列图像的一阶导数图像和一阶导数图像中心水平剖线上的灰度值曲线

第三列：第一列图像的二阶导数图像和二阶导数图像中心水平剖线上的灰度值曲线

分析： 从图 8-17 可以看出，第一列中，图像灰度的变化是缓慢的斜坡型的；第二列中，灰度恒定区域的一阶导数为 0（显示为黑色的条带），斜坡上的导数为常数（显示为灰色的条带）；第三列中，灰度变化区域的二阶导数为一个正分量（显示为白色的细线）和一个负分量（显示为黑色的细线）。

在每一列中，随着图像中的噪声逐渐加强，在一阶导数的灰度曲线和二阶导数的灰度曲线上叠加波动的噪声，不能很好地分辨出边缘信息。在图 8-17 的最后一个图中已经不能分

190

辨出二阶导数的正分量和负分量,而两个分量正是图像的边缘信息。图 8-17 中添加的噪声在人眼视觉上微弱可见,但在第二列和第三列的导数灰度曲线中却产生了较严重的影响,说明二阶导数的抗噪声性能差,一阶导数次之。

【例 8-6】 图 8-18 所示为噪声对 Laplace 算子模板提取边缘影响的实例。

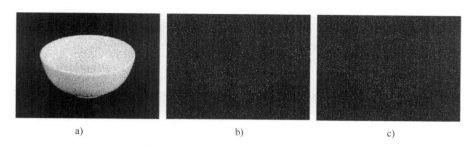

a)   b)   c)

图 8-18 噪声对 Laplace 算子模板提取边缘影响的实例

a)被均值为 0、方差为 0.01 的高斯噪声污染后的图像   b)使用 4 邻域算子检测得到的结果
c)使用 8 邻域算子检测得到的结果

分析:从图 8-18b、c 可以看出,不论是 4 邻域还是 8 邻域的 Laplace 算子模板,对噪声污染都很敏感,抗噪声能力很弱,对添加噪声的原图像进行二阶 Laplace 算子边缘检测不能有效地提取出边缘信息。

5. LoG 算子

利用导数算子对存在噪声的图像进行边缘检测时,可能出现把噪声当作边缘点检测出来,真正的边缘点被噪声淹没而未检出的情况。为了避免这一现象发生,可以采用 LoG(Laplace of Gauss)算子进行检测。LoG 算子是噪声可控的 Laplace 算子,克服了 Laplace 算子抗噪声能力弱的缺点。LoG 算子先对图像进行平滑处理以降低噪声,再利用二阶导数算子进行边缘检测。LoG 算子把高斯(Gauss)平滑滤波器和拉普拉斯(Laplace)算子结合起来进行边缘检测。

LoG 算子的实现可以分成以下 3 个步骤:

1)用一个二维高斯平滑滤波器与原图像进行卷积,既平滑图像又降低噪声,孤立的噪声点和较小的结构将会被滤除。

2)计算卷积之后图像的 Laplace 值。

3)检测 Laplace 算子运算后图像中大于某阈值 T 的零交叉点是否为边缘点,由于平滑会导致边缘的延展,因此只考虑具有局部梯度最大值的点作为边缘点。此操作的目的是避免检测出非显著的边缘。

图 8-19 为常用的 LoG 算子 5×5 邻域模板。该模板的特点是有一个正的中心项,周围被一个相邻的负值区域所包围,负值随原点的远离程度而减小,并被一个 0 值的外围区域所包围。模板系数的总和为 0,以保证图像中灰度值不变的平坦区域模板的运算结果为 0。LoG 算子的模板不是唯一的,其他尺寸的模板根据定义可以被构造出来。模板构造时需要确保所有系数的和为 0,这样卷积的结果在均匀区域的运算结果才能为 0。

6. Canny 算子

之前提到的算子没有充分利用边缘的梯度方向,并且只是利用单阈值进行处理。Canny

0	0	–1	0	0
0	–1	–2	–1	0
–1	–2	16	–2	–1
0	–1	–2	–1	0
0	0	–1	0	0

图 8-19 常用的 LoG 算子 5×5 邻域模板

算子可对 Sobel、Prewitt 等算子效果进行进一步细化和更加准确的定位。Canny 算子能在噪声抑制、边缘检测之间寻求较好的平衡，其表达式近似于高斯函数的一阶导数。Canny 算子对受加性噪声影响的边缘检测的结果是最优的。从效果上来说，Canny 算子基于 3 个基本目标：

1）低错误率，所有边缘都应被找到，且没有伪响应。

2）边缘点应该被很好地定位，已定位的边缘必须尽可能接近真实边缘。

3）单一的边缘点响应，仅存在一个单一边缘点的位置，检测结果不会指出多个像素边缘。

Canny 算子的本质是用数学模型表达上面提到的 3 个目标，步骤如下：

1）对输入图像进行高斯平滑，降低错误率。

2）计算梯度幅度和方向来估计每一点处的边缘强度与方向，可选用的模板有 Sobel 算子、Prewitt 算子、Roberts 算子等。

3）沿着梯度方向对梯度幅值进行非极大值抑制，对用 Sobel、Prewitt 等算子计算的结果进一步细化。非极大值抑制为沿着垂直、水平、+45°、–45°的梯度方向，比较中心像素 a_5 的邻域内各像素点算子计算结果的大小。图 8-20 所示为 3×3 邻域模板的梯度方向，在图像的每一点上，中心像素与沿着对应梯度方向的两个像素相比，若中心像素为最大值，则保留中心像素值，否则将中心像素置 0，这样可以抑制非极大值，保留局部梯度最大的点，得到细化的边缘。

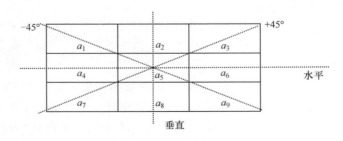

图 8-20 3×3 邻域模板的梯度方向

4）用双阈值处理和连接边缘。首先，选取高阈值（TH）和低阈值（TL），比值为 2：1 或 3：1。其次，将结果中小于低阈值的点抛弃，赋 0 值；将结果中大于高阈值的点确定为边缘点，赋 1 值或 255 值。最后，结果在高阈值和低阈值之间的点使用 8 连通区域确定。只有与高阈值点 8 连通时才会被接收，成为边缘点，此时赋灰度值 1 或灰度值 255。

【例 8-7】　使用各种算子模板（包括 Laplace、LoG、Canny 算子）对电路板图像进行边缘检测，对各种算子的特点进行分析，如图 8-21 所示。

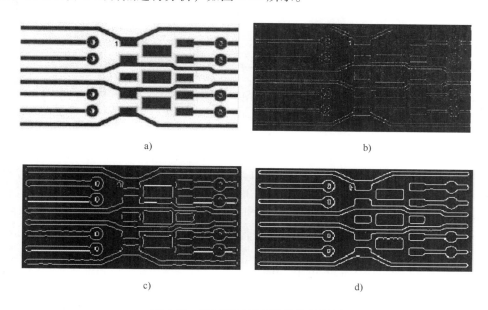

a)　　　　　　　　　　　　　　　　　　　　b)

c)　　　　　　　　　　　　　　　　　　　　d)

图 8-21　使用算子模板进行边缘检测

a）原图像　b）Laplace 算子模板检测结果　c）LoG 算子模板检测结果　d）Canny 算子模板检测结果

分析：从图 8-21b 可以看出，Laplace 算子提取到的边界细节不连续，且容易产生双边缘信息，使用 Laplace 8 邻域算子检测的边缘信息较多，但具有明显的双像素宽的边缘。从图 8-21c 可以看出，LoG 算子进行边缘提取得到的边缘信息更加丰富，对边缘的定位也更加准确，但提取的边缘信息不完整。从图 8-21d 可以看出，Canny 算子考虑了梯度方向，效果较好。相比较于 LoG 算子，Canny 算子提取的边缘闭合性更强，检测到的边缘信息更丰富，同时边缘的定位也更准确。

7. 各种边缘检测性能对比

对上述例子中采用 Roberts、Sobel、Prewitt、Laplace、LoG、Canny 算子对图像进行边缘提取所得的边缘结果进行总结，可以得到表 8-1 中的结论。

表 8-1　各种边缘检测算子的原理和特点对比

算子名称	算子原理	算子特点
Roberts 算子	采用对角方向的相邻两个像素之差作为结果	边缘定位较准确，对噪声敏感
Sobel 算子	先做加权平滑处理，后做差分运算	对灰度渐变和噪声较多的图像处理效果较好，对边缘定位较准确
Prewitt 算子	先做加权平滑处理，后做差分运算	对灰度渐变和噪声较多的图像处理效果好

（续）

算子名称	算子原理	算子特点
Laplace 算子	不依赖于边缘方向的二阶差分算子	对图像中的阶跃型边缘定位准确；容易丢失部分边缘方向信息，抗噪声能力较差
LoG 算子	先用高斯函数平滑滤波，后使用 Laplace 算子检测边缘	克服了 Laplace 算子抗噪声能力较差的缺点
Canny 算子	其表达式近似于高斯函数的一阶导数	不容易受噪声的干扰，能够检测到真正的弱边缘

根据表 8-1，按照算子特点选用适合的算子进行边缘提取，可以得到较好的效果。

8.2.5 霍夫（Hough）变换

边缘检测算子提取出图像的边缘信息，可能是离散的点，而不是真正的连续的边缘，需要通过霍夫（Hough）变换将候选的边缘点连接成封闭的边缘。边缘检测分为两个阶段：第一阶段是边缘像素点的检测；第二阶段是将检测出来的边缘像素点连接成边缘线。第一阶段的边缘像素点的检测可通过边缘检测算子得到；第二阶段可通过 Hough 变换得到，Hough 变换是判断像素点是否位于指定形状直线（或曲线）上的方法。边缘像素点集连接成边缘线如图 8-22 所示。

霍夫（Hough）于 1962 年提出了一种方法，通常称为霍夫（Hough）变换，是可以通过小计算量解决点的集合是否位于指定形状直线（或曲线）上的方法。这里考虑 xy 平面上的一点为 (x_i, y_i) 和形式为 $y_i = ax_i + b$ 的一条直线。通过点 (x_i, y_i) 的直线有无数条，且对于 a 和 b 的不同值，它们都满足方程 $y_i = ax_i + b$。将直角坐标系变

图 8-22　边缘像素点集连接成边缘线

换到极坐标系，一个空间（直角坐标）中的直线簇（通过某一点的一簇直线）映射到另一个坐标空间（极坐标）形成一条曲线，极坐标上的多条曲线（即多个直线簇）相交于一个峰值交点，峰值交点转换回直角坐标中为一条直线。这样操作可以把检测点的集合是否在一条直线的问题转化为统计峰值交点问题。斜率为 a 的直线（包括斜率 a 趋近于无穷大），用极坐标表示为 $\rho = x\cos\theta + y\sin\theta$。

xy 坐标空间转换到 $\rho\theta$ 坐标空间，直线和点的以下关系可以确定待检测像素点是否在一条直线上：

1）坐标空间中的一条经过点 (x_i, y_i) 的直线 $y_i = ax_i + b$ 映射在 $\rho\theta$ 坐标空间为一个点 (ρ, θ)，如图 8-23 所示。

2）xy 坐标空间中经过点 (x_i, y_i) 的多条直线构成直线簇 $y_i = ax_i + b$，映射到 $\rho\theta$ 坐标空间为一条正弦曲线 $\rho = x\cos\theta + y\sin\theta$，如图 8-24 所示。

3）xy 坐标空间中一条直线上的多个共线点映射为 $\rho\theta$ 坐标空间中相交于一点的多条正弦曲线，而相交的点即为 xy 坐标空间中对应的直线。图 8-25 所示为共线点对应极坐标中相交于一点的多条曲线。图 8-25a 中，已知 3 个边缘点 a、b、c，求通过这 3 个边缘点的一条边缘直线（图中最粗的直线），需要将分别通过 a、b、c 这 3 个点的直线簇（虚线表示）在极

坐标中表示出来；图 8-25b 中，A、B、C 是过 a、b、c 这 3 个点的直线簇在极坐标中的表示，为 3 条正弦曲线；正弦曲线相交最多的一点（箭头所指）的极坐标值转换回 xy 坐标空间，为通过 a、b、c 这 3 个点的一条直线。

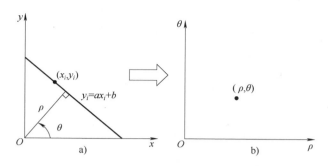

图 8-23　一条直线对应极坐标中一点

a）直角坐标系中过点 (x_i, y_i) 的一条直线　b）直线映射为极坐标中的一点

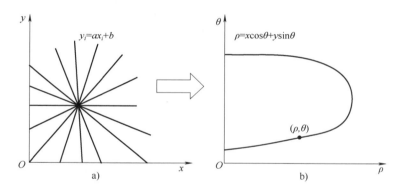

图 8-24　多条经过一点的直线对应极坐标中的一条曲线

a）xy 空间中经过点 (x_i, y_i) 的直线簇　b）在 $\rho\theta$ 空间中映射为一条正弦曲线

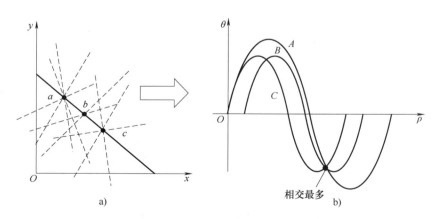

图 8-25　共线点对应极坐标中相交于一点的多条曲线

a）xy 坐标空间共线点　b）$\rho\theta$ 坐标空间相交于一点的多条曲线

Hough 变换检测直线的原理：检测通过多个点的直线，可转换为极坐标中正弦曲线相交最多的峰值点，该峰值点即为 xy 坐标空间中的所求直线。

【例 8-8】 如图 8-26 所示，利用人工图像对 Hough 变换进行直线检测，对 Hough 变换的性质进行分析。

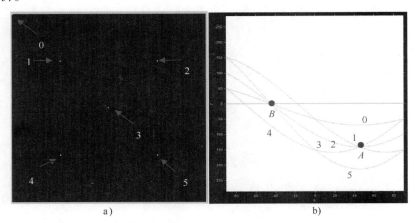

图 8-26 Hough 变换进行直线检测

a）人工图像有 6 个白色的前景点 b）对应的极坐标空间（反色后）

分析：对图 8-26a 中人工图像的 6 个白色前景点进行编号，编号为 0 ~ 5。图 8-26b 为对图 8-26a 中的白色前景点进行 Hough 变换的结果，图 8-26b 中的每条编号曲线都对应着图 8-26a 中通过对应编号点的一簇直线。图 8-26b 中，曲线相交的 A 点和 B 点说明了 Hough 变换的共线的性质。A 点表示通过 2、3、4 点的一条直线，这条直线 $\rho = 125$，$\theta = 45°$。B 点表示通过 0、1、3、5 点的一条直线，这条直线 $\rho = 0$，$\theta = -45°$。

【例 8-9】 如图 8-27 所示，使用 Hough 变换进行边缘的直线连接，用于提取车道线。

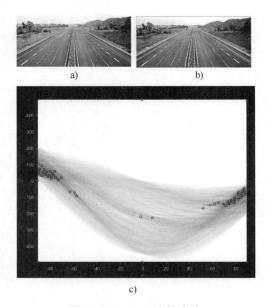

图 8-27 Hough 变换直线

a）原图像 b）Hough 变换后提取的车道线 c）极坐标中的曲线（反色后的结果）

　　分析： 图 8-27a 所示为一幅俯拍机动车道路图像。本例的目标是利用 Hough 变换提取车道线，求解这一问题对导航、无人驾驶等应用具有现实意义。原图像通过 Canny 算子进行边缘提取，得到的边缘信息变换到极坐标（Hough 参数空间），得到的曲线如图 8-27c 所示，对曲线中相交最多的前 50 个点进行标记，最后将相交最多的 50 个点转换回 xy 坐标空间。图 8-27b 中，连接提取后的边缘信息中的最长直线，叠加在原图中显示。这些直线通过连接不超过总图像高度 20% 的所有边缘直线的间隙得到，这些直线清晰地对应着感兴趣的车道线。

8.3　基于阈值的分割方法

8.3.1　阈值分割的原理与分类

　　8.2 节提到的图像分割算法为边缘检测类算法，其依据是图像边缘灰度的不连续性准则。本节介绍的阈值分割方法的依据是图像同一个区域灰度值或者灰度值的性质具有相似性，阈值分割根据灰度值或者灰度值的性质将图像划分成多个区域。阈值分割法用一个或几个阈值将图像的直方图分成几类。像素点属于同一个类的判断标准是像素点的灰度值属于同一个灰度类。阈值分割是指分割图像时，根据阈值将大于阈值和小于阈值的灰度级分成几类，如图 8-28 中的 T、T_1、T_2 所示。

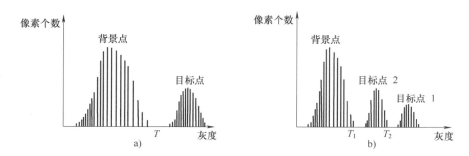

图 8-28　单阈值分割与双阈值分割的灰度直方图

a）单阈值分割　b）双阈值分割

　　假设一副图像 $f(x,y)$ 中的灰度直方图如图 8-28a 所示，该图像由暗背景和亮目标组成，暗背景和亮目标所具有的灰度值组合成了两种直方图模式。将背景和目标分割的一种简单方法是选择一个将这两个模式分开的阈值 T。$f(x,y)>T$ 的任何点 (x,y) 称为前景点，分割后的输出图像 $g(x,y)$ 赋值为 1（图像中显示为白色）；否则该点称为背景点，分割后的输出图像 $g(x,y)$ 赋值为 0（图像中显示为黑色）。分割后的图像 $g(x,y)$ 由下式给出：

$$g(x,y)=\begin{cases}1, & f(x,y)>T \\ 0, & f(x,y)\leq T\end{cases} \tag{8-14}$$

　　图 8-28b 所示为一种更复杂的阈值分割问题，两类亮目标和一类暗背景所具有的灰度值组合成了 3 种直方图模式。$f(x,y)\leq T_1$ 的点称为背景点；$f(x,y)>T_2$ 的点称为目标点 1，$T_1<f(x,y)\leq T_2$ 的点称为目标点 2，图像 $g(x,y)$ 由下式给出：

$$g(x,y)=\begin{cases}a, & f(x,y)>T_2 \\ b, & T_1<f(x,y)\leqslant T_2 \\ c, & f(x,y)\leqslant T_1\end{cases} \qquad (8\text{-}15)$$

阈值分割方法可以分为全局阈值分割和局部阈值（或者称为可变阈值）分割。当根据整幅图像的灰度信息选取常数阈值 T 时，称为全局阈值分割处理。当根据像素的灰度信息和像素周围局部性质分成不同的区域，且各个区域选取不同的阈值 T 时，称为局部阈值分割处理。

8.3.2 全局阈值分割

1. 基本全局阈值法

基本全局阈值法是指整个图像中的目标和背景像素点在灰度值上有较大差异的假定下进行的图像分割方法。下面描述对图像产生全局阈值的迭代算法：

1）选择一个初始值 T_0，作为全局阈值的初值。

2）用阈值 T_0 对图像进行分割。根据图像像素的灰度值，可以将图像分割为两部分，灰度值大于 T_0 的图像区域 G_1 和灰度值小于或等于 T_0 的图像区域 G_2。

3）分别计算 G_1 和 G_2 的灰度值均值 μ_1 和 μ_2。

4）计算新的阈值 $T=\dfrac{\mu_1+\mu_2}{2}$。

5）重复步骤2）、3）、4），直到连续两次计算得到 T 的差值小于预先设定的值 ΔT，从而完成阈值的迭代计算，利用式（8-14）分割图像。注意：目标和背景在灰度直方图上存在较大的差异时，即图像灰度直方图呈双峰且双峰间有明显波谷时，算法有效。ΔT 用于设置迭代运算的停止条件，在两次相邻的迭代运算得到的阈值变化不大时停止。初始阈值 T_0 需要满足 $f_{min}<T_0<f_{max}$，f_{min}、f_{max} 分别为图像像素的最小灰度值和最大灰度值。初始阈值 T_0 最好选择 $T_0=\dfrac{1}{2}(f_{min}+f_{max})$。

【例8-10】 如图8-29所示，利用基本全局阈值法对米粒图像进行分割。

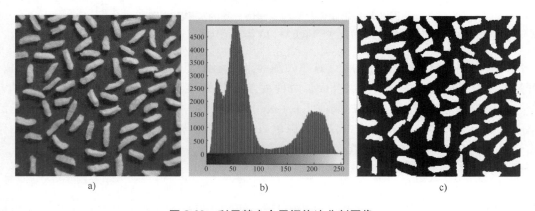

图8-29 利用基本全局阈值法分割图像

a）原图像　b）图像的灰度直方图　c）基本全局阈值分割结果

分析：使用基本全局阈值迭代算法进行阈值分割。从图 8-29b 可看出，直方图存在明显的双峰和一个波谷。令初始阈值 $T_0 = \dfrac{1}{2}(f_{\min} + f_{\max})$，进行迭代，最后得到阈值为 $T = 124$，图 8-29c 为进行分割之后的结果，可以看出目标米粒已经和背景完美地分割开，此时的结果可以使用第 7 章中的方法进行处理，通过提取连通域并标记连通域的方法得到图像中米粒的计数。

2. 最大类间方差法——Otsu 方法（又称为大津法）（选学）

基本全局阈值法通过多次迭代的方法计算出最佳阈值；而最大类间方差法从统计学意义上寻找图像阈值分割后区域之间最大的方差，以确定最佳阈值。在图像中，某个图像区域内的灰度值的方差越小，说明该区域的像素点灰度值越接近，有较大可能属于同一属性的区域。方差是表征数据分布不均衡性的统计量，它反映了数据的分散程度（偏离均值的程度，这里的均值指的是平均灰度值）。最大类间方差法的基本原理就是将待分割图像看作由两类组成：一类是目标，另一类则是背景。该方法用方差来衡量目标和背景之间的差别，将目标组和背景组方差最大的灰度级作为最佳阈值。具体步骤为：

1）计算输入图像的归一化直方图，使用 p_i 表示该直方图的各分量，即各灰度级的概率，整个图像的平均灰度为

$$m(k) = \sum_{i=0}^{L-1} ip_i \tag{8-16}$$

2）选择一个阈值 T 将图像分成 C_1 和 C_2 两类，灰度值在 $[0,k]$ 之间的像素组成 C_1，灰度值在 $[k+1,L-1]$ 之间的像素组成 C_2，可以得到图像中的某个像素点被分到 C_1 的概率为

$$P_1(k) = \sum_{i=0}^{k} p_i \tag{8-17}$$

同理，图像中的某个像素点被分到 C_2 的概率为

$$P_2(k) = \sum_{i=k+1}^{L-1} p_i = 1 - P_1(k) \tag{8-18}$$

根据贝叶斯公式，C_1 类的平均灰度为

$$m_1(k) = \sum_{i=0}^{k} iP(i/c_1) = \sum_{i=0}^{k} iP(c_1/i)P(i)/P(c_1)$$
$$= \frac{1}{P_1(k)} \sum_{i=0}^{k} iP_i \tag{8-19}$$

同理，可得 C_2 类的平均灰度为

$$m_2(k) = \frac{1}{P_2(k)} \sum_{i=k+1}^{L-1} ip_i \tag{8-20}$$

整个图像的平均灰度为

$$m_G = \sum_{i=0}^{L-1} ip_i \tag{8-21}$$

3）求出图像的全局方差（即图像中所有像素的灰度方差）σ_G^2 和 C_1、C_2 类间方差 σ_B^2，以及评价使用阈值 T 在 k 处进行分割后的"质量"好坏的测度 η，有

$$\sigma_G^2 = \sum_{i=0}^{L-1} (i-m_G)^2 p_i \tag{8-22}$$

$$\sigma_B^2 = P_1(m_1-m_G)^2 + P_2(m_2-m_G)^2 \tag{8-23}$$

$$\eta(k) = \frac{\sigma_B^2(k)}{\sigma_G^2} \tag{8-24}$$

分割的本质是调整阈值 T 使得 k 值处的测度 η 最大。从式（8-22）可以看出，全局方差 σ_G^2 是一个常数，因此最大化测度 η 等价于最大化 σ_B^2。从而得出两个类的类间方差越大，类间差别越大，分割"质量"越好。

4）计算 σ_B^2 最大时的 k 值，得到阈值 k^*；如果极大值不唯一，那么取各极大值对应的各 k 值的平均值以得到 k^*。

5）用式（8-22）计算全局方差，然后令 $k=k^*$ 计算式（8-24），得到测度 η^*。

此外，最大类间方差法还可以推广到多阈值处理的情况，对于由 3 个灰度区间组成的 3 个类，需要两个阈值进行分割，找到两个最优阈值 k_1^* 和 k_2^*，使得最大类间方差 $\sigma_B^2(k_1,k_2)$ 最大。

【例 8-11】 如图 8-30 所示，使用基本全局阈值法和最大类间方差法对细胞图像进行阈值分割。

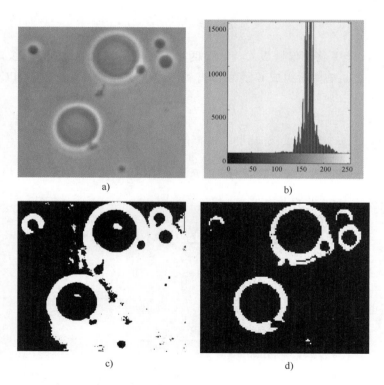

图 8-30 使用基本全局阈值法和最大类间方差法进行阈值分割

a）原图像 b）图像的灰度直方图

c）基本全局阈值法阈值分割的结果 d）最大类间方差法阈值分割的结果

分析：可以看到，图像的灰度直方图呈现出单峰状态，因此并不适合使用灰度直方图双峰法来获取分割阈值。如果使用基本全局阈值法进行分割，则会出现分割不准确的结果，如图 8-30c 所示。最大类间方差法可以很好地分离背景和目标，如图 8-30d 所示。基本全局阈值法计算的阈值是 169，最大类间方差法计算的阈值为 182，后者更接近图像中细胞的较亮灰度值区域，可将细胞的外轮廓完全与背景区域分开，可分离测度 $\eta^* = 0.467$。

【例 8-12】 如图 8-31 所示，利用双阈值最大类间方差法对茶杯图像进行阈值分割。

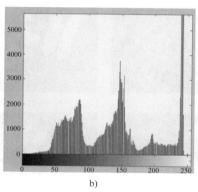

a) b) c)

图 8-31 利用双阈值最大类间方差法进行阈值分割

a）原图像 b）图像的灰度直方图 c）双阈值最大类间方差法分割的结果

分析：如图 8-31c 所示，陶瓷容器的外表面、内表面和背景被双阈值很好地分割开，此时阈值 T_1 为 107，阈值 T_2 为 187。

8.3.3 局部阈值分割

8.3.2 小节对整幅图像寻找最优阈值，将图像分为目标和背景区域。这类方法会产生一些问题，例如，当图像存在光照不均匀的情况、图像中有不同的阴影、各个区域的对比度不同时，只用固定的全局阈值对整幅图像进行分割，不能兼顾图像各处的情况，使分割变得不准确。此时，可以使用更为复杂的局部阈值法进行阈值分割。事实上，图像像素点之间存在很强的相关性。在确定阈值时，除需考虑当前像素点的灰度值外，还需考虑其与邻近像素点之间的关系，这样就有可能获得更加科学的分割阈值结果。

局部阈值分割指随着图像中位置的变化，用一组不同的阈值对图像进行分割，使得这些阈值在图像的局部区域内获得良好的分割结果。局部阈值分割的基本步骤如下：

1）将图像分解成每个像素点的邻域 S_{xy}，邻域内的光照都是近似均匀的，对阈值分割的影响较小。

2）采用邻域中像素的方差 σ_{xy} 和均值 m_{xy} 等统计特性来确定邻域的阈值 T_{xy}，公式为

$$T_{xy} = a\sigma_{xy} + bm_{xy} \tag{8-25}$$

式中，a 和 b 是非负常数，且

$$T_{xy} = a\sigma_{xy} + bm_G \tag{8-26}$$

式中，m_G 为全局图像均值。

3）用每个像素的邻域 S_{xy} 阈值 T_{xy} 对图像分割可以获得分割后的图像。

$$g(x,y) = \begin{cases} 1, & f(x,y) > T_{xy} \\ 0, & f(x,y) \leqslant T_{xy} \end{cases} \qquad (8\text{-}27)$$

【例 8-13】 如图 8-32 所示，利用局部阈值分割法将酵母细胞图像进行阈值分割。

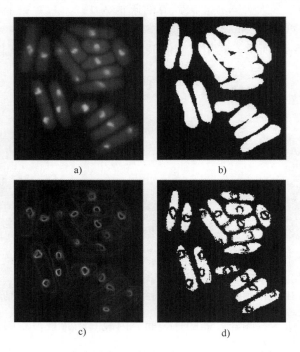

a) b) c) d)

图 8-32 利用局部阈值分割法进行阈值分割

a）酵母的原图像 b）最大类间方差法分割的结果

c）局部标准差图像 d）局部阈值分割法分割的结果

分析： 图 8-32a 中，酵母图像中有 3 个主要的灰度级：细胞区域、细胞核与背景。图 8-32b 中，利用最大类间方差法可以分割出背景和细胞，但细胞核不能分离。利用大小为 3×3 的邻域计算局部方差 σ_{xy} 图像，如图 8-32c 所示。再计算全局图像均值 m_G，利用式（8-26）确定阈值 T_{xy}。利用式（8-27）对图像进行分割，得到用局部阈值处理的结果。如图 8-32d 所示，正确地分割了所有区域，包括较亮的细胞核内部。

对于局部阈值分割，虽然时间复杂度和空间复杂度较大，但抗噪声的能力较强，对采用全局阈值不容易分割的图像有较好的效果。由于每个像素的分割阈值都取决于像素在图像中的位置，阈值分割后，在相邻区域之间的边界处会由于区域划分的问题而产生灰度级不连续的情况，此问题可以通过图像平滑进行解决。

8.4 基于区域提取的分割方法

图像分割的目的是将一幅图像划分为多个区域。8.2 节介绍了基于灰度值不连续性的边缘检测。8.3 节介绍了以像素分布特性（如灰度值）为基础进行图像阈值分割的技术。本节讨论以直接寻找区域为基础的图像分割技术。

8.4.1　区域生长

区域生长是根据预先设定的生长准则，将像素或者子区域组合成更大区域的过程。从一组像素点组成的"种子点"开始，利用预先设定好的相似度准则（如灰度、颜色相似），将与"种子点"相似的邻域像素点加入"种子点"组成的区域中，以满足"生长"这一过程。将具有相似性质的像素集合起来以构成区域，生长过程如下：

1）确定图像中需要分割的区域的数量，对每个需要分割的区域找一个种子像素作为生长的起点（即"种子点"），"种子点"可以随区域的生长而变化，也可以设定一个固定的值。"种子点"的选取应根据具体问题的特点进行。

2）将"种子点"邻域中与"种子点"有相同或相似性质的像素点（根据某些事先确定的生长或相似准则来判定）合并到"种子点"所在的区域中。相似性准则可以描述为如下关系：

$$|f(x,y)-f(i,j)| \leqslant T \tag{8-28}$$

式中，$f(x,y)$是等待"生长"的点(x,y)的某种属性值，此点必须是"种子点"的邻域点；$f(i,j)$为"种子点"（或是已经"生长"合并的区域）的某种属性；T是相似性的阈值。这里的某种属性可以是灰度值属性，也可以是区域的灰度分布属性等。

3）将这些新像素点当作新的"种子点"继续进行1）、2）的过程，直到不满足相似性准则时停止生长。相似性准则中的阈值T可以是确定的值，也可以是随生长变化的值。

图8-33为区域生长原理示意图。图8-33a为初始情形，数值表示该像素点的灰度值，有4个区域，用不同底纹来表示。图8-33b为阈值$T=1$时，生长出来3个区域。图8-33c为阈值$T=2$时，生长出来2个区域。图8-33d为阈值$T=3$时，生长出来1个区域。

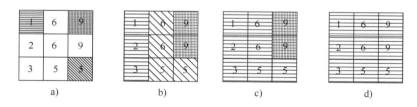

图 8-33　区域生长原理示意图
a）初始情形　b）$T=1$　c）$T=2$　d）$T=3$

区域生长的一个关键是选择合适的生长准则，大部分区域生长准则使用图像的局部性质确定，使用不同的生长准则会影响生长的过程。

【例 8-14】　图8-34为利用区域生长法将陶瓷地砖图像中的裂纹通过区域生长进行图像分割的实例。

分析：利用区域生长方法，可以将陶瓷地砖中的裂纹区域与无裂纹的区域进行分割，此方法可以定位裂纹位置，用于自动缺陷检测。从图8-34d可发现，可以将裂纹目标与背景完全分割。本例中的区域生长过程为：首先，选择一个"种子点"，并且将该"种子点"的灰度值作为初始区域的灰度均值；其次，将当前"种子点"的4邻域像素点归入为"待判别"像素点；再次，进行相似性准则判断，计算"待判别"像素点的灰度值和区域灰度均值之差的绝对值，如果得到的绝对值小于规定的阈值T，则将旧的"种子点"标记为已经分割好

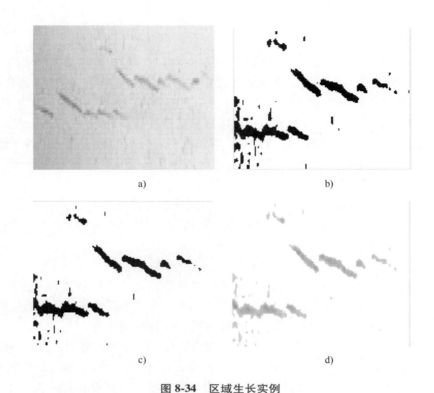

图 8-34 区域生长实例

a）原图像   b）区域生长后的图像   c）对图 8-34b 进行形态学孔洞填充之后的图像

d）将图 8-34c 与原图像叠加后的结果

的区域像素点，将 $i(x,y)$ 当作新的种子点，继续进行生长。

区域生长方式的优点是计算简单。但区域生长的缺点也比较明显：一方面，需要人工交互以获得"种子点"，使用者必须在每个需要提取出的区域中植入一个"种子点"；另一方面，区域生长对噪声敏感，会导致提取出的区域有孔洞的情况，可以利用形态学技术将分开的区域连接起来。

8.4.2 区域分裂与合并

8.4.1 小节提到了利用"种子点"来进行区域生长的方法，该方法影响分割结果的关键就是对"种子点"的选取，根据先验知识来选取"种子点"可以获得良好的区域生长效果。然而对于无法获得先验知识的分割问题，进行区域生长就会有困难。区域分裂与合并法无须预先指定"种子点"，可按某种一致性准则分裂或者合并区域。图 8-35 所示为区域分裂与合并算法的过程。

1）确定进行分裂时使用的分裂准则和进行合并时使用的相似性准则。利用分裂准则把整个图像分为若干个子区域，一般每次分裂都将图像或者子区域分为 4 个象限。

2）利用分裂准则对每个子区域进行检测，当某个子区域符合分裂准则时就将该子区域分裂成 4 个更小的子区域，如图 8-35b 所示。

3）将 1）、2）过程重复进行，当分裂到不能再分时，分裂结束。

4）查找相邻子区域是否符合相似性准则，当相邻的子区域满足相似性准则时就将它们进行合并，直至所有区域不再满足分裂与合并的条件为止，如图 8-35c 所示。

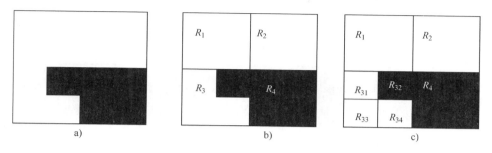

图 8-35　区域分裂与合并的过程

a）初始图像　b）第一次分割后　c）第二次分割后

使用区域分裂与合并方法时，可以先进行分裂运算，再进行合并运算；也可以将分裂运算和合并运算同时进行，经过连续地分裂和合并，最后得到图像的精确分割效果。

【例 8-15】　如图 8-36 所示，利用区域分裂与合并法对陶瓷茶杯图像进行分割。

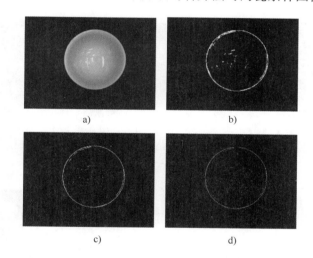

图 8-36　区域分裂与合并的实例

a）原图像　b）分裂最小子区域为 8×8

c）分裂最小子区域为 4×4　d）分裂最小子区域为 2×2

分析：图 8-36a 所示为一个陶瓷茶杯的灰度图像，目标是分割出陶瓷茶杯的边缘，为后续检测圆度做准备。茶杯边缘区域的平均亮度（用灰度均值表征）比背景平均亮度（灰度均值接近 0）大，但茶杯边缘区域的平均亮度比茶杯内部中心区域的平均亮度小，可以根据此特性分割感兴趣的区域。从此实例中可以看出，分裂最小子区域为 2×2 时，可以得到仅仅包含茶杯边缘信息的图像。

区域生长和区域分裂与合并从算法原理而言是相辅相成的。区域分裂到极致就可分裂为单一像素点，然后按照一定的准则进行合并，在一定程度上可以认为是单一像素点的区域生长方法。区域生长比区域分裂与合并缩短了分裂的过程。区域分裂与合并的方法通过反复拆分和聚合以实现分割，可以在较大的一个相似区域基础上再进行相似合并。区域生长通常需要从单一像素点出发进行生长。区域分裂与合并算法的优点是不需要预先指定"种子点"，对于分割复杂的场景图像比较有效。

<table><tr><td>8.5</td></tr></table> **形态学分水岭算法分割图像**

与之前介绍的以寻找区域间的边界为目标的图像分割方法不同，分水岭算法（Watershed）可直接构造区域，从而实现图像分割。分水岭算法是一种数学形态学分割算法。分水岭算法的思想来源于地形学，将图像看作地形学上被水覆盖的自然地貌，图像中的每一像素点的灰度值表示该点的"海拔高度"，每一个局部极小值及其影响区域称为"集水盆地"，两个集水盆地的边界则为分水岭。

可以通过模拟"溢流"的过程描述分水岭变换：在各极小值区域的表面打一个小孔，同时让泉水从小孔中涌出，并慢慢淹没极小值区域周围的区域，那么各极小值区域波及的范围即是相应的集水盆地。不同区域的水流相遇时的界限就是期望得到的分水岭。

【例8-16】 如图8-37所示为分水岭算法模拟"溢流"的过程。

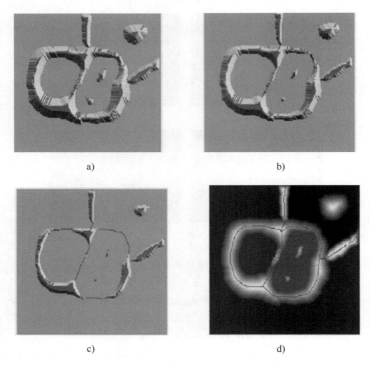

a)   b)

c)   d)

图8-37　分水岭算法模拟"溢流"的过程
a）初始状态　b）水从各极小值区域的表面涌出过程
c）不同区域的水流相遇前的界限情况　d）得到的分水岭分割图像

分析：图8-37a所示为初始状态；图8-37b所示为水从各极小值区域的表面涌出，并慢慢淹没极小值周围的区域；图8-37c所示为不同区域的水流相遇时的界限情况，仅剩单像素区域；图8-37d所示为期望得到的分水岭分割图像，标记分割的区域。

图 8-38 所示为分水岭算法图像"盆地"的剖面图，盆地中可以是最小值的像素点，也可以是最小值平面，两个盆地之间的边缘点为要求的分水岭。分水岭算法利用膨胀运算进行分水岭的构建。分水岭算法将原图像转换成一个标记图像，其中，所有属于同一集水盆的点均被赋予同一个标记，并用一个特殊标记来标识分水岭上的点。

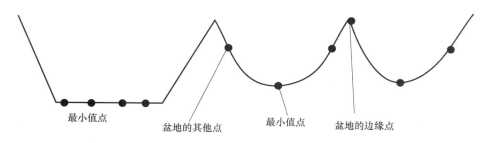

最小值点　　　　　　盆地的其他点　　　　最小值点　　　　盆地的边缘点

图 8-38 分水岭算法图像"盆地"的剖面图

在真实图像中，由于噪声点或者其他干扰因素的存在，使得分水岭算法常常出现过度分割的现象。为了解决过度分割的问题，提出了基于标记（Mark）图像的分水岭算法，就是通过先验知识来指导分水岭算法，以便获得更好的图像分割效果。标记图像在某个区域定义了一个灰度级，在这个区域的"洪水淹没"过程中，水平面都是从定义的灰度级（高度）开始的，这样可以避免一些很小的噪声导致的极小值区域分割。

【例 8-17】 如图 8-39 所示，利用简单分水岭算法和标记图像的分水岭算法分割图像。

a)　　　　　　　　　　b)　　　　　　　　　　c)

图 8-39 利用简单分水岭算法和标记图像的分水岭算法分割图像

a）原图像　b）简单分水岭算法过度分割后的图像　c）标记图像的分水岭算法分割后的图像

分析：从图 8-39b 可以看出，对图像利用简单分水岭算法可造成过度分割，这样不能正确分割出目标和背景。如图 8-39c 所示，使用标记图像的分水岭算法可以正确地分割图像。改进算法的优势在于，使用先验知识定义了一个较高的灰度值，引导算法分割。

8.6　其他分割算法（选学）

8.6.1　超像素的区域分割

超像素（Super-pixels）的区域分割在近些年的研究中较热门。超像素最直观的解释是：将具有相似纹理、颜色、亮度等特征的相邻像素构成有一定视觉意义的不规则像素块。利用像素之间特征的相似性将像素分组，用少量的超像素代替大量的像素来表达图片特征，这在很大程度上降低了图像后续处理的复杂度，通常作为分割算法的预处理步骤。超像素的区域分割优势有：一方面，减少了图像细节，提高分割算法性能；另一方面，可以剔除图像中的一些异常像素点。另外，超像素的区域分割适用于简化图像分析的场合，如图像数据库检索、自主导航、机器人的某些分支中，这些场合对各类别的近似表示是可以接受的；但有些场合不适用，如计算机医学诊断，这类应用中近似的表示都是不可接受的。常见的超像素的区域分割算法有 TurboPixel、SLIC、NCut、Graph-based、Watershed（Marker-based Watershed）、Meanshift 等。这里主要介绍 SLIC（Simple Linear Iterative Clustering 简单线性迭代聚类）算法，其他算法可以详见参考文献［46］～［48］中的描述。

SLIC 算法可将彩色图像转换为 Lab 颜色空间和 xy 坐标下的五维特征向量，对五维特征向量构造距离度量标准，对图像像素进行局部聚类。SLIC 算法能生成紧凑、近似均匀的超像素，在运算速度、物体轮廓保持、超像素形状等方面具有较高的综合评价，比较符合人们期望的分割效果。SLIC 算法实现的步骤如下：

1）初始化种子点（即聚类中心）按照设定的超像素个数在图像内均匀地分配种子点。假设图片总共有 N 个像素点，预分割为 K 个相同尺寸的超像素，那么每个超像素的大小为 N/K，则相邻种子点的距离（步长）近似为 $s=\sqrt{N/K}$。

2）在种子点的 $n \times n$ 邻域内重新选择种子点（一般取 $n=3$）。计算该邻域内所有像素点的梯度值，将种子点移到该邻域内梯度最小的地方。这样做是为了避免种子点落在梯度较大的轮廓边界上，以免影响后续聚类效果。由 8.2.4 小节可知，梯度较大的位置一般是物体的边界上。

3）在种子点的邻域内为像素点分配类标签（属于哪个聚类中心）。与标准的 K 均值（K-means）算法在整幅图中搜索不同，SLIC 的搜索范围限制为 $2S \times 2S$，可以加速算法收敛，如图 8-40 所示。注意：期望的超像素尺寸为 $S \times S$，但是搜索的范围是 $2S \times 2S$。

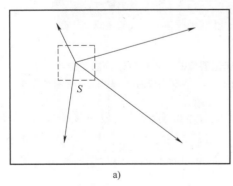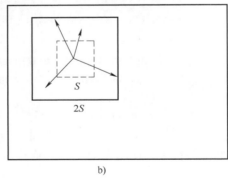

a)   b)

图 8-40　标准的 K-means 与 SLIC 算法搜索范围的比较

a）标准的 K-means 搜索整幅图像　b）SLIC 搜索一个限定区域

4）距离度量，包括颜色距离和空间距离。对于每个搜索到的像素点 $z=(r_j,g_j,b_j,x_j,y_j)^T$，计算它和该种子点 $m_i=(r_i,g_i,b_i,x_i,y_i)^T$ 的距离。计算方法为

$$d_c=\sqrt{(r_j-r_i)^2+(g_j-g_i)^2+(b_j-b_i)^2} \tag{8-29}$$

$$d_s = \sqrt{(x_j - x_i)^2 + (y_j - y_i)^2} \tag{8-30}$$

式中，d_c 代表颜色距离；d_s 代表空间距离。

d_{sm} 是属于同一类的类内空间距离最大期望值，定义为 $d_{sm} = s = \sqrt{N/K}$，适用于每个聚类。颜色距离最大期望值 d_{cm} 随图像和聚类的变化而取不同值，可以取一个固定常数 $d_{cm} = m$（取值范围为 [1,40]，一般取 10）代替。最终的复合距离为

$$D = \sqrt{(d_c / d_{cm})^2 + (d_s / d_{sm})^2} \tag{8-31}$$

由于每个像素点都会被多个种子点搜索到，所以每个像素点都会有一个与周围种子点的距离，取最小值对应的种子点作为该像素点的聚类中心。

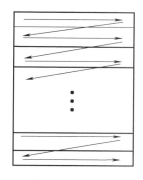

5）迭代优化。上述步骤不断迭代直到误差收敛（每个像素点聚类中心不再发生变化为止），实践发现，10 次迭代后，绝大部分图像都可得到较理想的效果，所以一般迭代次数取 10。

6）增强连通性。经过上述迭代优化可能出现以下瑕疵：出现多连通情况、超像素尺寸过小、单个超像素被切割成多个不连续超像素等。这些情况可以通过增强连通性解决。新建一张标记表，表内元素均为 -1，如图 8-41 所示，按照"Z"形走向（从左到右、从上到下的顺序）将不连续或者尺寸过小的超像素重新分配给邻近的超像素，遍历过的像素点分配给相应的标签，直到所有点遍历完毕为止。

图 8-41　标记表遍历分配像素

【例 8-18】　如图 8-42 所示，使用 SLIC 算法对图像进行超像素分割。

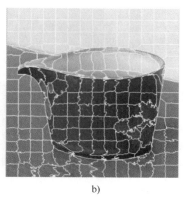

a)　　　　　　　　　　b)

图 8-42　使用 SLIC 算法对图像进行超像素分割

a）原图像　b）使用 SLIC 算法分割的结果

分析：本例中采用 200 个种子点（超像素的像素点）进行分割，原图像的大小为 500×500（250000）像素，通过超像素区域分割后，200 个超像素就能表示这幅图像，但会出现丢失大部分图像细节的问题。

SLIC 算法优点总结如下：

1）生成的超像素如同细胞一般紧凑整齐，邻域特征比较容易表达，基于像素的图像处理方法可以容易地改造为基于超像素的方法。

2）不仅可以分割彩色图，也可以分割灰度图。

3）需要设置的参数少，只需要设置一个预分割的超像素数量即可。

4）SLIC 算法在运行速度、生成超像素的紧凑度、轮廓保持方面都比较理想。

8.6.2 运动视频在分割中的运用

运动视频可以运用在图像分割中，从视频序列图像中将变化区域从背景图像中提取出来。运动区域的有效分割对于目标分类、特征提取、特征表达与最后的识别等后期处理是非常重要的。运动视频分割在机器人应用、自主导航与动态场景分析中的应用广泛。下面介绍经典运动视频中的图像分割算法——帧间差分法。帧间差分法是最常用的运动目标检测和分割方法之一，是基于运动视频中图像序列的相邻帧具有较强的相关性提出的检测方法。不同的两帧对应位置的像素点相减，当灰度差的绝对值超过一定阈值时，判断为运动目标，否则为背景图像，以此进行图像分割。有

$$g(x,y)=\begin{cases}1, & |f_{i+1}(x,y)-f_i(x,y)| >T \\ 0, & |f_{i+1}(x,y)-f_i(x,y)| \leqslant T\end{cases} \tag{8-32}$$

其中，$f_i(x,y)$ 为 t 时刻图像，$f_{i+1}(x,y)$ 为 $t+1$ 时刻图像。

【例 8-19】 如图 8-43 所示，使用帧间差分法分割背景和运动的目标。

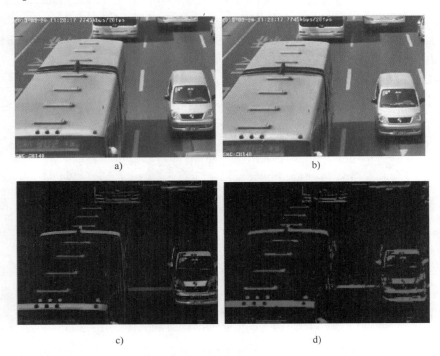

图 8-43 使用帧间差分法分割背景和运动的目标

a）某一帧图像 b）与图 8-43a 相邻的一帧图像

c）两帧图像对应像素灰度相减的结果 d）分割后的结果

分析：这里基于运动视频序列图像中的相邻两帧图像具有较强的相关性方法，相邻两帧对应的像素点相减，相减的结果如图 8-43c 所示。判断灰度差的绝对值，背景区域不变，在

差分结果图像中显示为黑色，运动目标差分结果显示为灰色。当差分结果的绝对值超过一定阈值时，判断为运动目标，如图 8-43d 所示，实现运动目标和背景的分割。

该方法的优点是算法实现简单，运行速度快，对场景光线变化不敏感。其缺点是会产生孔洞现象与重影现象；不能提取出运动对象的完整区域，仅能提取轮廓，算法效果严重依赖所选取的两帧图像的时间间隔和分割阈值。

如果物体灰度分布均匀，那么这种方法会造成目标重叠部分形成较大孔洞，严重时造成目标分割不连通，从而检测不到目标。目标运动太慢时会产生孔洞，而运动太快则会出现重影。

8.7　本章小结

本章对各种分割技术进行了简要的介绍。随着对图像分割技术的深入研究，图像分割已经在交通、医学、遥感、通信、军事、工业自动化、人工智能等领域得到广泛的应用。

本章的内容包括以下几个方面：

第一，介绍了图像处理中一阶、二阶导数的原理和意义，从点、线的检测入手，讲解边缘检测算法。

第二，介绍了常见的边缘检测算子，对各算子的性能做了比较分析。

Roberts 算子采用对角方向的相邻两个像素之差作为结果，对噪声敏感。Sobel 算子对灰度渐变和噪声较多的图像处理效果较好，对边缘定位较准确。Prewitt 算子对灰度渐变和噪声较多的图像处理效果较好。Laplace 算子对图像中的阶跃型边缘定位准确，但抗噪声能力较差。LoG 算子克服了二阶导数 Laplace 算子对噪声敏感的问题。Canny 算子不容易受噪声的干扰，能够检测到单像素边缘。在各种算子中，最有效的边缘检测方法是 Canny 算子。Canny 算子的优点在于使用两种不同的阈值分别检测强边缘和弱边缘，仅当弱边缘与强边缘相连时，才将弱边缘包含在输出图像中。Canny 算子更容易检测出真正的弱边缘。边缘检测效果在很大程度上取决于使用的算子，不同算子检测的效果也不同。

第三，为了解决检测得到的点如何连接成闭合的边缘线，介绍了霍夫（Hough）变换。

第四，介绍了基于阈值的分割，包括全局阈值分割和局部阈值分割。根据整幅图像的灰度信息选取阈值，称为全局阈值分割。根据像素点的灰度信息和像素点周围局部性质分成不同的区域，各个区域选取不同阈值，称为局部阈值分割。

第五，介绍了基于区域提取的分割方法，包括区域生长和区域分裂与合并。

第六，介绍了近些年研究较多的形态学分水岭算法分割图像、超像素的区域分割和视频运动中的图像分割等原理。

第 9 章

图像特征提取

9.1 图像特征提取概述

在图像分割和图像识别中，前期需提取图像特征，并利用提取的特征进行图像分割与识别。在图像分割时，将分割区域像素集转换成便于计算机处理的特征形式。传统基于机器学习的图像识别中，通过提取图像特征，利用图像间的特征差异来区分图像。一般来说，特征提取包含特征检测和特征描述。特征检测一般包含两种方法：一种用像素集外部特性来表示，如像素边界；另外一种则用像素集内部特性来表示，如组成区域的像素。基于已选择的特征表示方式，下一步任务为特征描述。比如，利用区域的边界来表示该区域，然后利用边界特征进行描述，如可用边界长度、连接边界上特殊点的直线方向以及凹凸陷的数量描述。当重点表示形状特征时，可利用外部表示法；当重点表示内部特性时，可用内部表示法。然而有时两种表示方法都是必要的。

本章内容框架如图 9-1 所示。

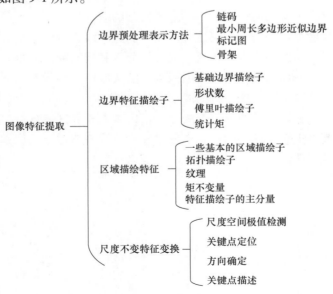

图 9-1　本章内容框架

虽然图像特征没有一个被人们普遍认可的定义，但人们都知晓特征是用来标记和区分属性或描述的。本章中，图像的目标或者图像中的集合为感兴趣部分，鉴于此，可知特征能够表征图像中的目标属性。特征提取的出发点是区分不同目标或者不同特征的图像。通常来说，图像特征不随图像位置、旋转和缩放变换而变化，即特征独立，其包含两种含义：一是不变性，当特征描绘子对实体图像进行一组变换后，特征描绘子的值是不变的。例如，对圆形区域特征描绘子"面积"进行一组平移变换后，其面积大小相对变换之前不变。二是协变性，当对实体图像进行一组变换后，描绘子中产生相同结构。例如，对圆形区域特征描绘子"面积"任意缩放一个因子，则描绘子的值也缩放相同因子。此外，特征又分为局部特征和全局特征。这个说法是相对的，具体取决于实际情况，也存在一个特征既属于局部特征又属于全局特征。例如，检测图像中蓝色"面积"大小的特征子，每幅图有 7 个蓝色区域，则适用于图像各个区域的特征子属于局部特征；若检测的是图像中蓝色区域的总面积，则蓝色面积特征子视为全局特征。

本章将特征提取主要内容分为边界预处理表示方法、边界特征描绘子、区域描绘特征以及尺度不变特征变换。

9.2 边界预处理表示方法

在前面的章节中，分割技术以边界像素或区域内像素形成原始数据。虽然这些数据可用于获取描绘子，但标准做法是将分割后的数据进行压缩，以便于计算描绘子特征。本节将讨论达到这一目的的各种边界表示方法。

9.2.1 链码

链码用顺序连接且具有指定长度和方向的直线段来表示边界。经典链码表示方法有基于线段的 4 方向链码或 8 方向链码。每一段方向使用数字编号进行编码，如图 9-2 所示。该方法形成的边界码也称为弗里曼链码。

在处理数字图像时，通常使用 x 和 y 方向上的相同网格格式。基于此，链码可顺时针方向沿着边界线，并对连接每对像素的线段分配一个方向生成链码。例如，图 9-2a 中与箭头 0 方向一致，则生成的链码为 0。但由于该方法存在两个局限性：一是得到的链码过长；二是噪声或者边界线段的缺陷会对边界形成干扰。解决以上问题

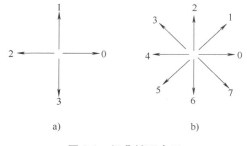

图 9-2 经典链码表示
a）4 方向链码 b）8 方向链码

的方法是，选择更大间隔的网格对边界重新取样，或者通过使用链码的差分代替码字本身。其中，循环差分链码用相邻链码的差代替链码。下面举例说明链码如何变换成循环差分链码。

【例 9-1】 如图 9-3 所示，对于 4 方向链码 10103322，计算循环差分链码。

分析：如图 9-3 所示，循环链码为相邻链码作差后得到的差分链码的变换，第一个循环差分链码为链码的第一个码字 1 与最后一个码字 2 作差得到的−1，此时应将码字 1 加上其链

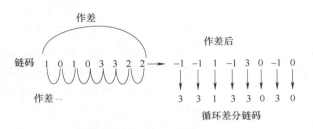

图 9-3　计算循环差分链码

码方向数 4，再与码字 2 作差，即 1+4−2＝3，其他作差得到的正数不变。同理，得到其他差分链码码字，故最后得到的循环差分链码为 33133030。

【例 9-2】　举例 4 方向链码表示，如图 9-4 所示。

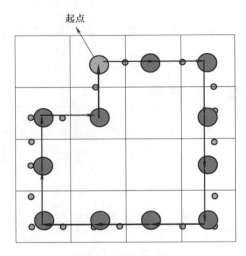

图 9-4　4 方向链码表示

分析：如图 9-4 所示，由 4 方向链码可知，其存在 0、1、2、3 这 4 个方向的链码。根据链码可按顺时针方向沿着边界线，并对连接每对像素的线段分配一个方向生成链码的原理，从起点出发，顺时针沿着边界方向旋转，对比 4 方向链码，先得到 2 个与 0 方向一致的链码，再得到 3 个与 3 方向一致的链码，然后得到 3 个与 2 方向一致的链码，接着得到 2 个与 1 方向一致的链码以及 1 个 0 方向链码，最后到达起点得到 1 个与 1 方向一致的链码。基于此，得到最终的链码为 003332221101。同时根据差分链码是用相邻链码的差代替链码的，比如上述第一个差分链码是第一个链码 0 与最后一个链码 1 之差得到的第一个差分链码 −1，−1 加 4 得循环差分链码 3。同理，最后得到的差分链码为 303003003031。

9.2.2　最小周长多边形近似边界

最小周长多边形近似边界可通过多边形以任意精度来近似。对于一条闭合曲线，当多边形的边数与边界线上的点数相等时，这种近似是精准的，此时每一对相邻点定义多边形的一条边。多边形近似的目的是使用尽可能少的边来描述边界图像的基本形状。通常来说，这个问题需要迭代循环搜索来解决。然而在计算复杂度较为适中的情况下，多边形技术适合图像处理的应用。

最小周长多边形近似的基本思想是：通过寻找最小周长多边形方法来实现边界近似，即用尽可能少的多边形线段表示边界形状。例如，假设用一系列相互连接的单元格将一条边界包围，如图 9-5a 所示，想象边界为包含在单元格内的橡皮圈。假如橡皮圈允许收缩，则会形成图 9-5b 所示的形状，即一个最小周长多边形。

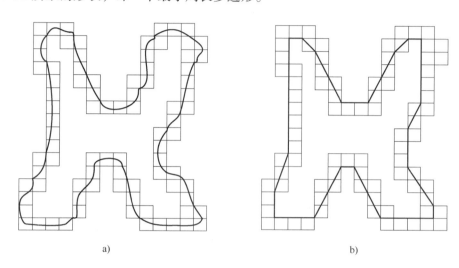

图 9-5　最小周长多边形近似边界
a）被单元格包围的对象边界　b）最小周长多边形

该多边形与单元格组成的环带几何图形相似。若每个单元格仅包含边界上的一个点，那么在每个单元格中，原来的边界和橡皮圈近似误差最多为 $\sqrt{2}d$，其中 d 为不同点之间可能的最小距离，即用于形成图像的采样网格中线条之间的距离。若强制要求每个单元格以其对应的像素为中心，则这个误差可以减小一半，即为 $\dfrac{\sqrt{2}d}{2}$。

最小周长多边形的边界表示方法一般有两种，分别是聚合方法和拆分方法。

聚合方法的思路是沿着边界寻找聚合点，直到一个聚合点的最小平均误差线大于预先设置的门限，此时表示点聚合了。利用聚合法表示边界，如图 9-6 所示。具体操作步骤为：

1）沿着边界选两个相邻的点 B、C，计算首尾连接直线段与原始折线段的误差 R。

2）如果误差 R 小于预先设置的阈值 T，去掉中间点，选新点对与下一相邻点对，重复步骤 1）；否则，线段的参数误差设置为 0，对下一相邻点对重复步骤 1）、2）。

3）当程序的第一个起点被遇到时，算法结束，则线段连接即为最小多边形表示的边界。

拆分方法的思路是将一条线段不断分割为两部分，直到满足规定的标准为止。例如，利用拆分法表示边界，如图 9-7 所示。具体操作步骤为：

1）连接边界线段的 a 端点与 b 端点（如果是封闭边界，则连接远点）。

2）如果正交距离（正交距离为该点到线段的距离）大于阈值，则将边界分为两段，大

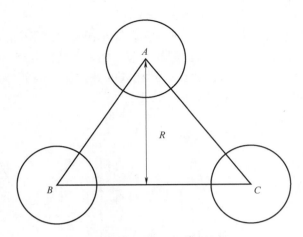

图 9-6　利用聚合法表示边界

值点定位一个顶点，重复步骤 1）。

3）如果没有超过阈值的正交距离，则结束。

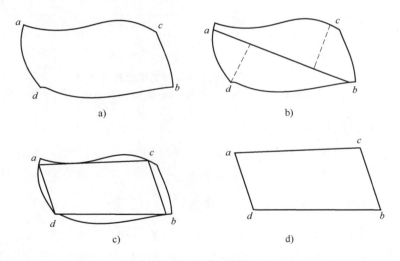

a)

b)

c)

d)

图 9-7　利用拆分法表示边界

a）一条边界线　b）表示对该边界线的 a、b 点的最远点进行拆分

c）以 ab 长度的 0.25 倍作为门限值拆分的结果　d）连接点 a、b、c、d 得到最终多边形

图 9-7a 所示的是一条边界线；图 9-7b 所示为对该边界线的 a、b 点的最远点进行拆分，c、d 点分别为 ab 两侧的最远点；图 9-7c 所示是以 ab 长度的 0.25 倍作为门限值拆分的结果；图 9-7d 所示为连接点 a、b、c、d，得到最终的多边形。

【例 9-3】　如图 9-8 所示，利用最小周长多边形表示原图像边界。

分析：首先，对图像进行二值化处理，得到只有 0 和 1 的图像矩阵，使图像只有轮廓是白色、其余背景部分均为黑色的二值化图像，如图 9-8b 所示。然后，对图像的每一行进行扫描，找出图像中每一行白色区域的两个临界端点，并将两个端点之间的中间区域填充为白色，得到的图像如图 9-8c 所示。对二值化图像进行轮廓提取，提取后的图像如图 9-8d 所示，并对轮廓图像进行重采样操作，采样间隔为 20 个像素点，使得图像轮廓分散到距离相同的点位处，如图 9-8e 所示。最后，找出一个起始点，进行链码搜索操作，从 0 方向开始搜索重采样后的图像，并将搜索到的点置 0，这样可以防止搜索死循环，且作差后即可得到链码搜索的图像。最终将各个点存入矩阵中，并进行连线，此时得到的近似多边形表示的边界特征如图 9-8f 所示。

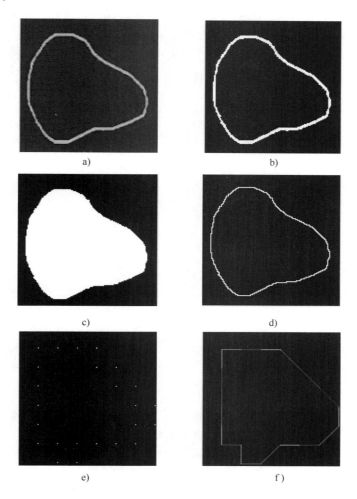

a)　b)　c)　d)　e)　f)

图 9-8　利用最小周长多边形表示原图像边界
a) 原图　b) 二值化图　c) 填充区域图　d) 轮廓提取图　e) 重取样图　f) 最小周长多边形

9.2.3　标记图

标记图通过一维函数表示二维边界，其生成方法有很多。标记图常见的生成方法有距离和角度法。这种表达方法的基本思想是：将从质心到边界线的距离转换成一个角度函数，一维函数表达会比原来的二维边界简单，鉴于此，使用一维函数简化边界的表达，从而使得二维边界更容易表达。

寻找一种方法，选择某一相同起点，生成标记图，并忽略图形方向，从而实现旋转变换归一化。该方法的实现思路是：选择距离质心最大点，若该点与每个图形的旋转畸变无关，则该点为起点。这种方法虽简单，但也存在不足，即在函数缩放范围仅依赖于幅值的最大值和最小值。若形状存在噪声，则会导致不同目标存在误差。鉴于此，利用一种更为严格的方法，根据标记图形状的变化对每个样本分割，假设这种变化不存在为零的情况，则变化量会得到一个缩放因子，并与缩放尺寸成反比，因此可以消除缩放对尺寸大小的依赖性，保留波形的原本形状。如图 9-9a 所示，以角度 θ 值间隔进行取样，从而得到形状尺寸变化对应的幅值变化，如图 9-9b 所示，然后将每个幅值除以幅值集合的最大值以进行归一化。在此基础上，根据图 9-9b 所示，通过消除缩放对尺寸大小的依赖性，保留波形的基本形状。图 9-9c、d 同理。该方法生成的标记图在转换过程中不会发生改变，但受旋转和缩放变换影响。

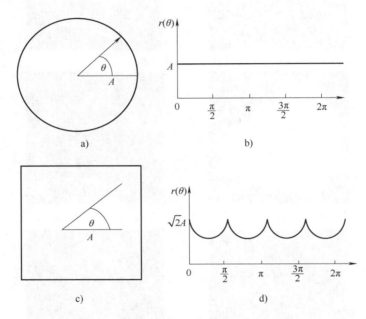

图 9-9　圆形与正方形的标记图及角度函数
a）圆形角度距离标记图　b）圆形角度距离函数
c）正方形角度距离标记图　d）正方形角度距离函数

【例 9-4】　如图 9-10 所示，利用标记图对不规则方形和不规则三角形图像进行标记。

分析：根据标记图原理将从质心到边界线的距离转换成一个角度函数，选择距离质心距离最大的点对边界进行标记。首先在对不规则方形进行标记时，确定起点坐标，度量该点到边界的距离，默认使用边界形状的质心，然后分别对方形和三角形从质点到边界进行旋转，并选择距离质心的最大点对边界进行标记，最后得到不规则方形图。不规则三角形标记图同理可得。其中，标记图用 x、y 坐标系表示，x 轴表示旋转的角度，y 轴表示质点到边界的最大距离。如图 9-10 所示，不规则方形和不规则三角形分别存在 4 个波峰和 3 个波峰，表明不规则方形和不规则三角形的质点到边界的距离分别存在 4 个和 3 个较大值。

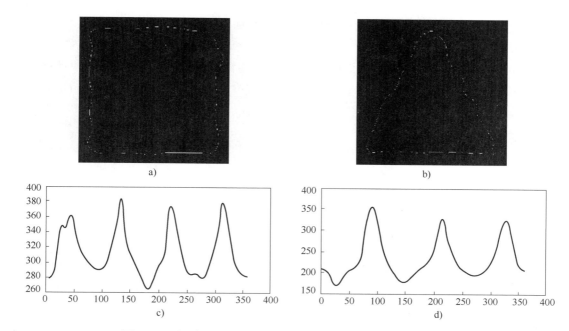

图 9-10　利用标记图对不规则方形和不规则三角形图像进行标记

a）不规则方形外边界　b）不规则三角形外边界　c）图 9-10a 对应的标记图　d）图 9-10b 对应的标记图

9.2.4　骨架

由第 7 章可知，细化过程可根据击中或击不中变换得到。区域骨架的基本表示思路是：表示一个平面区域结构形状的重要方法是把它削减成图形。这种削减可以通过细化算法获取区域骨架。骨架与区域的形状有关，从而通过获取骨架来得到区域形状的特征。

9.3　边界特征描绘子

本节主要介绍几种用于描绘区域边界特征的方法。

9.3.1　基础边界描绘子

边界周长是基本边界最简单的描绘子之一。一条边界的像素数目可近似表示为边界长度。对于在两个方向上定义的链码曲线来说，其中边界 B 的直径定义为

$$Diam(B) = \max_{i,j}(D(p_i, p_j)) \tag{9-1}$$

式中，D 为对距离的测度；p_i 与 p_j 均为边界点。直径的大小与连接直径两个端点的直线段的方向称为边界长轴。若长轴上两端的端点分别为 (x_1, y_1) 与 (x_2, y_2)，则长轴的长度值和方向角度定义为

$$L = \sqrt{(x_2 - x_1)^2 + (y_2 - y_1)^2} \tag{9-2}$$

$$k = \arctan \frac{y_2 - y_1}{x_2 - x_1} \tag{9-3}$$

与之对应的是边界短轴，其定义为与边界长轴垂直的直线段。如图 9-11 所示，$L1$ 为方向长

轴，L2 为方向短轴。此处描述的矩形为基本矩阵。长轴与短轴之比为偏心率。

此外，边界的折曲度也称曲率，定义为斜率的变化率。通常来说，在数字边界上找某一点曲率的可靠测度困难很大，因为这些边界存在局部粗糙，但利用两相邻边界线段的斜率差作为交点处的曲率测度具有很好的效果。如图 9-12 所示，$K1$、$K2$ 为相邻线段的斜率，则交点 a 处的曲率为 $d=K1-K2$。

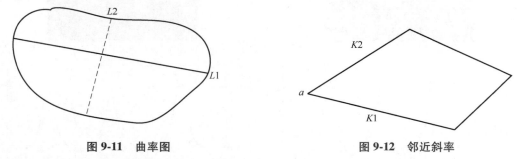

图 9-11　曲率图　　　　　　　　　　　　图 9-12　邻近斜率

当边界点顺时针沿着边界方向移动时，若顶点的斜率变化量为正值，则该点为凹线段；反之，该点为凸线段。

9.3.2　形状数

形状数等价为最小循环差分链码。循环差分链码用相邻链码的差代替链码。由链码知识可知，链码边界的差分由起点决定。其中 4 向编码边界数为最小数量级差分链码。利用归一化网格的方法使得链码网格与基本矩形对齐。形状数的阶数 k 由该形状的偏心率决定。对于边界而言，当 k 是偶数时会限制不同形状的数目。

如图 9-13 所示为阶数为 4、6、8 的形状，同时包括了阶数对应链码、差分以及形状数。

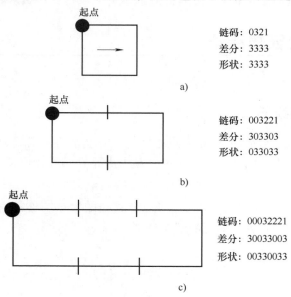

图 9-13　阶数为 4、6、8 的形状

a）阶数为 4 的形状　b）阶数为 6 的形状　c）阶数为 8 的形状

其中，差分是把链码作为循环码序列通过计算得到的，与循环差分链码相同。链码的差分不受旋转变化的影响，但编码边界由网格的取向决定。因此，在实际应用中，可通过寻找阶数为 n 的方框得到期望的形状数，使得方框包含的曲线偏心率与基本方框基本相似，然后使用新方框设置网格尺寸。例如，假设 $n=14$，则所有阶数为 14 的方框（即周长为 14）是 $2×5$ 和 $1×6$。若对于已给定的边界来说，$2×5$ 的方框的曲率为最接近该边界的基本方框的曲率，则可设置一个以该基本方框为中心的 $2×5$ 的网格，并根据链接方向线段生成链码。通过差分链码得到形状数。由选定的网格可得到形状阶数通常为 n，将差分码向右循环移 $\log_2 n$，若 $\log_2 n$ 为小数，则取整数位，即得到形状数。如图 9-13c 所示，阶数为 8，差分码向右循环移 $3(\log_2 8)$ 位，从而得到形状数。

9.3.3　傅里叶描绘子

傅里叶描绘子可将二维问题简化成一维问题。当物体的形状是一条封闭的曲线时，其中，边界曲线是以形状边界周长为周期的函数（根据式（9-4）与式（9-5）），如图 9-14 所示，该周期函数可以用傅里叶级数展开式表示，傅里叶级数中的一系列系数 $z(k)$ 直接与边界曲线的形状相关，则称这些系数为傅里叶描绘子。图 9-14 所示为 xy 平面内由 k 个点组成的数字边界。将任意点 (x_0,y_0) 作为起点，当逆时针沿着边界移动时，会遇到点 (x_1,y_1)，(x_2,y_2)，$\cdots$，(x_{k-1},y_{k-1})，这些坐标可用以下形式进行表示：$x(k)=x_k$ 和 $y(k)=y_k$。按此定义，边界可表示为坐标序列 $s(k)=[x(k),y(k)]$，$k=0,1,2,\cdots,K-1$。

另外，可将每对坐标视为一个复数，有

$$s(k)=x(k)+jy(k) \tag{9-4}$$

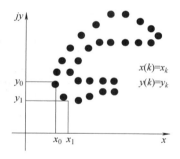

图 9-14　数字边界与复数序列

式中，$k=0,1,2,\cdots,K-1$，即 x 轴对应实数，y 轴对应虚数。虽对坐标中的序列进行了重新解释，但是边界本身的性质未改变。因此该方法有一个明显的优点，即可将二维问题简化为一维问题。由频域图像增强的连续函数傅里叶变换可知，离散序列 $s(k)$ 的傅里叶变换为

$$a(u)=\sum_{k=0}^{K-1} s(k)e^{-j2\pi uk/K} \tag{9-5}$$

式中，$u=0,1,2,\cdots,K-1$；$a(u)$ 为边界复系数描绘子。

若 $a(u)$ 的反变换为 $s(k)$，则有

$$s(k)=\frac{1}{K}\sum_{k=0}^{K-1} a(u)e^{j2\pi uk/K} \tag{9-6}$$

式中，$k=0,1,2,\cdots,K-1$。

如果假设不使用傅里叶全部的系数，仅使用前 p 个系数，则得到 $s(k)$ 的近似值，表示为

$$s(\hat{k})=\sum_{k=0}^{p-1} a(u)e^{j2\pi uk/K} \tag{9-7}$$

式中，$k=0,1,2,\cdots,K-1$。这里仅用 p 项来计算每个元素的 $s(\hat{k})$，但 k 仍然取值 $0\sim K-1$，其含义是在相似边界中存在相同数目的点，但在重建每个点时，并不使用很多项。此外，根据傅里叶变换的知识可知，高频部分可很好地反映细节，低频部分能决定整体轮廓形状。因

此，p 越小，边界细节会丢失越多。

【例 9-5】 如图 9-15 所示，使用不同数量的傅里叶描绘子描述图像。

傅里叶描绘子的基本思想是将物体的形状视为封闭曲线，沿边界曲线的一个动点坐标数变化时是一个以形状边界周长为周期的函数，该周期函数用傅里叶级数展开式表示，并通过逆变换可得到原始序列，在重构每个序列点时，可取部分系数得到序列的近似值。

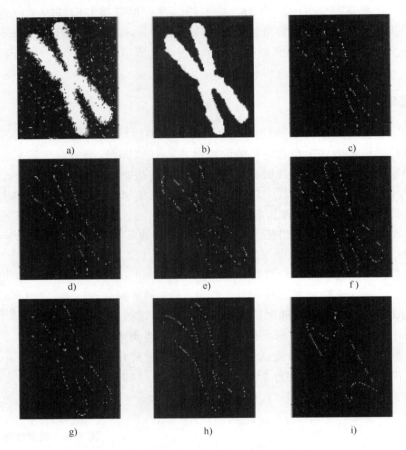

图 9-15 使用不同数量的傅里叶描绘子描述图像

a）原始图像 b）阈值处理后的结果 c）边界提取后的结果 d）546 个描绘子恢复后的结果
e）110 个描绘子恢复后的结果 f）56 个描绘子恢复后的结果 g）28 个描绘子恢复后的结果
h）14 个描绘子恢复后的结果 i）8 个描绘子恢复后的结果

分析： 如图 9-15 所示，原始图像经过阈值处理和提取边界后，得到一个包含 $N = 1100$ 个点的染色体边界，根据离散序列的近似求解式（9-7）重构边界的过程，对 p 取各种值。当 $p = 546$ 时，恢复后的边界与原边界相似度很高；当 $p = 14$ 时，恢复后的边界基本上与原边界轮廓一致；当 $p = 8$ 时，产生的图像不再是原来的形状，出现很明显的 4 个角。当 p 从 14～546 的过程中，恢复后的边界逐步接近原边界。此时也解释了低频分量决定边界整体形状，高频分量则精确反映边界细节部分特征。

前面已多次指出，描绘子应对旋转、平移以及缩放变化时不敏感。傅里叶描绘子应对几何参数变化时不敏感，然而这些参数的变化可能会影响描绘子的变换。例如，一个点绕复平

面原点旋转 θ 角，我们知道这种变换可通过 $e^{j\theta}$ 来实现。若对序列的每个点进行这类变换，则可实现序列对于原点的旋转变换。其傅里叶描绘子为

$$a_r(u)=\frac{1}{K}\sum_{k=0}^{K-1}s(k)e^{j\theta}e^{-j2\pi uk/K}=a(u)e^{j\theta} \tag{9-8}$$

式中，$u=0,1,2,\cdots,K-1$；旋转序列为 $s(k)e^{j\theta}$，所以旋转会通过旋转因子 $e^{j\theta}$ 影响所有的系数。

表 9-1 对边界序列 $s(k)$ 在旋转、平移、缩放以及起点变换的傅里叶描绘子的基本性质进行了总结。

表 9-1　傅里叶描绘子的基本性质

变　换	边　界	傅里叶描绘子
原函数	$s(k)$	$a(u)$
旋转	$s_r(k)=s(k)e^{j\theta}$	$a_r(u)=a(u)e^{j\theta}$
平移	$s_t(k)=s(k)+\Delta_{xy}$	$a_t(u)=a(u)+\Delta_{xy}\delta(u)$
缩放	$s_s(k)=\alpha s(k)$	$a_s(u)=\alpha a(u)$
起点	$s_p(k)=s(k-k_0)$	$a_p(u)=a(u)e^{-j2\pi k_0 u/K}$

表 9-1 中，$a(u)$ 为边界的傅里叶变换形式；θ 为旋转角度；Δ_{xy} 为平移量大小；α 为缩放系数；k_0 为初始起点位置。当序列变换的起点仅从 $k=0$ 到 $k=k_0$ 时，从表 9-1 中最后一行起点变换的傅里叶描绘子来看，起点的变化会影响所有描绘子。

9.3.4　统计矩

在数学和统计学中，矩是表示变量分布和形态特点的一组度量。n 阶矩被定义为一变量的 n 次方与其概率密度函数之积再求和（由式（9-11）可得）。通常，统计矩指的是均值、方差以及高阶矩。同理，边界线段的形状也可通过统计矩来定量地描述。其描述思路是：图 9-16a 所示为边界线段，图 9-16b 所示为以任意变量的函数 $g(r)$ 来描述的线段。该函数是通过连接两个端点，并将线段通过旋转到水平方向得到的。其中，点的坐标也旋转相同角度。

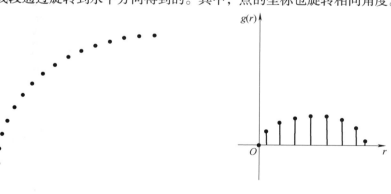

a)　　　　　　　　　　　　　　　　　b)

图 9-16　边界线段与一维函数表示

a）边界线段　b）一维函数表示

假如将 g 的幅值视为离散变量 v，并形成关于 $p(v_i)$ 的直方图，$i=0,1,2,3,\cdots,A-1$，其中，A 表示分割幅值中离散幅值的增量个数，则 $p(v_i)$ 是 v_i 的概率估计值。根据图像直方图统计量中阶矩的定义，可得 v 的 n 阶矩为

$$\mu_n(v) = \sum_{i=0}^{A-1} (v_i - m)^n p(v_i) \qquad (9\text{-}9)$$

式中，

$$m = \sum_{i=0}^{A-1} v_i p(v_i) \qquad (9\text{-}10)$$

其中，m 是 v 的平均值，当 $n=2$ 时，$\mu_2(r)$ 是 v 的方差。通常来说，仅需要前几个矩就可区分形状不同的标记图。

另外一种方法是将图 9-16b 中函数 $g(r)$ 的面积进行归一化，并将其做成直方图。简单来说，将 $g(r_i)$ 视为 r_i 的发生概率（r_i 表示线段任意点）。这时 r 被视为随机变量，矩为

$$\mu_n(r) = \sum_{i=0}^{K-1} (r_i - m)^n g(r_i) \qquad (9\text{-}11)$$

式中，$m = \sum_{i=0}^{K-1} r_i g(r_i)$。其中，$K$ 是边界点的数量，$\mu_n(r)$ 与形状函数 $g(r_i)$ 具有直接联系。例如，二阶矩 $\mu_2(r)$ 可度量 r 的均值扩展程度，三阶矩 $\mu_3(r)$ 可度量曲线相对均值的对称性。

虽然矩通常被用于描绘标记图，但它并不是唯一的描绘方法。例如，可使用另一种方法来计算一维离散傅里叶变换，使用 K 个分类来描述 $g(r)$ 一维函数。从图 9-16 看来，这类方法对旋转不敏感，由于标记图与旋转相互独立，因此沿起点的边界相同。此外可通过缩放 $g(r)$ 与 r 对尺度进行归一化。

9.4　区域描绘特征（选学）

本节使用不同的方法对图像的区域特征进行描述。

9.4.1　一些基本的区域描绘子

1. 区域致密度

9.3 节为边界定义了区域的短轴与长轴。区域的面积被定义为区域像素的数量。区域的周长为其边界的长度。面积与周长通常会作为描绘子，一般在区域不变的条件下使用。使用区域的周长和面积来衡量一个区域的致密度 k，其定义为周长的二次方与面积的比值，表达式为

$$k = \frac{p^2}{A} \qquad (9\text{-}12)$$

式中，p 表示周长；A 表示面积；k 表示致密度，是一个无量纲的量，比如正方形的致密度为 16，圆的致密度为 4π。

2. 圆度

与致密度相似的无量纲的量还有圆度 r，其定义为

$$r = \frac{4\pi A}{p^2} \qquad\qquad (9\text{-}13)$$

式中，p 表示周长；A 表示面积；r 表示圆度，比如圆的圆度为 1，正方形的圆度为 $\pi/4$。

9.4.2　拓扑描绘子

拓扑描绘子主要研究图像不受任何变形影响的性质，前提条件是在图像连接和未撕裂的情况下，拓扑特性对于图像平面区域的整体描述性良好。

图 9-17 所示为孔洞与连通分量区域。

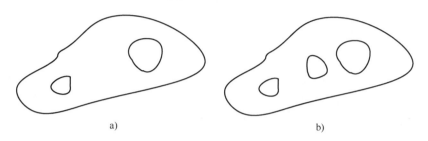

图 9-17　孔洞与连通分量区域

a）有 2 个孔洞的区域　b）有 3 个连通分量的区域

图 9-17a 所示为一个具有 2 个孔洞的区域。假如一个拓扑描绘子由区域孔洞数量来定义，则这种特性很明显不会被旋转和拉伸影响。然而，当区域发生分裂或者聚合时，孔洞的数量不会改变。由于拉伸会影响距离的大小，拓扑的性质不依赖距离，因此也不受任意基于距离测度的影响。

另一种对区域描述的拓扑特征是连通分量的数量。连通性是指两像素是否连通，需确定它们是否处于相邻位置以及灰度值是否相等。图 9-17b 所示是一个包含 3 个连通分量的区域。其中，使用欧拉数 E 定义拓扑特性，即

$$E = C - H \qquad\qquad (9\text{-}14)$$

式中，C 表示连通分量，H 表示图形中孔洞的数量。

欧拉数与多边形网络区域如图 9-18 所示。

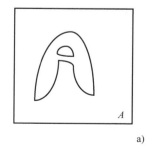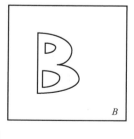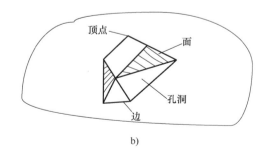

图 9-18　欧拉数与多边形网络区域

a）欧拉数为 0 与 -1 的区域　b）一个含有拓扑网络的区域

图 9-18a 中的字母 A、B 区域的欧拉数分别为 0 与 -1，由于 A 有一个孔洞和一个连通分

量，两者作差得到欧拉数为0，B含有一个连通分量和两个孔洞，两者作差得欧拉数-1。

若使用直线段的拓扑网络来表示区域会更简单。图9-18b所示为一个拓扑网络。以下给出欧拉公式表达式为

$$V-Q+F=C-H \tag{9-15}$$

式中，V表示顶点数；Q表示边数；F表示面数。

使用E表示欧拉数，有

$$V-Q+F=C-H=E \tag{9-16}$$

如图9-18b所示，拓扑网络中的边数为11，顶点数为7，面数为2，连通区域数为1以及孔洞数为3，欧拉数为$7-11+2=1-3=-2$。因此拓扑描绘子可提供一个额外特征描绘子，对描述整个图像区域特征具有重要作用。

9.4.3 纹理

区域描绘的一种重要表示方法是对纹理内容进行量化。虽然对纹理未给出一个确切的定义，但基于纹理描绘子，可用粗糙度、平滑度以及规律性进行度量。通常来说，图像处理中对于描绘区域的纹理主要有两种方法，分别是统计方法以及频谱方法。统计方法主要对纹理的平滑、粗糙、粒装等特征进行描述。频谱方法基于傅里叶频谱性质，主要对中高能量的窄波峰值进行识别以找出图像的整体周期性。

1. 统计方法

统计方法是描绘纹理最简单的一种方法，其思路是使用一幅图像或区域灰度直方图的统计矩来描述纹理。计算直方图的n阶矩方法是：令z为代表灰度级的一个随机变量，$p(z_i)i=0,1,2,3,\cdots,L-1$是对应的直方图，$L$是可区分的灰度级数量。则对于$z$均值的第$n$阶矩为

$$\mu_n(z)=\sum_{i=0}^{L-1}(z_i-m)^n p(z_i) \tag{9-17}$$

式中，m是灰度级随机变量z的平均值，即图像的平均灰度级。其中，$\mu_0=1$，$\mu_1=0$。

$$m=\sum_{i=0}^{L-1}z_i p(z_i) \tag{9-18}$$

其中，二阶矩等于方差，因此其在纹理描述中具有特别的重要性。它是表示灰度级对比度的测度，并可用于建立相对滑度的描绘子。例如，对于灰度区域恒定测度R，有

$$R=1-\frac{1}{1+\sigma^2(z)} \tag{9-19}$$

对于强度相等的区域，其测度为0，此时，方差为0。对于比较大的方差值，则测度接近1。可见方差大的灰度级图像对应的测度也大，反之，方差小的灰度级图像对应的测度也小。因此，方差可实现对纹理进行测度。三阶矩表达式为

$$\mu_3(z)=\sum_{i=0}^{L-1}(z_i-m)^3 p(z_i) \tag{9-20}$$

其表示直方图的偏斜程度。四阶矩表示相关平坦度的量。五阶矩及以上阶矩与直方图形状联系起来比较困难，但它们可提供对纹理描述的更高阶量化。此外，对纹理的度量还包括基于"一致性"度量以及平均熵的度量，表示为

$$U = \sum_{i=0}^{L-1} p^2(z_i) \tag{9-21}$$

$$e = -\sum_{i=0}^{L-1} p(z_i) \log_2 p(z_i) \tag{9-22}$$

式中，U 表示一致性；e 表示平均熵。可见 U 对所有灰度级存在最大值。熵是对不确定性的平均度量。对于一个确定的图像，其熵值为 0，即不存在不确定性。

由于直方图不包含像素之间的相对位置信息，因此利用直方图来描述纹理像素位置时存在约束。为了在纹理分析时能获取此类信息，需要考虑灰度分布和像素的相对位置。假设 Q 为两像素相对位置算子，且存在一幅图像具有 L 个灰度级，G 为一个矩阵，此时矩阵 g_{ij} 是图像 f 出现灰度级 z_i 和 z_j 像素组合在 Q 规定位置出现的次数，则以这种方式生成的矩阵称为灰度共生矩阵，简写为 G。

表 9-2 所示为表征 $K \times K$ 共生矩阵的描绘子。

表 9-2　表征 $K \times K$ 共生矩阵的描绘子

描　绘　子	解　　释	公　　式
最大概率	度量 G 的最强响应，值域范围为 $[0,1]$	$\max_{i,j} P_{ij}$
相关	一像素与相邻像素在整个图像上的测度，值域为 $[-1,1]$	$\sum_{i=1}^{K} \sum_{j}^{K} \dfrac{(i-m_r)(j-m_c)P_{ij}}{\sigma_r \sigma_c}$
对比度	一像素与相邻像素之间在整个图像上灰度对比度的测度，值域范围为 $[0,(K-1)^2]$	$\sum_{i=1}^{K} \sum_{j}^{K} (i-j)^2 P_{ij}$
均匀性	均匀性的一个测度，值域范围为 $[0,1]$，恒定图像均匀性为 1	$\sum_{i=1}^{K} \sum_{j}^{K} P_{ij}^2$
同质性	G 中对角分布的元素的空间接近度的测度，值域范围为 $[0,1]$，G 为对角阵时，同质性为最大值 1	$\sum_{i=1}^{K} \sum_{j}^{K} \dfrac{(i-j)P_{ij}}{1+\vert i-j \vert}$
熵	G 中元素随机性的测度。当 P 为 0 时，熵为 0；当 P 为均匀分布时，熵取最大值 $2\log_2 K$	$-\sum_{i=1}^{K} \sum_{j}^{K} P_{ij} \log_2 P_{ij}$

表 9-2 列出了 6 种基于共生矩阵的方法表征纹理。

【例 9-6】　如图 9-19 所示，对 3 幅图像分别计算表 9-2 所示的 6 种共生矩阵描绘子。

a)　　　　　　　　　　b)　　　　　　　　　　c)

图 9-19　计算图像的共生矩阵描绘子
a）第一幅陶瓷图像　b）第二幅陶瓷图像　c）第三幅陶瓷图像

通过表 9-2 给出计算基于共生矩阵的最大概率、相关、对比度、均匀性、同质性以及熵的方法，分别计算图 9-19 中 3 幅图像的 6 类描绘子大小。通过设计算法得到的 3 幅图像的 6 类描绘子如表 9-3 所示。

表 9-3　3 幅不同图像的共生矩阵描绘子

描　绘　子	图 9-19a	图 9-19b	图 9-19c
最大概率	$5.71×10^{-5}$	0.015	0.0589
相关	$-4.73×10^4$	0.965	0.904
对比度	$1.08×10^4$	569.874	1044
均匀性	$2.01×10^{-5}$	0.0123	0.0036
同质性	0.037	0.0824	0.2
熵	15.76	6.429	13.631

根据表 9-3 可知，图 9-19a 的对比度描绘子最大，图 9-19b 的对比度描绘子最小，所以图 9-19b 的随机性较小。同理，根据均匀性描绘子越大，图像随机性越小的原理，可知图 9-19b 的随机性小。

2. 频谱方法

傅里叶频谱用于对图像循环方向或循环二维模式的描述。这些整体性纹理特征很容易区分频谱中的中高能量。这里主要考虑描绘纹理的 3 个傅里叶频谱的特征：

1）频谱中的突出峰给出了纹理模式的主要方向。

2）频率平面中的尖峰位置给出了模式的基本空间周期。

3）过滤可去除周期分量，留下非周期分量，并利用统计技术对留下的部分进行描述。

由于频谱是关于原点对称的，因此仅考虑半面频率平面即可。当进行频谱分析时，每个周期模式都仅与频谱中的一个尖峰相关联，而非两个。

一般情况，对于上述提及的频谱特征解释，其思路是使用极坐标频谱函数 $S(r,\theta)$ 来表示。其中，r 与 θ 是坐标中的变量。对于每个方向的 θ 而言，$S(r,\theta)$ 可视为一维函数 $S_\theta(r)$。对于每个频率 r 来说，$S_r(\theta)$ 也可视为一维函数。当 θ 固定时，通过分析 $S_\theta(r)$，可得沿原点辐射方向的频谱特性。相反，当 r 固定时，通过分析 $S_r(\theta)$，可得以原点为圆心的圆形的特性。对离散变量求和，可得到对全局纹理的描述，即

$$S(r) = \sum_{\theta=0}^{\pi} S_\theta(r) \tag{9-23}$$

$$S(\theta) = \sum_{r=1}^{R_0} S_r(\theta) \tag{9-24}$$

式中，r 与 θ 是坐标中的半径和角度；R_0 是以原点为圆心的圆半径。

式（9-23）和式（9-24）的组合结果为每对 (r,θ) 组成的 $[S(r),S(\theta)]$。对这些坐标变换，可生成两个一维函数 $S(r)$ 和 $S(\theta)$，因此可对整幅图像或区域纹理构成频谱进行研究。此外，该描绘子本身具有可计算性，便于定量地计算并描绘其自身的状态。实现这一目的的描绘子包含最大值的位置、幅值、均值以及轴向变量均值与方差，同时还有函数的均值与最大值之间的距离。

9.4.4　矩不变量

由一幅图像的归一化中心矩可得到多个矩不变量，这些矩对于平移、缩放以及旋转是不变的。一阶矩不变量可为两个二阶矩之和。三阶矩不变量为两个二阶矩之和，也称为细长度。对于大小为 $M×N$ 的数字图像，$f(x,y)$ 的二维 $p+q$ 阶矩的定义为

$$m_{pq} = \sum_{x=0}^{M-1} \sum_{y=0}^{N-1} x^p y^q f(x,y) \tag{9-25}$$

式中，$p=0,1,2,\cdots,M-1$；$q=0,1,2,\cdots,N-1$。

对于 $p+q$ 阶的中心阶矩的定义为

$$\mu_{pq} = \sum_{x=0}^{M-1} \sum_{y=0}^{N-1} (x-\bar{x})(y-\bar{y}) f(x,y) \tag{9-26}$$

式中，$p=0,1,2,\cdots,M-1$；$q=0,1,2,\cdots,N-1$。

$$\bar{x} = \frac{m_{10}}{m_{00}}, \quad \bar{y} = \frac{m_{01}}{m_{00}} \tag{9-27}$$

归一化 $p+q$ 阶中心矩 η_{pq} 为

$$\eta_{pq} = \frac{\mu_{pq}}{\mu_{00}^{\gamma}} \tag{9-28}$$

式中，

$$\gamma = \frac{p+q}{2} + 1 \tag{9-29}$$

由二阶与三阶归一化中心矩可推导出 7 个二维不变矩为

$$\phi_1 = \eta_{20} + \eta_{02} \tag{9-30}$$

$$\phi_2 = (\eta_{20} - \eta_{02})^2 + 4\eta_{11}^2 \tag{9-31}$$

$$\phi_3 = (\eta_{30} - 3\eta_{12})^2 + (3\eta_{21} - \eta_{03})^2 \tag{9-32}$$

$$\phi_4 = (\eta_{30} + \eta_{12}) + (\eta_{21} + \eta_{03}) \tag{9-33}$$

$$\phi_5 = (\eta_{30} - 3\eta_{12})(\eta_{30} + \eta_{12})\left[(\eta_{30} + \eta_{12})^2 - (\eta_{21} + \eta_{03})^2\right] +$$
$$(3\eta_{21} - \eta_{03})(\eta_{30} + \eta_{12})\left[3(\eta_{30} + \eta_{12})^2 - (\eta_{21} + \eta_{03})^2\right] \tag{9-34}$$

$$\phi_6 = (\eta_{20} - \eta_{02})\left[(\eta_{30} + \eta_{12})^2 - (\eta_{21} + \eta_{03})^2\right] + 4\eta_{11}(\eta_{30} + \eta_{12})(\eta_{21} + \eta_{03}) \tag{9-35}$$

$$\phi_7 = (3\eta_{21} - \eta_{03})(\eta_{30} + \eta_{12})\left[(\eta_{30} + \eta_{12})^2 - 3(\eta_{21} + \eta_{03})^2\right] +$$
$$(3\eta_{12} - \eta_{30})(\eta_{21} + \eta_{03})\left[3(\eta_{30} + \eta_{12})^2 - (\eta_{21} + \eta_{03})^2\right] \tag{9-36}$$

由该组矩对同一图像的平移、缩放、镜像以及旋转是不变的。

【例 9-7】　如图 9-20 所示，对同一陶瓷图像进行缩放，求得的 7 个二维不变矩均一致，验证图像缩放的 7 个二维矩的不变性。输入一幅 512×512 像素的陶瓷图像，对其进行二次缩放，求解其 7 个二维不变矩。根据矩不变量的求解原理，通过求解图像的二阶与三阶归一化中心矩即可求出 7 个二维不变矩。

分析：如图 9-20 所示，将 512×512 像素图像分别缩放至 300×300 像素以及 100×100 像素，并分别求 7 个二维不变矩。求 512×512 像素图像的二维不变矩时，先求其二阶与三阶中心矩，然后分别进行归一化，分别代入求解公式求出二维不变矩。对 300×300 像素图像与

b)   c)

图 9-20   求缩放图像的二维不变矩
a) 512×512 像素图像   b) 300×300 像素图像   c) 100×100 像素图像

100×100 像素图像求不变矩同理。最后求出的 512×512 像素图像、300×300 像素图像以及 100×100 像素图像的 7 个二维不变矩相同，均为 $[\,0.002159736728444, 3.040747792658420e\text{-}06,$ $3.180698476369036e\text{-}12, \quad 1.479798800029513e\text{-}12, \text{-}2.738807466537378e\text{-}24, \quad 2.138686695609535e\text{-}15,$ $1.675079647734319e\text{-}24\,]$。

9.4.5   特征描绘子的主分量

与前面两个小节不一样的是，本小节内容既适用于边界，也适用于区域，本书将其归类为区域特征。在区域（图像）上可以抽取方差最大的分量（主分量，在边界上可以对其进行缩放、平移和旋转的归一化）。此外，本小节讨论的主分量特征通常都基于两幅图像或两幅图像以上。其中，主分量描绘子的思路是：假设一幅彩色图像包含 3 幅子图像，将 3 幅子图像视为整体，将每组 3 个对应像素表示成一个向量。若一幅图像共有 n 幅子图像，则所有图像空间位置对应像素可排列成 n 维向量，有

$$\boldsymbol{x} = \begin{pmatrix} x_1 \\ x_2 \\ \vdots \\ x_n \end{pmatrix} \tag{9-37}$$

类似构建灰度直方图的做法，把向量作为随机变量来处理。此时讨论随机向量的平均向量和协方差矩阵。整体平均向量定义为

$$\boldsymbol{m}_x = E[\boldsymbol{x}] \tag{9-38}$$

式中，$E[\boldsymbol{x}]$ 为 $\boldsymbol{x}$ 的期望；$\boldsymbol{m}_x$ 表示 $\boldsymbol{m}$ 与向量 $\boldsymbol{x}$ 整体相关联。向量整体的协方差定义为

$$\boldsymbol{C}_x = E\left[(\boldsymbol{x}-\boldsymbol{m}_x)(\boldsymbol{x}-\boldsymbol{m}_x)^{\mathrm{T}}\right] \tag{9-39}$$

式中，$\boldsymbol{C}_x$ 为 $n\times n$ 的矩阵，且是对称的，因此可找到一组 n 个正交特征向量。假设 $\boldsymbol{A}$ 为一个矩阵，该矩阵由 $\boldsymbol{C}_x$ 的特征向量组成，并按特征值降序排列，则 $\boldsymbol{A}$ 的第一行对应最大的特征值的特征向量。此时引入霍特林变换，其表达式为

$$\boldsymbol{y} = \boldsymbol{A}(\boldsymbol{x}-\boldsymbol{m}_x) \tag{9-40}$$

式中，$\boldsymbol{A}$ 为一变换矩阵，即将 $\boldsymbol{x}$ 映射到 $\boldsymbol{y}$ 向量。由该变换得到的 $\boldsymbol{y}$ 向量的均值为 0，即

$$\boldsymbol{m}_y = E[\boldsymbol{y}] = 0 \tag{9-41}$$

根据矩阵论基础可知，$\boldsymbol{y}$ 的协方差矩阵可由 $\boldsymbol{A}$ 和 $\boldsymbol{C}_x$ 表示，即

$$\boldsymbol{C}_y = \boldsymbol{A}\boldsymbol{C}_x\boldsymbol{A}^{\mathrm{T}} \tag{9-42}$$

式中，$\boldsymbol{C}_y$ 为一个对角阵，主对角线上的元素为 $\boldsymbol{C}_x$ 的特征值，即

$$\boldsymbol{C}_y = \begin{pmatrix} \lambda_1 & & & \\ & \lambda_1 & & \\ & & \ddots & \\ & & & \lambda_n \end{pmatrix} \tag{9-43}$$

式中，该非对角线上的元素均为 0，λ_i 为 $\boldsymbol{C}_x$ 的特征值，所以 $\boldsymbol{C}_y$ 与 $\boldsymbol{C}_x$ 具有相同的特征值。

此时利用霍特林变换的一个重要的性质，由 $\boldsymbol{y}$ 重建 $\boldsymbol{x}$，由于矩阵 $\boldsymbol{A}$ 的每行都为正交向量，所以 $\boldsymbol{A}^{-1}=\boldsymbol{A}^{\mathrm{T}}$，且每个 $\boldsymbol{x}$ 可由其对应的 $\boldsymbol{y}$ 恢复，即

$$\boldsymbol{x} = \boldsymbol{A}^{\mathrm{T}}\boldsymbol{y}+\boldsymbol{m}_x \tag{9-44}$$

在实际恢复 $\boldsymbol{x}$ 的过程中，选择 k 个最大的特征值对应的 k 个特征向量，得到矩阵 $\boldsymbol{A}_k$，其为 $k\times n$ 的一个变换矩阵。然而 $\boldsymbol{y}$ 向量对应的是 k 维，因此以上述方法得到的恢复结果存在误差。若使用 $\boldsymbol{A}_k$ 重建 $\boldsymbol{x}$，有

$$\hat{\boldsymbol{x}} = \boldsymbol{A}_k^{\mathrm{T}}\boldsymbol{y}+\boldsymbol{m}_x \tag{9-45}$$

其中，$\boldsymbol{x}$ 与 $\hat{\boldsymbol{x}}$ 之间的均方误差为

$$e = \sum_{j=1}^{n}\lambda_j - \sum_{j=1}^{k}\lambda_j = \sum_{j=k+1}^{n}\lambda_j \tag{9-46}$$

由上式可知，当 $k=n$ 时，均方误差为 0。同时，选择最大的特征值可以使得误差减至最小。基于此，霍特林变换可使得 $\boldsymbol{x}$ 与 $\hat{\boldsymbol{x}}$ 之间的均方误差最小。这是由于使用了最大特征值对应的特征向量，所以霍特林变换也称为主分量变换。

9.5　尺度不变特征变换

尺度不变特征转换（Scale-Invariant Feature Transform，SIFT）是用于图像处理领域的一种特征描绘子。它用来描述图像中的局部特征，可在空间尺度中寻找极值点，并提取出其位置、尺度、旋转不变量。此算法由 David Lowe 在 1999 年发表[24]，2004 年进行了完善总结，其应用范围包含目标识别、机器人地图感知与导航、3D 建模、影像追踪和动作比对等。由此可见，SIFT 具有较广的应用领域，这是由于其特征的独特性决定的。SIFT 特征包含以下 5 个特点：

1）具有较好的鲁棒性，能够适应旋转、尺度缩放、亮度的变化，能在一定程度上不受视角变化、仿射变换、噪声的干扰。

2）区分性好，包含的信息量丰富，适用于在海量特征数据库中进行快速、准确的目标匹配。

3）具有多量性，即使少数的几个物体也能产生大量的 SIFT 特征向量。

4）高速性，经优化的 SIFT 匹配算法能够快速进行特征向量匹配。

5）可扩展性，能够与其他形式的特征向量进行联合。

SIFT 特征的实质是在不同的尺度空间上查找关键点，并计算出关键点的方向。SIFT 所查找到的关键点十分突出，不会受光照、仿射变换和噪声等因素变化影响。SIFT 算法流程可分解为以下 4 步：

1）尺度空间极值检测。通过搜索所有尺度上的图像位置，以及通过高斯微分函数来识别潜在的对于尺度和旋转不变的兴趣点。

2）关键点定位。在每个候选的位置上，通过一个拟合精细模型来确定位置和尺度。关键点的选择依据为其位置的稳定程度。

3）方向确定。在基于图像局部的梯度方向上，分配给每个关键点位置一个或多个方向。所有后面对图像数据的操作都相对于关键点的方向、尺度和位置进行变换，从而提供对于这些变换的不变性。

4）关键点描述。在每个关键点周围的邻域内，在选定的尺度上测量图像局部的梯度。这些梯度被变换成一种表示，这种表示允许比较大的局部形状的变形和光照变化。

下面将对这 4 步分别进行介绍。

9.5.1 尺度空间极值检测（选学）

尺度空间使用高斯金字塔表示。Lindberg 提出尺度规范化的 LoG 算子具有尺度不变性，使用高斯差分金字塔近似 LoG 算子，在尺度空间检测稳定的关键点。其核心理论包括尺度空间理论和构建高斯金字塔。

1. 尺度空间理论

尺度空间（Scale Space）最早由 Iijima 于 1962 年提出，后经 Witkin 和 Koenderink 等人的推广逐渐得到关注，并在计算机视觉领域使用广泛。SIFT 算法的第一步需要找到尺度不变的图像位置。尺度空间理论的基本思想是：在图像信息处理模型中引入一个被视为尺度的参数，通过连续变化尺度参数获得多尺度下的尺度空间表示序列，然后对这些序列进行尺度空间主轮廓提取，并以该主轮廓作为一种特征向量，实现边缘、角点检测和不同分辨率上的特征提取等。尺度空间方法在传统单尺度图像信息处理技术中插入尺度不断变化的动态分析框架，便于获取图像的本质特征。尺度空间中各尺度图像的模糊程度逐渐变大，能够模拟人在距离目标由近到远时目标在视网膜上的形成过程。

尺度空间满足视觉不变性。例如，当人们用眼睛观察物体时，一方面，当物体所处背景的光照条件变化时，视网膜感知图像的亮度水平和对比度不同，因此要求尺度空间算子对图像的分析不受图像的灰度水平和对比度变化的影响，即满足灰度不变性和对比度不变性；另一方面，相对于某一固定坐标系，当观察者和物体之间的相对位置变化时，视网膜所感知的图像位置、大小、角度和形状是不同的，因此要求尺度空间算子对图像的分析和图像的位置、大小、角度以及仿射变换无关，即满足平移不变性、尺度不变性、欧几里得不变性以及仿射不变性。

在一个图像的尺度空间 $L(x,y,\sigma)$，定义为一个变化尺度的高斯函数 $G(x,y,\sigma)$ 与原图像 $I(x,y)$ 的卷积，即

$$L(x,y,\sigma)= G(x,y,\sigma) * I(x,y) \tag{9-47}$$

$$G(x,y,\sigma) = \frac{1}{2\pi\sigma^2}e^{-\frac{(x^2+y^2)}{2\sigma^2}} \tag{9-48}$$

式中，$*$ 表示卷积；x、y 代表图像的像素位置；σ 是尺度空间因子，值越小表示图像被平滑得越少，相应的尺度也就越小。大尺度对应于图像的概貌特征，小尺度对应于图像的细节特征。

2. 构建高斯金字塔

尺度空间在实现时使用高斯金字塔表示，高斯金字塔的构建分为两步：第一步对图像做高斯平滑；第二步对图像做降采样。

高斯金字塔如图 9-21 所示。

图像金字塔模型是指将原始图像不断降采样，得到一系列大小不一的图像，按从大到小、从下到上的顺序构成的塔状模型。原图像为金字塔的第一层，每次降采样所得到的新图像为金字塔的一层（每层表示一张图像），每个金字塔共 n 层。金字塔的层数由图像的原始大小和塔顶图像的大小共同决定，其计算公式为

$$n=\log_2\{\min(M,N)\}-t, t \in \left[0,\log_2\{\min(M,N)\}\right] \tag{9-49}$$

式中，M、N 为原图像的大小；t 为塔顶图像的最小维数的对数值。例如，对于大小为 512×512 像素的图像，当塔顶图像为

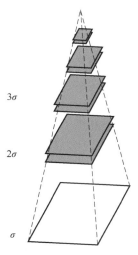

3σ

2σ

σ

图 9-21　高斯金字塔

4×4 像素时，$n=7$，当塔顶图像为 2×2 像素时，$n=8$。高斯金字塔层数与图像大小的关系如表 9-4 所示。

表 9-4　高斯金字塔层数与图像大小的关系

图像大小	512×512	216×216	128×128	64×64	16×16	8×8	4×4	2×2	1×1
金字塔层数	1	2	3	4	5	6	7	8	9

为了让尺度体现其连续性，高斯金字塔在简单降采样的基础上加了高斯滤波。如图 9-21 所示，将图像金字塔每层的一幅图像使用不同参数做高斯模糊，使得金字塔的每层含有多幅高斯模糊图像，将金字塔每层的多幅图像合称为一组，金字塔每层只有一组图像，组数和金字塔层数相等，可使用式（9-49）计算每组所含的图像数量。

9.5.2　关键点定位

1. 初始空间极值点检测

SIFT 使用高斯滤波是为了查找关键点位置，然后优化关键点的位置和正确性。关键

点是由 DoG（Difference of Gaussian）空间的局部极值点组成的，关键点的初步探查是通过同一组内各 DoG 相邻两层图像之间的比较完成的。为了寻找 DoG 函数的极值点，每一个像素点都要和它所有的相邻点比较，看其是否比图像域和尺度域的相邻点大或者小。具体操作是：首先检测第一组中两幅相邻尺度空间图像的高斯差极值，然后在该层输入图像卷积。例如，查找尺度空间第一组的前两层图像关键点位置，可通过计算下面函数的极值获得：

$$D(x,y,\sigma)=\left[G(x,y,k\sigma)-G(x,y,\sigma)\right]*I(x,y) \tag{9-50}$$

由尺度空间定义公式可得

$$D(x,y,\sigma)=L(x,y,k\sigma)-L(x,y,\sigma) \tag{9-51}$$

式中，$G(x,y,\sigma)$ 为高斯函数；$L(x,y,\sigma)$ 为尺度空间；$I(x,y)$ 为原图像。

高斯差分金字塔如图 9-22 所示，在实际计算时，将高斯金字塔每组中的相邻两层图像相减，得到高斯差分图像，进行极值检测。由边缘检测子可知，高斯差是高斯—拉普拉斯的一个近似。因此得到的 $D(x,y,\sigma)$ 高斯差也是一个近似。最重要的区别是，SIFT 查找 $D(x,y,\sigma)$ 的极值，而边缘检测子是查找过零点。

图 9-23 所示为 DoG 空间极值检测。中间的检测点与它同尺度的 8 个相邻点和上下相邻尺度的对应点（共 26 个点）比较，以确保在尺度空间和二维图像空间都检测到极值点。为了能在每组中检测 S 个尺度的极值点，DoG 金字塔每组需 $S+2$ 层图像，而 DoG 金字塔由高斯金字塔相邻两层相减得到，则高斯金字塔每组需 $S+3$ 层图像，实际计算时，S 在 3~5 之间。当然，这样产生的极值点并不全都是稳定的特征点，因为某些极值点响应较弱，而且 DoG 算子会产生较强的边缘响应。

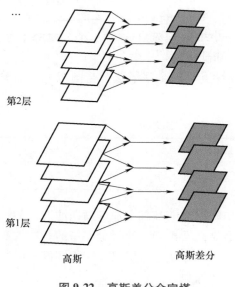

图 9-22　高斯差分金字塔

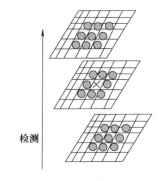

图 9-23　DoG 空间极值检测

2. 改进的关键点精确定位

鉴于以上方法检测到的极值点是离散的，以下通过拟合二次函数来精确确定关键点的位置和尺度，同时去除低对比度的关键点和不稳定的边缘响应点（因为 DoG 算子会产生较强的边缘响应），以增强匹配稳定性，提高抗噪声能力。为了提高关键点的稳定性，需对尺度空间的 DoG 函数进行曲线拟合。将原点移至检测样本点，DoG 函数在尺度空间的泰勒展开式为

$$D(x) = D + \left(\frac{\partial D}{\partial x}\right)^{\mathrm{T}} x + \frac{1}{2} x^{\mathrm{T}} \frac{\partial}{\partial x}\left(\frac{\partial D}{\partial x}\right) x \tag{9-52}$$

式中，$x = (x, y, \sigma)^{\mathrm{T}}$ 为该样本点的偏移量；D 与其倒数均在该样本点上计算。对式（9-52）求导，并让方程等于 0，可以得到极值点的偏移量为

$$\hat{x} = -\frac{\partial^2 D^{-1}}{\partial x^2} \frac{\partial D}{\partial x} \tag{9-53}$$

则对应极值点的值为

$$D(\hat{x}) = D + \frac{1}{2} \frac{\partial D^{\mathrm{T}}}{\partial x} \hat{x} \tag{9-54}$$

式中，$\hat{x} = (x, y, \sigma)^{\mathrm{T}}$ 表示相对插值中心的偏移量，当它在任一维度上的偏移量大于 0.5 时（即 x、y 或 σ），意味着插值中心已经偏移到它的邻近点上，所以必须改变当前关键点的位置。同时在新的位置上反复插值直到收敛，也有可能超出所设定的迭代次数或者超出图像边界的范围，此时这样的点应该删除。经科研人员实验论证，$D(x)$ 过小的点易受噪声的干扰而变得不稳定，所以将 $D(x)$ 小于某个经验值的极值点删除。同时，在此过程中获取特征点的精确位置（原位置加上拟合的偏移量）以及尺度。

3. 消除边缘响应

由图像分割的内容可知，高斯差分算子会得到图像的边缘，但 SIFT 的关键点是"角状"特征描绘子。基于此，为量化边缘和角之间的差，引入局部曲折度。一个定义存在问题的高斯差分算子极值在横跨边缘的地方会产生较大的曲折度，而在垂直边缘的方向会有较小的曲折度。DoG 算子会产生较强的边缘响应，需要剔除不稳定的边缘响应点。获取特征点处的黑塞（Hessian）矩阵，主曲率通过一个 2×2 的黑塞矩阵 H 求出，有

$$H = \begin{pmatrix} D_{xx} & D_{xy} \\ D_{yx} & D_{yy} \end{pmatrix} \tag{9-55}$$

式中，D 的曲折度和 H 的特征值成正比。

令 α 为最大特征值，β 为最小特征值，利用 H 的特征值与其迹和行列式的关系，可得

$$Tr(H) = D_{xx} + D_{yy} = \alpha + \beta$$
$$Det(H) = D_{xx} D_{yy} - (D_{yy})^2 = \alpha\beta \tag{9-56}$$

如果 H 的行列式是负值，则不同的曲折度具有不同的符号，且讨论的关键点不是极值点，所以要舍弃。假设 r 为最大特征值和最小特征值之比，则有

$$\alpha = r\beta \tag{9-57}$$

$$\frac{[Tr(H)]^2}{Det(H)} = \frac{(\alpha+\beta)^2}{\alpha\beta} = \frac{(r\beta+\beta)^2}{r\beta^2} = \frac{(r+1)^2}{r} \tag{9-58}$$

则式子 $\frac{(r+1)^2}{r}$ 的值在两个特征值相等时最小，随着 r 增大而增大，说明两个特征值的比值越大，在某一个方向的梯度值就越大，而在另一个方向的梯度值则越小，边缘就是这种情况。

所以为了剔除边缘响应点，需要让该比值 $\dfrac{(r+1)^2}{r}$ 小于一定的阈值，因此，为了检测主曲率是否在某域值 r 下，只需检测

$$\frac{Tr(\boldsymbol{H})}{Det(\boldsymbol{H})}<\frac{(r+1)^2}{r} \tag{9-59}$$

当满足上式时，将 SIFT 关键点保留，反之剔除。

9.5.3 方向确定

为了使描述符具有旋转不变性，需要利用图像的局部特征为每一个关键点分配一个基准方向。使用图像梯度的方法求取局部结构的稳定方向。根据关键点尺度来选择最接近该尺度的高斯平滑图像，采集其所在高斯金字塔图像邻域窗口内像素的梯度和方向分布特征。梯度的模值和方向为

$$M(x,y)=\frac{\left[\left(L(x+1,y)-L(x-1,y)\right)^2+\left(L(x,y+1)-L(x,y-1)\right)^2\right]}{2} \tag{9-60}$$

$$\theta(x,y)=\arctan\left[\left(L(x,y+1)-L(x,y-1)\right)/\left(L(x+1,y)-L(x-1,y)\right)\right]$$

式中，$M(x,y)$ 为像素的梯度模值；$\theta(x,y)$ 为像素的方向。

在完成关键点的梯度计算后，使用直方图统计邻域内像素的梯度和方向。梯度直方图将 $0°\sim360°$ 的方向范围分为 36 个柱（bins），其中每柱 $10°$。

如图 9-24 所示，直方图的最大值方向代表了关键点的主方向。方向直方图的峰值则代表了该特征点处邻域梯度的方向。为了增强匹配的鲁棒性，只保留峰值大于主方向峰值 80% 的方向作为该关键点的辅方向。因此，对于同一梯度值的多个峰值的关键点位置，在相同位置和尺度将会有多个关键点被创建，但方向不同。仅有 15% 的关键点被赋予多个方向，但可以明显地提高关键点匹配的稳定性。

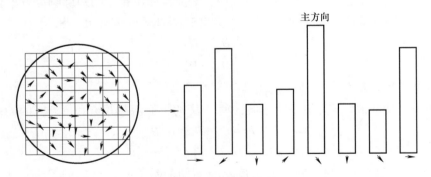

图 9-24 关键点方向直方图

9.5.4 关键点描述

每一个关键点拥有 3 个信息：位置、尺度以及方向。为每个关键点建立一个描述符，用一组向量描述该关键点，使其不随各种变化的影响，比如光照变化、视角变化等。这个描绘子不但包括关键点，也包含关键点周围对其有贡献的像素点，并且描述符应该有较高的独特性，以便于提高特征点正确匹配的概率。

SIFT 描绘子是关键点邻域高斯图像梯度统计结果的一种表示。通过对关键点周围图像区域分块，计算块内梯度直方图，生成具有独特性的向量。这个向量是该区域图像信息的一种抽象，具有唯一性。

Lowe 实验结果表明，在关键点尺度空间内 4×4 像素的窗口中计算的 8 个方向的梯度信息，以 4×4×8＝128 维向量表征的综合效果最优。其表示步骤如下：

1）确定计算描绘子所需的图像区域。特征描绘子与特征点所在的尺度有关，因此，对梯度的求取应在特征点对应的高斯图像上进行。

2）将坐标轴旋转为关键点的方向，以确保旋转不变性，如图 9-25 所示。旋转后邻域内采样点的新坐标为

$$\begin{pmatrix} x' \\ y' \end{pmatrix} = \begin{pmatrix} \cos\theta & -\sin\theta \\ \sin\theta & \cos\theta \end{pmatrix} \begin{pmatrix} x \\ y \end{pmatrix} \tag{9-61}$$

式中，θ 为旋转角度。

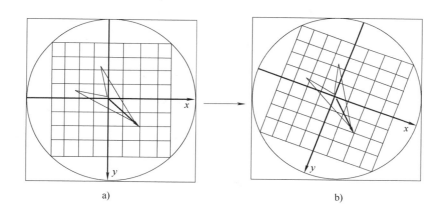

a)　　　　　　　　　　　　　　　　　　b)

图 9-25　坐标轴旋转

a）旋转前坐标轴　　b）旋转后坐标轴

3）将邻域内的采样点分配到对应的子区域内，将子区域内的梯度值分配到 8 个方向上，计算其权值。

4）插值计算每个种子点 8 个方向的梯度，得到的效果如图 9-26 所示。

5）统计的 4×4×8＝128 个梯度信息即为该关键点的特征向量。每个关键点的 128 维特征 SIFT 特征向量如图 9-27 所示。

6）描绘子向量门限。非线性光照、相机饱和度变化对某些方向的梯度值影响过大，而对方向的影响微弱。因此，设置门限值（向量归一化后，一般取 0.2）可截断较大的梯度值。然后进行一次归一化处理，提高特征的可鉴别性。

7）按特征点的尺度对特征描述向量进行排序，最终得到特征描述向量。

SIFT 特征在图像的不变特征提取方面的优点为可提高关键点位置精度，同时可删除不适合的关键点，并通过计算关键点方向和关键点描绘子实现图像匹配。但也有不足之处，如存在特征点较少的情况；目标边缘光滑时无法准确提取特征点等。

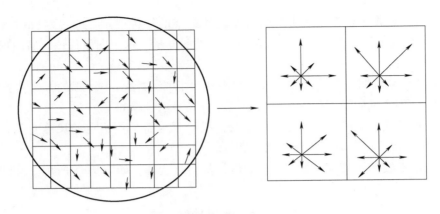

图 9-26　在 4×4 方块上绘制 8 个方向的梯度

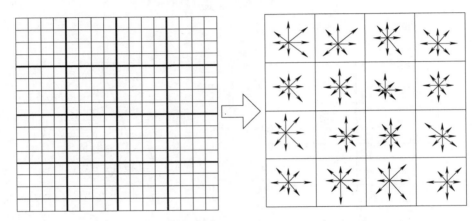

图 9-27　每个关键点的 128 维特征 SIFT 特征向量

【例 9-8】　利用 SIFT 特征对两幅类似的图像进行特征点匹配，框图如图 9-28 所示。

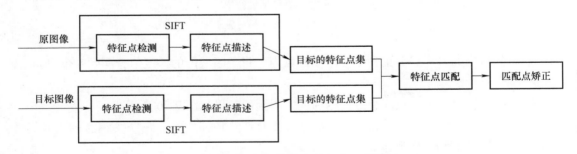

图 9-28　SIFT 特征图像特征点匹配框图

由图 9-28 可知，当利用原图像和目标图像进行 SIFT 特征点匹配时，需先对原图像和目标图像进行特征点检测，然后对 SIFT 特征点描述，并汇总目标特征点集，最后利用原图像和目标图像的 SIFT 特征点进行匹配与矫正，得到最终的特征点匹配图像。

原图像与目标图像的 SIFT 特征匹配实例如图 9-29 所示。

图 9-29a 为目标图像，图 9-29b 为原图像，根据 SIFT 特征描绘子求解的步骤可得到原图像与目标图像的 SIFT 特征，并对两幅图像的特征点进行匹配得到图 9-29c 所示的匹配结果。

其中图 9-29c 中的线为原图像与目标图像的匹配关键点。

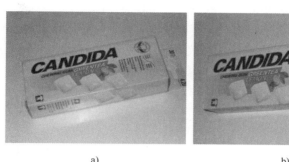

a)　　　　　　　　　　　　　b)

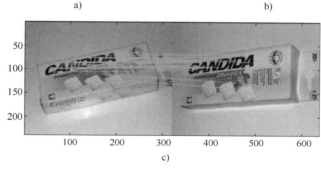

c)

图 9-29　原图像与目标图像的 SIFT 特征匹配实例

a）目标图像　b）原图像　c）原图像与目标图像的 SIFT 特征匹配结果

9.6　本章小结

本章主要介绍了特征检测和特征描述的方法，其目的是区分不同的目标或者不同特征的图像。特征提取由两个核心步骤组成，即特征检测和特征描述。特征检测通常对像素边界与区域像素进行表征。基于已选择的特征表示方式，下一步工作为特征描述，但特征描述对于缩放、平移、旋转、光照和视觉等参数的变化应尽可能地不敏感。为了更清晰地描述图像的某些类别特征，将特征分为边界特征、区域特征和整体图像特征。

在描绘边界特征描绘子之前，需对边界进行预处理表示，常用的边界预处理表示方法有链码、最小周长多边形近似边界、标记图、骨架。对边界预处理之后，介绍了边界特征描绘子，主要包括一些基础边界描绘子、形状数以及傅里叶描绘子等。基础边界描绘子主要由边界的周长、长轴、短轴以及离心率组成。形状数一般通过链码、差分以及形状来表示。通过对序列的原函数、旋转、平移、缩放以及起点变换计算傅里叶描绘子，从而实现对边界的描述。

此外，对图像的区域特征进行描述的方法有基本的区域描绘子、拓扑描绘子、纹理以及特征描述子的主分量等。基本的区域描绘子中使用区域的周长和面积来衡量一个区域的致密度以及圆度。拓扑描绘子主要研究图像平面区域的整体描述性。图像处理中描绘区域纹理主要有统计方法与频谱方法：统计方法主要对纹理的平滑、粗糙、粒状等特征进行描述；频谱方法基于傅里叶频谱性质，实现对中高能量的窄波峰值进行识别，从而识别图像的整体周期性。另外，主分量特征既适用于边界，也适用于区域，其核心是由原始图像数据协方差矩阵的特征值和特征向量建立的变换矩阵。主分量特征是将原始图像通过变换生成一组新的特征图像，生成的新图像信息由少数特征值与特征向量得到，这使得数据量有所减少，从而消除相关系数，进行有效的特征选择和减少波段特征空间维数，最终达到数据压缩的目的。此外，SIFT 特征可对旋转、尺度缩放、亮度等保持不变性，是一种非常稳定的局部特征，在图像处理和计算机视觉领域有着很重要的作用。要生成 SIFT 特征，首先需进行 DoG 尺度空间的极值检测；然后删除不稳定的极值点，并确定特征点的主方向；最后生成特征点的描绘子。

综上所述，不管是研究图像边界描绘子还是区域描绘子，都是为了选择最适当的描绘子对不同图像进行区分或者对不同区域进行分割，从而实现图像的分割以及图像识别等应用。

第 10 章

图 像 识 别

10.1 图像识别概述

图像识别是信息时代的一门重要技术，其目的是让计算机代替人处理大量的图像信息。随着计算机技术的发展，人们对图像识别技术的认识越来越深刻。图像识别过程分为信息的获取、预处理、特征选择和提取、分类器设计和分类决策。信息的获取是指通过传感器将光或声音等信息转换为电信息，也就是获取研究对象的基本信息并通过某种方法将其转变为机器能够识别的信息。预处理主要是指图像处理中的去噪、平滑、变换等操作，从而加强图像的重要特征。特征选择和提取是图像识别中的首要工作，由于图像本身存在差别，如果利用某种方法将它们区分开，这时就要通过图像本身所具有的特征来分类，而获取这些特征的过程就是特征提取。分类器设计是指通过训练而得到一种识别规则，通过此识别规则可对特征进行分类，使图像识别技术能够得到高识别率。分类决策是指在特征空间中对被识别对象进行分类，从而更好地识别所研究的对象具体属于哪一类。随着计算机技术的迅速发展和科技的不断进步，图像识别技术已经在众多领域中得到广泛应用。

机器学习是一种基础工具，图像识别中的很多方法都来自于机器学习[12,15]。机器学习在20世纪60年代初迅速发展并成为一门新学科，对表征事物或现象各种形式的（如数值、文字和逻辑关系）信息进行处理和分析，以对事物或现象进行描述、辨认、分类和解释，是图像识别的重要组成部分。该方法主要包括两大领域：第一类是处理定量的描绘子描绘的模式问题，比如纹理、面积和长度等；第二类是处理定性的描绘子描绘的模式问题。从处理问题的性质和解决问题的方法等角度来看，传统机器学习的图像识别可分为有监督分类和无监督分类两种。

基于传统机器学习的图像识别应用领域涉及遥感图像识别、公安侦查、历史考古、医学图像诊断等。在遥感图像识别中，应用图像识别技术对卫星遥感图像进行加工以便提取有用信息，可用于地形地质探查，森林、水利、海洋、农业等资源调查，灾害预测，环境污染监测，气象卫星云图处理等。另外，图像识别技术可用于军事目标的侦察、制导和警戒系统及反伪装，同时可用于公安部门对线索照片、指纹、手迹、印章以及人像的识别，以及历史文字和图片档案的修复与管理等。在生物医学中，图像识别技术具有直观、无创伤、安全、方便的特点。在临床诊断和病理研究中，以医用超声成像、X光造影成像、X光断影成像、核磁共振断层成像技术为基础的医用图像处理将实现医学界"人体变为透明"的目标。因此，图像识别技术将经历一个飞跃发展的成熟阶段，为深入人们的生活创造新的文化环境，成为提高生产自动化、智能化水平的基础科学之一。

传统机器学习图像识别应用场景如图 10-1 所示。

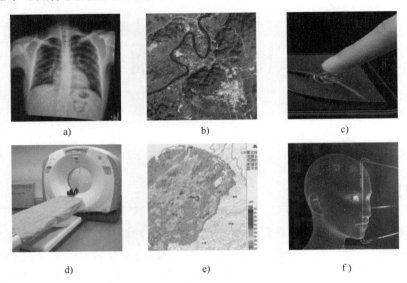

a)   b)   c)

d)   e)   f)

图 10-1　传统机器学习图像识别应用场景

a）X 光断影成像　b）遥感图像　c）指纹

d）核磁共振断层成像　e）气象卫星云图　f）人脸图像识别

众所周知，图像识别是人工智能的一个重要应用领域。通常利用卷积神经网络来解决图像特征表达。深度神经网络本身并不是一个全新的概念，可大致理解为包含多个隐藏层的神经网络结构。为了提高深层神经网络的训练效果，人们对神经元的连接方法和激活函数等方面做了相应的研究调整，以达到最佳的图像识别效果。

深度学习是近十年来人工智能领域取得的重要突破，它在语音识别、自然语言处理、计算机视觉、图像与视频分析、多媒体等诸多领域取得了巨大成功。现有的深度学习模型起源于神经网络。神经网络的起源可追溯到 20 世纪 40 年代，曾在八九十年代流行。神经网络试图通过模拟大脑认知机理解决各种机器学习问题。1986 年，鲁梅尔哈特（Rumelhart）、欣顿（Hinton）和威廉姆斯（Williams）在《自然》杂志发表了著名的反向传播算法以用于训练神经网络，该算法直到今天仍被广泛应用。2015 年，微软公布了一项关于深度学习系统图像识别的基准测试，得到的图像识别错误率仅有 4.94%，结果表明计算机的图像识别能力已有超越人类的趋势。这也说明未来的图像识别技术具有深远的研究意义。正是由于计算机在很多方面具有人类所无法超越的优势，图像识别技术才能为人类社会带来更广阔的应用空间。

图像识别已成为深度学习中最主要的应用领域，在深度学习的图像识别方法中没有进行监督与非监督方法的分类，主要讲述深度学习领域中有关图像识别的卷积神经网络与深度卷积神经网络算法。

深度学习图像识别应用场景如图 10-2 所示。

基于深度学习的图像识别[22]也应用在汉字识别中，如何将文字方便、快速地输入计算机对于中华民族灿烂文化的发展意义长远。基于深度学习的遥感图像识别[23]已广泛用于农

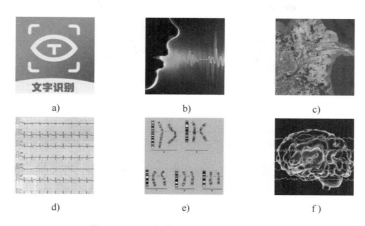

图 10-2　深度学习图像识别应用场景

a）文字识别　b）语音识别　c）遥感图像识别　d）心电图识别　e）染色体分析　f）脑电图诊断

作物估产、资源勘察、气象预报和军事侦察等。医学领域中，在癌细胞检测、X 射线照片分析、血液化验、染色体分析、心电图诊断和脑电图诊断等方面，基于深度学习的图像识别[14]已取得一大批成果。

图像识别方法可以总结为两类：第一类是基于模式特征提取的传统机器学习方法[19]；第二类是基于人工智能的深度学习方法。其中，传统机器学习[16-18,20,21]方法包含监督学习的决策树、K 近邻分类方法、支持向量机（Support Vector Machine，SVM）以及人工神经网络等，以及非监督学习的 K-均值聚类（K-means）算法、谱聚类和层次聚类算法。基于人工智能的深度学习[22,23]方法包括卷积神经网络（Convolutional Neural Networks，CNN）与深度卷积神经网络（Deep Neural Networks，DNN）。

本章首先介绍了图像识别的发展状况、常用方法与应用领域；然后介绍了基于传统机器学习的图像识别、分类模型评价指标和基于深度学习的图像识别，并将图像识别方法和陶瓷特色案例相结合；最后对本章内容进行总结。

本章内容框架如图 10-3 所示。

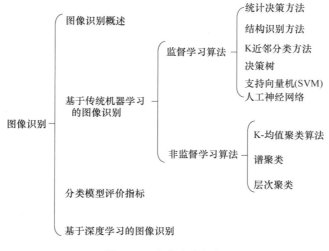

图 10-3　本章内容框架

10.2 基于传统机器学习的图像识别

传统机器学习图像识别框架如图 10-4 所示。基于传统机器学习的图像识别系统一般是由图像信息获取、图像预处理、模型选择、模型评估、参数调整以及分类预测 6 部分组成。

图像信息获取 ⇨ 图像预处理 ⇨ 模型选择 ⇨ 模型评估 ⇨ 参数调整 ⇨ 分类预测

图 10-4　传统机器学习图像识别框架

图像信息获取主要包含图像的获取方法与途径。图像预处理是指图像的去噪、平滑、变换等操作，从而加强图像的重要特征。模型选择是对机器学习中分类识别模型的选择。模型评估利用已选模型对目标进行分类识别准确率的评估，并据此调试模型的参数，使得模型性能达到最优，最后根据已训练好的模型实现图像识别。

10.2.1　监督学习算法

监督学习的图像识别需预先确定训练样本类别，并求出各类样本在特征空间的分布，然后对未知数据进行分类。监督学习方法的过程为：首先对训练样本做标签，然后求出各类训练样本的特征矢量分布判别函数，求出待分类的特征矢量分布判别函数的值，最后根据判别函数的值实现测试样本的分类识别。

图 10-5 所示为监督学习图像识别框架，首先获取图像信息，根据类别预先给训练样本定标签，然后进行特征提取，求出各类特征矢量分布判别函数 $g_1, \cdots, g_m$，m 为类别数，并得到已训练的分类模型。最后输入测试样本，根据测试样本中的特征矢量 $\boldsymbol{X} = (x_1, x_2, \cdots, x_n)$ 计算判别函数 $g_1, \cdots, g_m$，选取 $g_1, \cdots, g_m$ 中的最大值，测试样本则属于判别函数取值最大的类别。

图像信息获取 ⇨ 图像预处理 ⇨ 训练样本标签 ⇨ 特征提取 ⇨ 特征判别 ⇨ 分类预测

测试样本

图 10-5　监督学习图像识别框架

常用的判别函数有距离函数、统计决策理论、线性判别函数。监督学习模式识别比较常用的方法有 K 近邻（KNN）分类方法、决策树以及支持向量机（SVM）。下面分别对常用的几种监督学习算法进行介绍。

1. 统计决策方法

贝叶斯决策理论[13]是在统计分类识别应用中使用较多的方法，其常用的概率表示形式包括类先验概率、类后验概率、类条件概率。类先验概率是样本某个类发生的概率，类后验概率是识别系统自身获取的信息生成特征矢量，在已知特征矢量情况下，可得各类的发生概率。但现实情况中无法直接得到类后验概率，得到的是每个类的条件概率和先验概率，根据贝叶斯公式可得类条件概率，即每个类样本的分布情况，用于对模型进行样本训练。此外贝叶斯决策理论在分类问题中主要有两种分类器：一种是最小错误率准则贝叶斯分类器，另外一种是最小平均风险准则贝叶斯分类器。

【例 10-1】　贝叶斯决策理论对二维散点分类。

生成两类模式样本，模式类 1 的均值矢量为 $\boldsymbol{m}_1 = (3,1)^{\mathrm{T}}$，协方差矩阵为 $\boldsymbol{S}_1 = (1.5,0;0,1)$，模式类 2 的均值矢量为 $\boldsymbol{m}_2 = (3,1)^{\mathrm{T}}$，协方差矩阵为 $\boldsymbol{S}_2 = (1,0.5;0.5,2)$。模式类 1 和模式类 2 的先验概率为 $P(w_1) = P(w_2) = 0.5$，两个模式类各生成 100 个随机样本点的多维正态数据，并在一幅图中分别用圆形和星形画出这两类样本的二维散点图，其中上三角形属于第一类而被错误地分为第二类，下三角形属于第二类而被错误地分为第一类。利用最小错误率准则贝叶斯分类器对生成的两类数据分类，实验结果如图 10-6 所示。

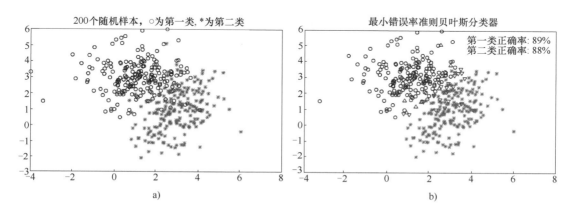

图 10-6　利用最小错误率准则贝叶斯分类器进行分类

a）两类样本二维散点图　b）贝叶斯分类后的二维散点图

然后，改变先验概率 $P(w_1) = 0.4$，$P(w_2) = 0.6$，对上述 200 个样本重新进行分类，实验结果如图 10-7 所示。

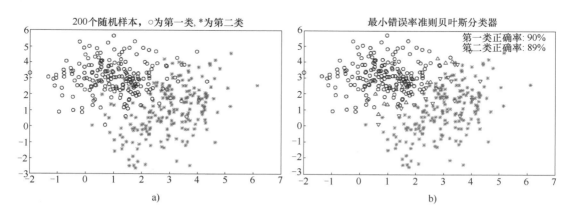

图 10-7　改变先验概率后利用最小错误率准则贝叶斯分类器进行分类

a）两类样本二位散点图　b）贝叶斯分类后的二维散点图

分析：对比图 10-6 与图 10-7，发现 $P(w_1)$ 由原来的 0.5 减小到 0.4，第一类样本的分类正确率增加；$P(w_2)$ 由原来的 0.5 增大到 0.6，第二类样本的分类正确率增加，最优判决偏向于先验概率较大的类别。

2. 结构识别方法

结构识别方法通过准确抓住不同类的内在结构关系识别目标，包括匹配形状数法和字符串匹配法。

（1）匹配形状数法

匹配形状数的基本思想是，通过比较两个对象边界的形状数的相似程度来匹配对象。该方法的实现过程是：首先，定义两个区域边界的相似度为两形状数之间的最大公共形状数；其次，设闭合曲线 A 和 B 均用 4 链码表示，当 A 和 B 具有相同的相似级别 k 时，则它们的相似度就是 k。两个区域边界 A 和 B 形状数的距离 $D(A,B)$ 为其相似度的倒数，即

$$D(A,B) = \frac{1}{k} \tag{10-1}$$

满足以下性质：

1) $D(A,B) \geqslant 0$。

2) $D(A,B) = 0$，当 $A = B$ 时。

3) $D(A,C) \leqslant \max[D(A,B), D(B,C)]$。

如果使用相似程度 k，则 k 越大，两图形越相似；若使用距离度量 D 时，则 D 越小，两图形越相似。

【例 10-2】 如图 10-8 所示，利用匹配形状树对未知图像进行匹配。

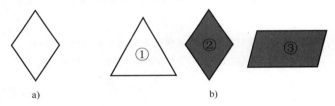

图 10-8　匹配形状树实例

a）未知图像　b）匹配对象

分析：首先，从形状树匹配原理出发，定义两个图像边界的相似度为两形状数之间的最大公共形状数。其次，设两个图像的闭合曲线 A 和 B 均用 4 链码表示。然后，计算图 10-8a 与图 10-8b 中 3 个图像的相似级别 k_1、k_2、k_3 或相似距离 D_1、D_2、D_3，再进行相似性判别。经计算可得 k_2 最大，相似距离 D_2 最小，即图 10-8 b 中的②与图 10-8a 的相似程度最高，从而将图 10-8a 与图 10-8b 中的②匹配。

（2）字符串匹配法

字符串匹配的思想是通过比较两个边界的串编码的相似程度进行匹配。首先将两个区域的边界 A 和 B 分别进行编码，得到两个字符串。然后从起始点开始，如果在某个位置上编码位的数值相同，则认为这两个边界有一次匹配，设 M 为两字符串匹配的数量，则非匹配的次数为

$$Q = \max[\|A\|, \|B\|] - M \tag{10-2}$$

式中，$\|A\|$ 表示串码变量 A 的长度。

用一个相似性量度 R 来衡量两边界的近似程度，有

$$R = \frac{M}{Q} = \frac{M}{\max[\|A\|, \|B\|] - M} \tag{10-3}$$

R 越大，说明两个边界的匹配程度越高。当完全匹配时，R 为无穷大。需要注意的是，起始点的位置对计算量的影响很大，选择起始点时通常对字符串进行归一化处理，由于串匹配是逐字进行的，因此选择好的起始点可大大减小计算复杂度，最大的 R 值即最好的匹配。

【例 10-3】 结构识别方法在图像识别中的应用。

这里利用形状数匹配思路将模板与原图像进行匹配。图像形状数匹配思路框图如图 10-9 所示。

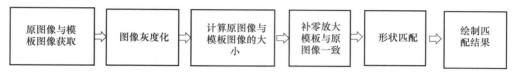

图 10-9 图像形状数匹配思路框图

如图 10-10 所示，先获取原图像与模板图像，为便于对原图像进行计算，将图像灰度化。然后计算原图像与模板图像的大小，并补零放大模板，使其与原图像一致，这一步是为形状数匹配做准备的。然后先求曲线 A 和 B 具有相似级别 k 的两个区域边界，再求出 A 和 B 形状数的距离 $D(A,B)$，距离为相似级别 k 的倒数，并利用相似级别 k 或相似距离 D 进行相似性判别匹配，可在原图中找到与模板图像相似的图像，用虚线框标出。

图 10-10 形状数匹配

a）模板图像 b）匹配结果

3. K 近邻（KNN）分类方法

KNN 分类方法指给定一个训练数据集，对于新的输入实例，在训练数据集中找到与该实例最邻近的 k 个实例，k 个实例中属于某个类的数量最多，就把该输入实例分类到这个类中。实现流程为：首先，准备数据集，并划分训练集和测试集，选择数据存储类型和结构；然后，选择合适的 k 值（最邻近的 k 个训练实例）；其次，计算训练集中各点与当前点之间的距离，分别对测试组距离按从大到小排列，选取与当前点距离最小的 k 个点；最后，确定前 k 个点所在类别的出现频率，返回前 k 个点出现频率最高的类别，即为分类结果。

KNN 分类方法原理如图 10-11 所示，要确定带问号的未知形状属于哪个形状类别（正方形或者三角形），就是选出距离目标点距离最近的 k 个点，看这 k 个点中的形状数量中最多的点是什么，则带问号的未知形状就属于该形状。当 k 取 3 时，可以看出距离最近的 3 个形状，分别是 2 个三角形和 1 个正方形，可知三角形的数量大于正方形的数量，因此目标点为三角形。

【例 10-4】 KNN 分类方法在分类中的应用。

在做分类问题时，有时需要使用样本的概率密度函数来求其后验概率，但很多情况下并不知道其概率密度函数的形式（即样本的分布未知），此时就需要对样本进行非参数估计，进而求解其概率密度函数。

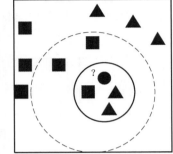

图 10-11 KNN 分类方法原理

Parzen 窗方法的分类思路是，已知测试样本数据 x_1，x_2，x_3，$\cdots$，x_n，在不利用有关数据分布的先验知识以及对数据分布不附加任何假定的前提下，假设 R 是以 x 为中心的超立方体，h 为这个超立方体的边长。对于二维情况，正方形中有面积 $V=h^2$，在三维情况中，立方体体积为 $V=h^3$。根据式（10-4），表示 x 是否落入超立方体区域中，有

$$\varphi\left(\frac{x-x_i}{h}\right)=\begin{cases}1, & \dfrac{|x_{ik}-x_k|}{h}<\dfrac{1}{2}, k=1,2,\cdots \\ 0, & \text{其他}\end{cases} \tag{10-4}$$

$$p(x)=\frac{1}{nh}\sum_{i=1}^{N}\varphi\left(\frac{x-x_i}{h}\right) \tag{10-5}$$

式中，n 为样本数量；h 为选择的窗的长度；$p(x)$ 为样本的概率分布，$\varphi(\cdot)$ 为核函数，通常采用矩形窗和高斯窗。

根据式（10-4），通过 Parzen 窗方法给定区间的范围，通过求落在区间的样本点个数，以此估计概率密度和分类；而 KNN 分类方法是求与当前样本最近的 k 个数据点，再确定以当前点为中心的窗口大小，从而确定哪一类样本最多，进而分类。

图 10-12 所示为 Parzen 窗与 KNN 概率分布与分类图。

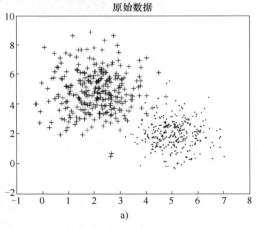

图 10-12　Parzen 窗与 KNN 概率分布与分类图

a）原始二维数据

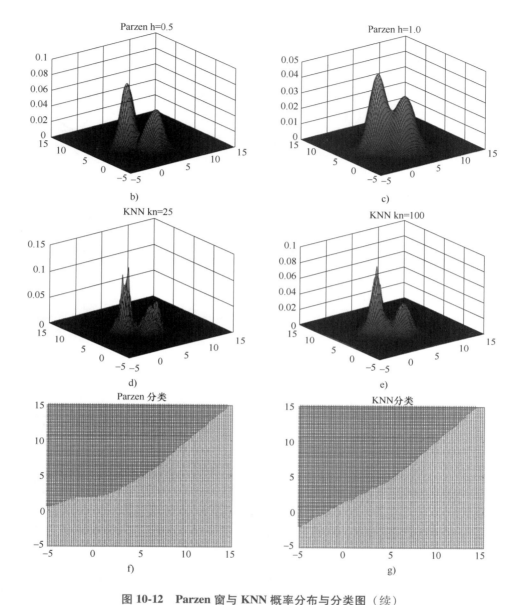

图 10-12 Parzen 窗与 KNN 概率分布与分类图（续）

b）Parzen $h=0.5$ 时的概率密度分布 c）Parzen $h=1.0$ 时的概率密度分布

d）KNN $kn=25$ 时的概率密度分布 e）KNN $kn=100$ 时的概率密度分布 f）Parzen 分类结果

g）KNN 分类结果

分析：在此实验案例中，生成 300 个两种二维正态分布的样本点，均值分别为（2,5）和（5,2），协方差矩阵分别为（1,0;0,2）和（0.5,0;0,1）。在 Parzen 窗方法中，分别在区间 $[0,0.5]$、$[0,1]$ 求其概率密度分布，在 KNN 方法中，求样本数为 25、100 的样本区间概率密度分布，最后分别使用 Parzen 窗和 KNN 对两类数据分类，其分类结果如图 10-12f、g 所示。对比两种方法得到的概率密度分布图可知，KNN 分类更接近原始数据中的分类线，具有更好的分类效果。

4. 决策树

决策树的分类过程类似一棵树。如图 10-13 所示，一棵决策树包含一个根节点、若干个内部节点和若干个叶节点；叶节点对应于决策结果，其他每个节点则对应于一个属性测试，每个节点包含的样本集合根据属性测试的结果被划分到子节点中。根节点包含样本全集，从根节点到每个叶节点的路径对应了一个判定测试序列。决策树通常有 3 个步骤：特征选择、决策树生成、决策树修剪。决策树分类过程为：从根节点开始，对实例的某一特征进行测试，根据测试结果将实例分配到其子节点，此时每个子节点对应着该特征的一个取值，如此递归对实例进行测试并分类，最后，每个叶节点都存储为最终类别信息。

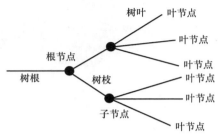

图 10-13　决策树

【例 10-5】　利用决策树对 69 个乳腺肿瘤病例分为良性与恶性类型。训练集病例总数为 569 例，其中良性为 357 例，恶性为 212 例；测试集病例总数为 69 例，其中良性为 47 例，恶性为 22 例。

如图 10-14 所示，给出部分数据集，其中行为数据集数量，列为数据集特征数，整体数据集为 568×32 的双精度数据。

	3	4	5	6	7	8	9	10	11	12	13	14	15	16	17	18
1	10.9400	18.5900	70.3900	370	0.1004	0.0746	0.0494	0.0293	0.1486	0.0662	0.3796	1.7430	3.0180	25.7800	0.0095	0.0213
2	13.4400	16.9500	85.4800	552.4000	0.0794	0.0570	0.0218	0.0147	0.1650	0.0570	0.1584	0.6124	1.0360	13.2200	0.0044	0.0125
3	11.3300	14.1600	71.7900	396.6000	0.0938	0.0387	0.0015	0.0033	0.1954	0.0582	0.2375	1.2800	1.5650	17.0900	0.0084	0.0090
4	13.3800	30.7200	86.3400	557.2000	0.0925	0.0743	0.0282	0.0326	0.1375	0.0602	0.3408	1.9240	2.2870	28.9300	0.0058	0.0125
5	12.2000	15.2100	78.0100	457.9000	0.0867	0.0655	0.0199	0.0169	0.1638	0.0613	0.2575	0.8073	1.9590	19.0100	0.0054	0.0142
6	11.8400	18.9400	75.5100	428	0.0887	0.0690	0.0267	0.0139	0.1533	0.0606	0.2222	0.8652	1.4440	17.1200	0.0055	0.0173
7	11.5700	19.0400	74.2000	409.7000	0.0855	0.0772	0.0549	0.0143	0.2031	0.0627	0.2864	1.4400	2.2060	20.3000	0.0073	0.0205
8	14.9700	16.9500	96.2200	685.9000	0.0986	0.0789	0.0260	0.0378	0.1780	0.0565	0.2713	1.2170	1.8930	24.2800	0.0051	0.0137
9	20.5700	17.7700	132.9000	1326	0.0847	0.0786	0.0869	0.0702	0.1812	0.0567	0.5435	0.7339	3.3980	74.0800	0.0052	0.0131
10	18.9400	21.3100	123.6000	1130	0.0901	0.1029	0.1080	0.0795	0.1582	0.0546	0.7888	0.7975	5.4860	96.0500	0.0044	0.0165
11	20.4400	21.7800	133.8000	1293	0.0915	0.1131	0.0980	0.0779	0.1618	0.0556	0.5781	0.9168	4.2180	72.4400	0.0062	0.0191
12	13.4000	20.5200	88.6400	556.7000	0.1106	0.1469	0.1445	0.0817	0.2116	0.0733	0.3906	0.9306	3.0930	33.6700	0.0054	0.0227
13	8.1960	16.8400	51.7100	201.9000	0.0860	0.0594	0.0159	0.0059	0.1769	0.0650	0.1563	0.9567	1.0940	8.2050	0.0090	0.0165
14	14.0300	21.2500	89.7900	603.4000	0.0907	0.0695	0.0146	0.0190	0.1517	0.0584	0.2589	1.5030	1.6670	22.2700	0.0074	0.0138
15	9.7770	16.9900	62.5000	290.2000	0.1037	0.0840	0.0433	0.0178	0.1584	0.0707	0.4030	1.4240	2.7470	22.8700	0.0139	0.0293
16	18.6100	20.2500	122.1000	1094	0.0944	0.1066	0.1490	0.0773	0.1697	0.0570	0.8529	1.8490	5.6320	95.3400	0.0108	0.0272
17	14.8600	16.9400	94.8900	673.7000	0.0892	0.0707	0.0335	0.0288	0.1573	0.0570	0.3028	0.6603	1.6120	23.9200	0.0058	0.0167
18	19.4500	19.3300	126.5000	1169	0.1035	0.1188	0.1379	0.0859	0.1776	0.0565	0.5959	0.6342	3.7970	71	0.0044	0.0180
19	13.7400	17.9100	88.1200	585	0.0794	0.0638	0.0288	0.0133	0.1473	0.0558	0.2500	0.7574	1.5730	21.4700	0.0028	0.0159
20	12.8600	18	83.1900	506.3000	0.0993	0.0955	0.0389	0.0232	0.1718	0.0600	0.2655	1.0950	1.7780	20.3500	0.0053	0.0166
21	11.6800	16.1700	75.4900	420.5000	0.1128	0.0926	0.0428	0.0313	0.1853	0.0640	0.3713	1.1540	2.5540	27.5700	0.0090	0.0129
22	12.8900	14.1100	84.9500	512.2000	0.0876	0.1346	0.1374	0.0398	0.1596	0.0641	0.2025	0.4402	2.3930	16.3500	0.0055	0.0559
23	27.4200	26.2700	186.9000	2501	0.1084	0.1988	0.3635	0.1689	0.2061	0.0562	2.5470	1.3060	18.6500	542.2000	0.0077	0.0537

图 10-14　部分数据列表

分析：通过设置各个子节点的分类条件，生成的二叉树如图 10-15 所示。其中，×21 表示将每个数据样本的第 21 个特征点数据作为节点的判决数据，将 569 个样本作为训练集数据，将 69 个样本作为测试集数据。二叉树决策过程如图 10-15 所示。

通过计算优化前决策树的重采样误差和交叉验证误差优化二叉树结构，改变各节点阈值以及二叉树的节点数，得到优化后的二叉树，如图 10-16 所示。

最后，通过对测试集病例中的 47 个良性以及 22 个恶性样本分类，得到良性乳腺肿瘤确诊数为 44 个，误诊数为 3 个，良性乳腺肿瘤确诊率 p1＝93.62%；恶性乳腺肿瘤确诊数为 20 个，误诊数为 2 个，恶性乳腺肿瘤确诊率 p2＝90.91%。

5. 支持向量机（SVM）

支持向量机（SVM）为机器学习的监督方法之一，是一种基于统计学的机器学习算法，旨在解决各种分类问题。与人工神经网络相比，SVM 很好地避免了陷入局部极小值的不足，

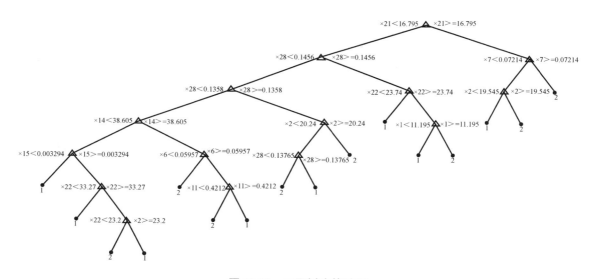

图 10-15　二叉树决策过程

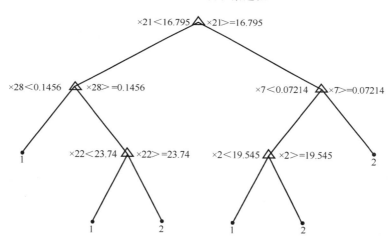

图 10-16　优化后的二叉树

对非线性、高维度与小数据集问题的处理有很明显的优势。SVM 可视为二分类优化模型，经过两次优化找到全局最优点，最终使局部极小值问题得到解决。

下面介绍 SVM 的分类原理。假设有可分类线性样本集 (x_k, y_k)，$k = 1, 2, \cdots, n$，$y_k \in \{-1, 1\}$，其中，线性分类方程为

$$x_k \cdot w + b = 0 \tag{10-6}$$

$$y_k(x \cdot w + b) \geqslant 1 \tag{10-7}$$

式中，(x_k, y_k) 为样本点；w 为线性方程的线性系数；b 为线性方程 y 轴上的点。当分类间隔为 $\dfrac{2}{\|w\|}$ 时，要使整体最大，$\|w\|$ 要最小。此时既要满足式（10-7），又要使得 $\|w\|$ 最小。对于上面的线性方程优化问题，定义了如下拉格朗日函数：

$$\vartheta(w) = \frac{1}{2}\|w\|^2 \tag{10-8}$$

251

$$L(w,b,\phi)=\frac{1}{2}\|w\|^2-\sum_{k=1}^{n}\phi_k\{y_k[(w\cdot x_k)+b]-1\} \tag{10-9}$$

式中，ϕ_k 为拉格朗日系数，且恒大于 0。通过式（10-9）对 w 和 b 求偏导，且令式子等于 0，则得到

$$Q(\phi)=\sum_{k=1}^{n}\phi_k-\frac{1}{2}\sum_{k,j=1}^{n}\phi_k\phi_j y_k y_j(x_k x_j) \tag{10-10}$$

其中的约束条件为 $\sum_{k=1}^{n}y_k\phi_k=0$，$\phi_k\geqslant 0$，$\phi_k$ 为第 k 个样本所对应的拉格朗日乘子。在此条件下可解出式（10-10），最后得到最优分类函数

$$f(x)=\text{sign}\left\{\sum_{k=1}^{n}\phi_k y_k(x_k\cdot x)+b^*\right\} \tag{10-11}$$

式中，b^* 为分类阈值。

SVM 分类原理如图 10-17 所示。

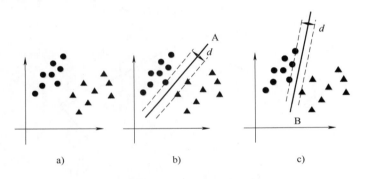

图 10-17 SVM 分类原理

a）原始二维数据　b）第一种分类方案　c）第二种分类方案

图 10-17a 所示为圆形和三角形的二维数据，图 10-17b 和图 10-17c 分别给出了 A、B 两种不同的分类方案，其中黑色实线为分界线，称为"决策面"。每个决策面都对应了一个线性分类器。虽然在目前的数据上看，图 10-17b 与图 10-17c 所示的分类器的分类结果是一样的，但如果考虑潜在的其他数据，则两者的分类性能是有差别的。对比图 10-17b 与图 10-17c 可判定分类器 A 在性能上优于分类器 B，其依据是 A 的分类间隔比 B 要大。这里涉及第一个 SVM 独有的概念——分类间隔。在保证决策面方向不变且不会出现错分样本的情况下移动决策面，会在原来的决策面两侧找到两个极限位置，当越过该位置时就会产生错分现象，如虚线所示。虚线位置由决策面的方向和距离原决策面最近的几个样本位置决定。而这两条平行虚线正中间的分界线就是在当前决策面方向前提下的最优决策面。两条虚线之间的垂直距离 d 就是这个最优决策面对应的分类间隔。显然每一个可能把数据集正确分开的方向都有一个最优决策面，但有些方向无论如何移动决策面的位置都不可能将两类样本完全分开，而不同方向的最优决策面的分类间隔通常是不同的，具有"最大间隔"的决策面就是 SVM 要寻找的最优解。这个真正的最优解对应的两侧虚线所穿过的样本点，就是 SVM 中的支持样本点，称为"支持向量"。对于图 10-17 中的数据，A 决策面就是 SVM 寻找的最优解，而相应的 3 个位于虚线上的样本点在坐标系中对应的向量就称为支持向量。

SVM 的优势在于其核函数的存在。SVM 的分类性能主要取决于参数的选择和核函数的类型。核函数的主要功能是把线性不可分的空间问题转变为线性可分的特征空间问题，其方法是将数据空间映射到高维空间，使原本线性不可分变为线性可分。引入核函数后，简化映射空间中的内积运算。它避开了直接在高维空间中进行计算，而表现形式却等价于高维空间。因此，核函数的选取对于 SVM 的最终分类结果非常重要。常用的核函数有径向基函数（Radial Basis Function，RBF）、S 形（Sigmoid，S）函数以及多项式函数等。

【例 10-6】 基于 SVM 的茶杯与碗识别。

在传统茶杯与碗分类识别方法中，利用人工设计特征的提取方法，结合传统机器学习中的 SVM 进行目标的分类识别。但人工设计的特征涉及较多不确定性因素的影响，为了研究基于传统特征的提取方法，选用方向梯度直方图（Histogram of Oriented Gradient，HOG）特征，结合 SVM 实现茶杯与碗的分类识别。

案例数据集中有 500 组数据，其中碗与茶杯各 250 组数据。实验中，80% 的数据集作为训练集，20% 的数据集作为测试集。

图 10-18 所示为使用 HOG-SVM 方法对茶杯与碗分类的框架，首先提取训练集中茶杯与碗图像的特征，输入 SVM 训练得到训练模型，然后利用 SVM 模型对测试集中的茶杯与碗分类识别，从而得出分类结果。

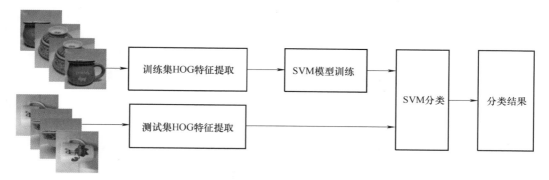

图 10-18　使用 HOG-SVM 方法对茶杯与碗分类的框架

部分实验原图像如图 10-19 所示。

为了更好地对实验分类模型的分类性能进行评估，可使用二分类问题常用的评价标准，其中包括 3 个评价指标，分别为准确率（Accuracy）、精准率（Precision）和召回率（Recall），计算公式为

1）当前类别的准确率：$Accuracy = \dfrac{TP+TN}{TP+TN+FP+FN}$。

2）当前类别的精准率：$Precision = \dfrac{TP}{TP+FP}$。

3）当前类别的召回率：$Recall = \dfrac{TP}{TP+FN}$。

假设 TP 为正标签且被预测为正标签的数量，FP 为负标签且被预测为正标签的数量，TN 为负标签且被预测为负标签的数量，FN 为正标签且被预测为负标签的数量，P 为总类别数。

图 10-19　部分实验原图像

a）茶杯　b）茶杯　c）碗　d）碗

最后得到训练集图像的 HOG 特征，如图 10-20 所示，分类结果如表 10-1 所示。

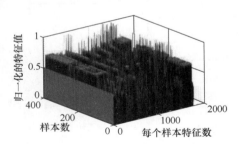

图 10-20　训练集图像的 HOG 特征

表 10-1　分类结果

标　　签	正确数	错误数	准确率/%	精准率/%	召回率/%
茶杯	43	7	86	84.3	86
碗	42	8	84	85.7	84
平均	42.5	7.5	85	85	85

由表 10-1 可知，使用 HOG-SVM 算法，茶杯具有更高的分类准确率、召回率，但相比之下，碗识别的精准率更高。

6. 人工神经网络

人工神经网络（Artificial Neural Networks，ANN）是早期机器学习中的一个重要算法，神经网络的原理受大脑生理结构——互相交叉相连的神经元启发。

　　生物神经元的组成包括细胞体、树突、轴突、突触。树突可以看作输入端,接收从其他细胞传递过来的电信号;轴突可以看作输出端,传递电荷给其他细胞;突触可以看作 I/O 接口,连接神经元,单个神经元可以和上千个神经元连接。细胞体内有膜电位,从外界传递过来的电流使膜电位发生变化,并且不断累加,当膜电位升高并超过一个阈值时,神经元被激活,产生一个脉冲,传递到下一个神经元,即神经元是多输入单输出的信息处理单元,具有空间整合性和阈值性,输入分为兴奋性输入和抑制性输入。其物理模型如图 10-21 所示。

　　按照生物神经元原理,科学家提出了 M-P 模型(取自两个提出者的姓名首字母)。M-P 模型是对生物神经元的建模,可作为人工神经网络中的一个神经元。M-P 模型如图 10-22 所示。

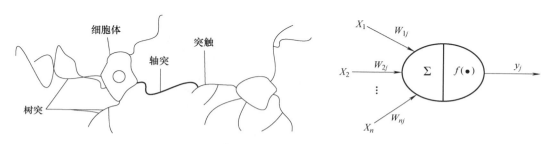

图 10-21　神经元突触模型　　　　　　图 10-22　M-P 模型

　　由 M-P 模型可以看到与生物神经元的相似之处,X_i 表示多个输入,W_{ij} 表示每个输入的权值,其正负模拟了生物神经元中突出的兴奋和抑制。Σ 表示将全部输入信号进行累加整合,f 为激活函数,y_j 为输出。激活函数可以看作滤波器,接收外界各种各样的信号,通过调整函数输出期望值。人工神经网络(ANN)通常采用 3 类激活函数:阈值函数(Threshold Function)、分段函数(Piecewise Function)、双极性连续函数(Bipolar Continuous Function)。

　　神经网络学习也称为训练,通过神经网络所在环境的刺激作用调整神经网络的自由参数(如连接权值),使神经网络以一种新的方式对外部环境做出反应。每个神经网络都有一个激活函数 $y=f(x)$,训练过程就是通过给定的海量 x 数据和 y 数据拟合出激活函数 f。神经网络可能存在一层或者多层的中间隐藏层。后向传播算法使用监督学习,也就是说为这个算法提供了输入值和计算的输出值,然后计算出误差(真实值和计算值之间的误差)。后向传播算法的思想就在于学习完训练样本后误差要尽量得小。训练是以权值为任意值开始的,目的就是不停地调整权值,使误差最小。

　　【例 10-7】　基于神经网络的人脸识别。

　　人脸识别在人们的日常生活中应用广泛,尤其在安防、金融支付、公安电子身份证等领域。下面是神经网络和人脸识别结合的一个实际应用案例。这里采用 ORL(Olivetti Research Laboratory)人脸数据库,共包含 40 个不同人的 400 张图像,是在 1992 年 4 月—1994 年 4 月由英国剑桥的 Olivetti 研究实验室创建的。图 10-23 所示为 BP 神经网络的人脸识别框架,图 10-24 所示为 ORL 人脸数据库的部分数据集。

　　本例中使用 3 层 BP 神经网络,包括输入层、隐藏层、输出层。输入图像经过预处理使得像素长宽一致,提取图像 PCA(主成分分析)特征作为神经网络的输入,通过输入到输

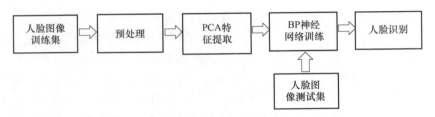

图 10-23　BP 神经网络的人脸识别框架

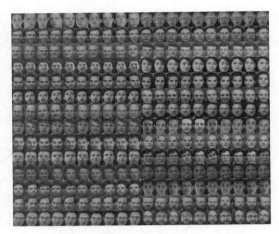

图 10-24　ORL 人脸数据库的部分数据集

出的映射学习，初始化网络权值和阈值，使得网络具有人脸识别能力。图 10-25 所示为 BP 神经网络结构图。

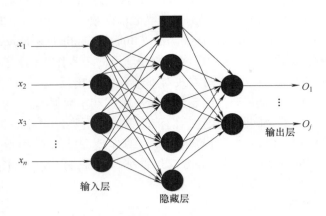

图 10-25　BP 神经网络结构图

在上述条件下，网络训练具体流程如下：

1）选择样本的 60% 作为训练集，40% 作为测试集，批量化训练数据为 40，迭代次数为 1000。

2）初始化网络权值和阈值，初始化误差控制参数和学习率，使用梯度下降算法以 0.01 的学习率（学习率为 ANN 中的一个网络参数）最小化交叉熵。

3）对训练集进行 PCA 特征提取。

4）输入 PCA 特征，进行特征训练，通过 BP 网络的正向传播误差项和反向传播误差项调整得到最佳的网络权值和阈值。

5）训练结束后导出已训练好的网络模型对人脸图像识别。

6）输入测试图像，最后得到人脸识别率为 0.86。

BP 神经网络训练流程图如图 10-26 所示。

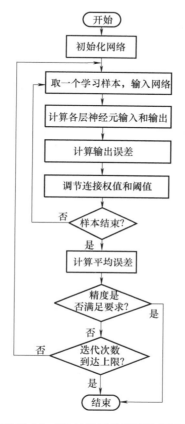

图 10-26　BP 神经网络训练流程图

在本例中，通过输入训练集的 PCA 特征进行网络训练，通过正向传播和反向传播计算网络输出误差，调节连接权值和阈值，多次迭代计算平均误差，使得其满足精度要求，最后利用已训练好的 BP 模型对测试集进行分类测试。

10.2.2　非监督学习算法

非监督学习的模式识别又称聚类分析法，要根据模式之间的相似性进行类别划分，将相似性强的模式划分为同一个类别。由于"物以类聚"的思想，因此这种非监督学习的识别方法又称为聚类分析法。其过程由图像信息获取、图像预处理、特征选择和提取、聚类学习和结果解释组成。该方法完全按照模式本身的统计规律分类，此外聚类分析还有可能揭示一些尚未察觉的模式类别及其内在规律。常用的非监督分类算法有 K-均值聚类算法、谱聚类、层次聚类以及高斯混合模型。其图像识别框架如图 10-27 所示。

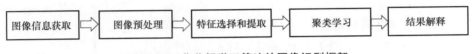

图 10-27　非监督学习算法的图像识别框架

1. K-均值聚类（K-Means）算法

K-Means 是对于给定的样本集，按照样本之间的距离大小将样本集划分为 k 个簇。其思路是让簇内的点尽量紧密地连在一起，而让簇间的距离尽可能地大。其算法描述如下：首先，创建 k 个点作为初始质心（通常随机选择）；其次，当任意一个点的簇分配结果发生改变时，对数据集中的每个点计算质心与数据点之间的距离；最后，将数据点分配到距离其最近的簇，并对每一个簇计算簇中所有点的均值，并将均值作为质心。

如图 10-28 所示，定义 3 类数据集及圆形、三角形以及正方形簇的数目，然后计算距离和创建初始质心的函数，利用 K-Means 算法确定数据集中数据点的总数，再创建矩阵来存储 3 个形状簇的分配结果。簇分配结果矩阵包含两列：第一列记录簇索引值，第二列存储误差。这里的误差是指当前点到簇质心的距离。按照上述方式（即计算—分配—重新计算）反复迭代，直到知道所有数据点的簇分配结果不再改变为止，从而确定各个簇的质心以实现分类。

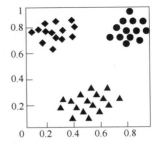

图 10-28　K-Means 算法实例

2. 谱聚类

谱聚类是从图论中演化出来的算法，后来在聚类中得到了广泛应用。其主要思想是：把所有的数据看作空间中的点，这些点之间可用边连接，距离较远的两个点之间的边权重值较低，而距离较近的两个点之间的边权重值较高。通过对所有数据点组成的图进行切分（图像数据区域划分），让切图后不同的子图间的边权重和尽可能低，而子图内的边权重和尽可能高，从而达到聚类的目的。其优点是谱聚类只需数据之间的相似度矩阵，对于处理稀疏数据（稀疏数据是指数据集中绝大多数数值缺失或者为零的数据）的聚类很有效，同时在处理高维数据聚类时的复杂度比传统聚类算法低。缺点是如果最终聚类的维度非常高，则会由于降维的幅度不够，算法的运行速度和最终聚类效果较差；此外，聚类效果依赖于相似度矩阵（相似度矩阵是指存在相似关系的矩阵），不同的相似度矩阵得到的最终聚类效果可能差别很大。

聚类分类实例如图 10-29 所示。

图 10-29a 所示为原始的 3 个圆图片，利用样本数据的相似度矩阵进行特征分解，然后对得到的特征向量进行聚类，最后得到图 10-29b 是识别图形边缘后的聚类输出图像。

3. 层次聚类

层次聚类（Hierarchical Clustering）是聚类算法的一种，通过计算不同类别数据点间的相似度来创建一棵有层次的嵌套聚类树。在聚类树中，不同类别的原始数据点是树的最低层，树顶层是一个聚类的根节点。创建聚类树有自下而上合并（如图 10-30 所示）和自上而下分裂两种方法。其分类步骤为：首先，把每个样本归为一类，计算每两个类之间的距离，即样本与样本之间的相似度；其次，寻找各个类之间最近的两个类，把它们归为一类（这样类的总数就少了一个）；最后，重新计算新生成的这个类与各个旧类之间的相似度，并重

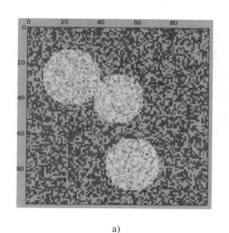 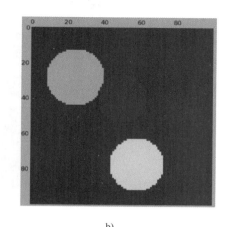

a)   b)

图 10-29　聚类分类实例

a）原始图像　b）聚类输出图像

复前面两个步骤，直到所有样本点都归为一类。

　　常用的算法是单联动（Single Linkage）、全联动（Complete Linkage）、平均联动（Average Linkage）、质心（Centroid）和 Ward 法。其中，单联动是指通过求一个类中的点到另一个类中的点的最小距离来分类；全联动是指通过求一个类中的点到另一个类中的点的最大距离来分类；平均联动是指通过求一个类中的点到另一个类中的点的平均距离来分类；质心是指两类簇

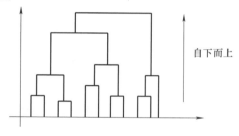

图 10-30　层次聚类

中心之间的距离，对单个的观测值来说，质心就是变量的值；Ward 法是指两个类之间所有变量方差的平方和。

　　【例 10-8】　运用 K-均值对变化区域识别。

　　遥感图像的信息量丰富，通过遥感数据可以提取很多有用的信息，利用遥感技术分析城市用地在数量上和空间上的变化规律、城市用地内部结构及其变化，可以迅速地获取城市用地现状，结合不同时期的遥感资料能够客观、准确地了解城市建设成就，动态地分析城市用地的发展趋势，为科学地规划布局和管理城市用地提供基础资料。鉴于此，本实例利用主成分分析（PCA）特征与 K-均值方法对两幅时隔几年的图片进行变化区域检测。PCA 和 K-均值遥感图像变化区域识别框架如图 10-31 所示。

图 10-31　PCA 和 K-均值遥感图像变化区域识别框架

　　如图 10-32 所示，先对遥感图像进行预处理，使得输入图片的大小一致，然后提取遥感图像 PCA 特征，再利用 K-均值聚类学习 PCA 特征，最后对遥感图像的变化区域标注解释。

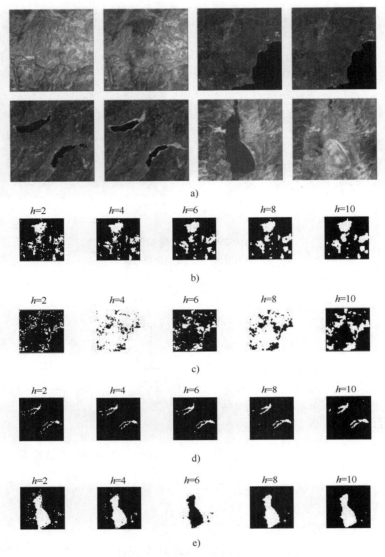

图 10-32　遥感图像变化区域识别
a）部分河流、针叶林、森林、湖泊遥感图像　b）河流变化识别效果图
c）针叶林变化识别效果图　d）森林变化识别效果图　e）湖泊变化识别效果图

图 10-32 中采用 4 类遥感图像，分别是河流、针叶林、森林和湖泊，每类两幅图像。预处理过程涉及计算图片的尺寸、滑动块尺寸、图像的差异、归一化处理，然后提取图像的 PCA 特征，通过 K-均值学习特征，对图片的变化区域进行解释。本实例显示了对原图像设置滑动块的值为 2、4、6、8、10 时的识别效果。

10.3　分类模型评价指标

在完成分类模型构建之后，需对模型的效果进行评估，根据评估结果来继续调整模型的参数、特征或算法，以达到最佳的分类性能。评价一个模型简单、常用的指标就是准确率，但准确率不是唯一的评价指标，往往不能反映一个模型性能的好坏。例如，在不平衡的数据集上，正类样本占总数的95%，负类样本占总数的5%，若有一个模型把所有样本全部判断为正类，则该模型也能达到95%的准确率，但是这个模型没有任何意义。因此，对于一个模型，需要从不同的方面去判断它的性能。在对比不同模型性能时，使用不同的性能度量往往会导致不同的评价结果，这意味着模型的好坏是相对的。模型的好坏不仅取决于算法和数据，还决定于任务需求，比如医院中检测病人是否有心脏病的模型，该模型的目标是将所有病人检测出来，但也会存在许多的误诊结果。

常见的分类模型评价指标有混淆矩阵、PR 曲线以及 ROC 曲线。

1. 混淆矩阵

混淆矩阵能够比较全面地反映模型性能，从混淆矩阵能够衍生出很多指标，比如精准率、召回率、准确率等。下面以二分类混淆矩阵为例进行说明。

如表 10-2 所示，TP 表示真正例，即实际为正，预测为正；FP 表示假正例，即实际为负，但预测为正；FN 表示假反例，即实际为正，但预测为负；TN 表示真反例，即实际为负，预测为负。由此派生出的精准率、召回率、准确率以及 F 值的定义为

精准率（查准率）：
$$Precision = \frac{TP}{TP+FP} \tag{10-12}$$

召回率（查全率）：
$$Recall = \frac{TP}{TP+FN} \tag{10-13}$$

准确率（正确率）：
$$Accuracy = \frac{TP+TN}{TP+FP+TN+FN} \tag{10-14}$$

F 值（$F1\text{-}scores$）：$Precision$ 和 $Recall$ 加权调和平均数，并假设两者一样重要。

$$F1\text{-}score = \frac{2Recall * Precision}{Recall+Precision} \tag{10-15}$$

精准率（查准率）和召回率（查全率）均为模型的评价指标，是一对矛盾的度量。一般来说，精准率（查准率）高时，召回率（查全率）往往偏低；而召回率（查全率）高时，精准率（查准率）往往偏低。通常在一些简单的任务中才可能使两者都很高，表示该模型的分类效果良好。对于这个性质，通过观察下面提到的 PR 曲线不难察觉。比如在搜索网页时，如果只返回最相关的一个网页，根据精准率计算式（10-12），$TP=1$，$FP=0$，那精准率就是100%，而召回率中的 TN、FN 均不为0，根据召回率计算式（10-13），则得到的召回率很低；如果返回全部网页，那么召回率为100%，精准率会很低。因此，在不同场合需要根据实际需求判断哪个指标更重要。

表 10-2　二分类混淆矩阵

真 实 情 况	预 测 结 果	
	正例	反例
正例	TP	FN
反例	FP	TN

2. PR 曲线

PR 曲线的 P 就是精准率（Precision），R 就是召回率（Recall）。以 P 作为纵坐标，R 作

为横坐标，则可画出 *PR* 曲线，如图 10-33 所示。

对于同一个模型，通过调整分类阈值可以得到不同的 *PR* 值，从而可以得到一条纵坐标为 *P*、横坐标为 *R* 的曲线。通常，随着分类阈值从大到小变化，若阈值设为 *P*，则精准率减小，召回率增加。比较两个分类器好坏时，显然是查得又准又全的比较好，也就是说 *PR* 曲线距离坐标(1,1)的位置越近越好。若一个学习器的 *PR* 曲线被另一个学习器完全"包住"，则后者的性能优于前者。当存在交叉时，可以计算曲线包围面积，也可通过平衡点判断，如图 10-33 中的曲线 *C* 完全将曲线 *A* 包住，则曲线 *C* 对应的分类模型优于曲线 *A* 对应的模型。

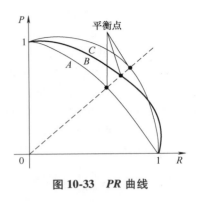

图 10-33 *PR* 曲线

3. ROC 曲线

在二分类问题中，在模型评价阶段，*AUC*（Area Under the ROC Curve）指标常被用作最重要的评价指标来衡量模型的稳定性。根据混淆矩阵，可以得到另外两个指标：真正例率与假正例率，其定义为

真正例率（True Positive Rate）： $$TPR = \frac{TP}{TP+FN} \qquad (10\text{-}16)$$

假正例率（False Postive Rate）： $$FPR = \frac{FP}{TN+FP} \qquad (10\text{-}17)$$

另外，真正例率是正确预测到的正例数与实际正例数的比值，所以又称为灵敏度。负例数用特异度表示，特异度是正确预测到的负例数与实际负例数的比值。

特异度： $$NPV = \frac{TN}{TN+FP} \qquad (10\text{-}18)$$

以真正例率（*TPR*）为纵轴，假正例率（*FPR*）为横轴绘图，便得到了 *ROC* 曲线，而 *AUC* 则是 *ROC* 曲线下的面积，如图 10-34 所示。

AUC 的值是一个概率值，当随机挑选一个正样本以及负样本时，当前的分类算法根据计算得到的分值，将这个正样本排在负样本前面的概率就是 *AUC* 值。*AUC* 值越大，当前分类算法越有可能将正样本排在负样本前面，从而能够更好地分类。例如，一个模型的 *AUC* 是 0.7，其含义可以理解为，给定一个正样本和一个负样本，在 70%的情况下，模型对正样本的打分（概率）高于对负样本的打分。此外，*AUC* 常作为二分类模型的评价指标，这是由于机器学习中的许多模型对于分类问题的预测结

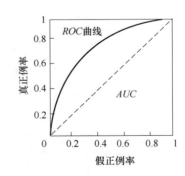

图 10-34 *ROC* 曲线

果基本上以概率的方式呈现，即属于某个类别的概率，如果计算准确率，则把概率转换为类别，此时需设定一个阈值，概率大于某个阈值属于一类，概率小于某个阈值属于另一类，而阈值的设定直接影响了准确率的计算。即 *AUC* 越高，说明阈值分割所能达到的准确率越高。

10.4　基于深度学习的图像识别

　　2006 年，科学家欣顿提出了深度学习，之后深度学习在诸多领域取得了巨大成功，受到广泛关注。神经网络能够重新"焕发青春"的原因有几个方面：①大规模训练数据的出现在很大程度上缓解了训练过拟合（过拟合指网络模型在训练集上的表现很好，但是泛化能力比较差，在测试集上表现不好）的问题。②计算机硬件的飞速发展为其提供了强大的计算能力，一个 GPU 芯片可以集成上千个核，这使得训练大规模神经网络成为可能。③神经网络的模型设计和训练方法都取得了长足的进步。深度学习主流的学习方式类似监督学习，部分深度学习利用深度网络的学习机制。例如，为了改进神经网络的训练，有学者提出了深度网络的训练机制，使得在利用反向传播算法对网络进行全局优化之前，网络参数能达到一个好的起始点，从而在训练完成时能达到一个较好的局部极小点，但在深度学习中未明确划分监督与无监督算法。

　　卷积神经网络主要由卷积层、非线性激活函数、池化层和 softmax 分类层组成。卷积层是卷积神经网络的核心基石。在图像识别中提到的卷积是二维卷积，即卷积核与二维图像做卷积操作，二维滤波器滑动到二维图像上的所有位置，并在每个位置上与该像素点及其邻域像素点做内积。图 10-35 所示为图像卷积过程，利用 3×3 卷积核对原图像卷积。

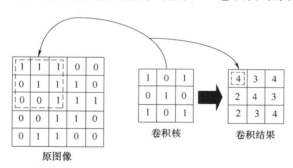

图 10-35　图像卷积过程

　　卷积操作被广泛应用于图像处理领域，不同的卷积核可以提取不同的特征，如边缘、线性、角等特征。其中，卷积层定义为

$$O_j^{(l)}(x,y)=f(V_j^{(l)}(x,y))\tag{10-19}$$

$$V_j^{(l)}(x,y)=\sum_{i=1}^{I}\sum_{u,v}^{F-1}k_{ji}^{(l)}\cdot O_i^{(l-1)}(x-u,y-v)+b_j^{(l)}\tag{10-20}$$

上一层所有输入层的特征图 $O_i^{(l-1)}$（$i=1,\cdots,I$）和所有输出层的特征图 $O_j^{(l)}$（$j=1,\cdots,J$）相连，$k_{ji}^{(l)}(u,v)$ 是卷积核连接第 i 个卷积层的输入特征图和第 j 层的输出特征图。$V_j^{(l)}(x,y)$ 为在位置 (x,y) 处的第 j 层输出所有特征图之和，$f(x)$ 为非线性激活函数。由于卷积层的输入和输出为高度非线性关系，因此卷积层后连接非线性激活函数可以去除冗余数据。研究发现，非线性单元（ReLU）激活函数增大了网络的稀疏性，使得网络不会产生非线性饱和，可减少训练周期等。其中，Sigmoid 函数曲线 与 Relu 曲线如图 10-36 所示。

　　Relu 激活函数的定义为

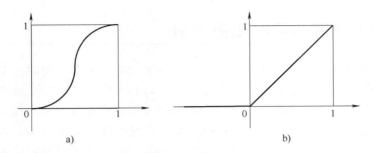

图 10-36　激活函数曲线图

a) Sigmoid 函数曲线　b) Relu 曲线

$$f(x) = \max(0, x) \tag{10-21}$$

池化是非线性下采样的一种形式，主要作用是通过减少网络参数来减小计算量，并且能够在一定程度上控制过拟合。通常会在卷积层后加上一个池化层。池化包括最大池化、平均池化等。最大池化利用平移不变性输出单元中的最大值。最大池化和平均池化的定义为

$$O_i^{l+1}(x, y) = \max_{u, v-0, \cdots, G-1} O_i^{(l)}(x \cdot s + u, y \cdot s + v) \tag{10-22}$$

$$O_i^{l+1}(x, y) = \underset{u, v-0, \cdots, G-1}{\mathrm{avg}} O_i^{(l)}(x \cdot s + u, y \cdot s + v) \tag{10-23}$$

式中，G 为池化的大小；s 为步长。

在对目标进行多分类的情况下，CNN 分类层一般用 Softmax。Softmax 的作用：输出为 K 维的矢量，它的每个元素对应概率 $p_i = P(y = i \mid x)$，$i = 1, \cdots, K$。Softmax 的非线性算子的形式为

$$p_i = \frac{\exp(O_i^{(L)})}{\sum_{j=1}^{K} \exp(O_j^{(L)})} \tag{10-24}$$

式中，$O_j^{(L)}$ 表示输出层上第 j 个单元的输入加权和。

给定 m 个标记的训练集 $\{(x^{(i)}, y^{(i)}), i = 1, \cdots, m\}$，$y^{(i)}$ 表示真实标签。损失函数被定义为

$$L(w) = -\frac{1}{m} \sum_{1}^{m} \log P(y^{(i)} \mid x^{(i)}; w) \tag{10-25}$$

最小化损失函数，可训练网络参数增加正确类别标签的概率。CNN 利用局部连接和权值共享：局部连接指层间神经只有局部范围内的连接，在这个范围内采用全连接的方式，超过这个范围的神经元则没有连接；权值共享（用一个卷积核与一幅图像进行内积计算，卷积核里面的数称为权重，使用同样的卷积核进行内积计算，即权重是一样的，称为权值共享）的关键作用是减少参数数量，使运算变得简洁高效。减少网络参数可降低网络的复杂度，由于卷积层的输入和输出为高度非线性关系，因此卷积层后连接非线性激活函数可去除冗余数据。在 CNN 权值参数学习算法中，所有权重和偏差都可通过最小化损失函数更新。可使用梯度下降（为反向传播算法的一种有监督训练算法）和迭代数值优化方法最小化损失函数，损失函数在最小化过程中更新权值。此外，为了使 CNN 的性能得到更好的发挥，使用 Dropout（一种常用的防止过拟合的方法）时，4 层网络就能够被认为是"较深"的，

而在图像识别中，20 层以上的卷积神经网络屡见不鲜。为了克服梯度消失，ReLU、maxout 等传输函数代替了 sigmoid 激活函数，形成了如今 DNN 的基本形式。从结构上来说，全连接的 DNN 和多层感知机是没有任何区别的。值得一提的是，出现的深度残差学习（Deep Residual Learning，指网络通过浅层特征和深层特征相结合进行分类判断）进一步避免了梯度消失问题，网络层数达到了前所未有的 100 多层的深度。为了更好地理解深度卷积神经网络，下面举例说明。

【例 10-9】　基于深度 CNN 的茶杯与碗的识别。

由于卷积神经网络每一层的卷积核的维度大小不一，因此输出的卷积特征图存在明显的差异，使得卷积神经网络具有独特的自动学习特征和分类能力。基于深度 CNN 的茶杯与碗的识别框架如图 10-37 所示。

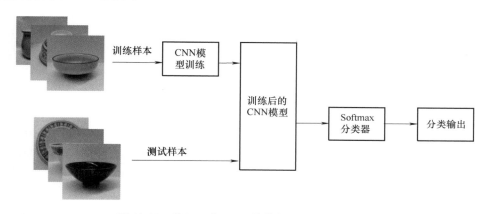

图 10-37　基于深度 CNN 的茶杯与碗的识别框架

使用深度 CNN 识别框架对茶杯与碗的识别过程中，为了更清晰地理解其中的深度网络实现细节，由深度 CNN 架构（如图 10-38 所示）可知，首先将经过预处理的茶杯与碗识别图像作为 CNN 模型的输入，第一层卷积核大小设定为 7×7，使用 20 个卷积核，并加入偏置项，C_1 输出为 20 个 58×58 的特征图，同时在该卷积层后进行批量归一化以加快网络训练速率，将第一层所有的特征图经过 2×2 的最大池化，使得 S_1 输出为 29×29 的特征图。然后将 S_1 的输出作为下一层卷积层的输入，第二层卷积核的大小为 10×10，卷积后输出 60 个 20×20 的 C_2 特征图，并将 C_2 的特征图同上一层进行池化操作，得到 S_2 层的特征图为 10×10。再把 S_2 输出的特征图作为第三个卷积层的输入，该层卷积核大小为 5×5，输出 100 个特征图，C_3 输出的特征图为 6×6，最大池化后的 S_3 特征图为 3×3。最后将全连接层改为卷积核为

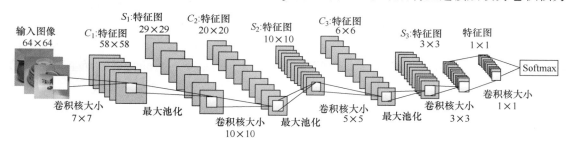

图 10-38　深度 CNN 架构

1×1 的卷积层，将卷积层输出的 500 张 1×1 的特征图与 Softmax 分类器相连，若训练集数为 $\{1,2,3,\cdots,m\}$，测试集数为 $\{1,2,3,\cdots,n\}$，则此时 Softmax 特征的训练集输入维度为 $500\times m$，测试集输入维度为 $500\times n$。Softmax 特征的训练集输入维度为 500×400，测试集输入维度为 500×100，最后利用 Softmax 分类器对 CNN 提取的测试集特征进行测试，得出茶杯与碗的分类准确率。

CNN 内部参数细节如表 10-3 所示，茶杯与碗的分类结果如表 10-4 所示。

表 10-3　CNN 内部参数细节

序　号	层　名　称	核　大　小	核　数　量	输　出
0	卷积	7×7	20	58×58
1	批量归一化	—	20	58×58
2	最大池化	2×2	20	29×29
3	卷积	10×10	50	20×20
4	批量归一化	—	50	20×20
5	最大池化	2×2	50	10×10
6	卷积	5×5	100	6×6
7	批量归一化	—	100	6×6
8	最大池化	2×2	100	3×3
9	卷积	3×3	500	1×1
10	ReLU 激活函数	—	500	1×1
11	Dropout	—	500	1×1
12	卷积	1×1	500	1×1
13	Softmax 分类器	—	—	2

表 10-4　茶杯与碗的分类结果

标　签	准确率/%	精准率/%	召回率/%
茶杯	98	96.08	98
碗	96	97.95	96
平均	97	97.01	97

如表 10-4 可知，与茶杯相比，碗的识别准确率与召回率稍低，精准率偏高。同时，与传统机器学习图像识别方法相比，使用相同的数据集，深度 CNN 方法具有更高的茶杯与碗的识别准确率。可见，在人工智能的浪潮下，卷积神经网络的特征自动提取的优势明显，传统模式识别方法在分类之前需人工提取特征，使得识别结果受人为的特征选择主观因素的影响。

10.5　本章小结

本章先对图像识别中的机器学习和深度学习进行了概述，并给出整章内容框架。图像识别是机器学习的具体应用,传统机器学习是信息科学和人工智能的重要组成部分,被广泛应用于图像分析与处理、语音识别、分类、数据挖掘以及遥感图像分类等方面。从基于监督学习和非监督学习两个方面来介绍传统机器学习在图像识别中的应用。基于监督学习的算法需对训练数据集进行特征提取,然后训练分类模型,再利用特征判别函数对物体测试集分类,常见的监督学习算法有 K-近邻分类方法、决策树和支持向量机(SVM)等。基于非监督的图像识别框架与监督学习不同的是:监督学习需对提取的数据类别做标签,而非监督学习方法不需要做标签,但需对图像的特征进行提取,常见的非监督学习算法有 K-均值聚类算法、谱聚类和层次聚类。此外,还列举了常见的分类模型评价指标,如混淆矩阵、*PR* 曲线以及 *ROC* 曲线,并详细分析其中的模型评价原理。

基于传统机器学习的图像识别与深度学习的不同之处在于,机器学习需要被提供各种特征描述,让机器对未知的事物进行判断,而深度学习是给机器海量样本,让深度网络通过样本发现和学习特征,最终判断某些未知的事物。当前传统机器学习更多地偏向工业界应用,深度学习则更多地流行于学术界。

第 11 章

图像处理的综合应用实例分析

11.1 车牌识别综合案例分析

11.1.1 车牌识别概述

随着我国经济的高速发展，汽车数量急剧增加，公路交通成为我国重要的交通运输渠道，也是国家大力发展的基础设施之一。因此，交通管理现代化和智能化显得越来越重要。利用电子信息技术来提高交通管理效率，打造安全高效的智能交通系统已成为当前交通管理发展的主题。实现车辆交通管理现代化和智能化的核心技术之一就是车牌自动识别技术。与传统的车辆管理方法相比，它大大提高了交通管理效率和水平，节省了人力、物力，实现了车辆管理的科学化、规范化，对交通治安起到了重要的保障作用。

车牌识别在检测报警、汽车出入登记、交通违法违章以及移动电子警察等方面应用广泛。车牌识别过程为：首先，通过摄像头获取包含彩色图像的车牌；然后，进行车牌边缘检测，先粗略定位到车牌位置，再精细定位；最后，根据我国车牌样式，第一个汉字代表省份，第二个大写英文字母代表地市，后面 5 个数字与字母混合，利用字符分割和模板匹配实现车牌识别。

11.1.2 车牌识别原理

基于模板匹配的车牌识别框架如图 11-1 所示，在车牌识别过程中，首先对车牌进行边缘检测、粗略定位的腐蚀与灰度化，精确定位字符，然后对分割后的字符进行模板匹配，最后识别出车牌号。其中主要包括 5 大内容：边缘检测算子的选择、车牌粗略定位、车牌图像倾斜校正、字符分割及字符识别。下面就上述主要内容进行展开。

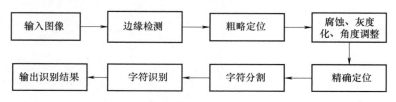

图 11-1 基于模板匹配的车牌识别框架

1. 边缘检测算子的选择

在边缘算子的选择中，根据边缘检测算子的内容可知，不同的边缘检测算子具有不同的特点。常见的边缘检测算子有 Sobel 算子、Prewitt 算子、Canny 算子。

Sobel 算子主要利用边缘检测的一阶导数算子计算图像灰度函数的近似梯度。在图像的任何一点使用此算子，将会产生对应的梯度。Sobel 算子根据上下、左右相邻像素点的灰度加权差，在边缘处达到极值并进行边缘检测。Sobel 算子产生的边缘有强有弱，对噪声具有平滑作用，可以提供较为精确的边缘方向信息，但边缘定位精度不够高。

Prewitt 算子具有噪声抑制的优势。Prewitt 算子利用上下、左右相邻像素点的平均灰度差分来计算梯度。由于该算子中引入了类似局部平均的运算方式，因此对噪声具有平滑作用，能在一定程度上消除噪声的影响，并去掉部分伪边缘。

Sobel 算子、Prewitt 算子存在以下两点不足：一是没有充分利用边缘的梯度方向；二是二值图仅通过简单的单阈值处理得到。

Canny 算子能在噪声抑制和边缘检测之间寻求较好的平衡，表达式近似于高斯函数的一阶导数。Canny 边缘检测算子对加性噪声的边缘检测为最优。相比于 Sobel 与 Prewitt 算子，Canny 算子具有更好的细化和定位精准的效果，故在车牌识别中使用 Canny 算子作为边缘检测算子。使用 Canny 算子进行边缘检测包括以下 4 个步骤：①采用高斯滤波器进行图像平滑；②梯度计算，采用一阶有限差分来计算梯度，获取其幅值和方向；③梯度处理，采用非极大值抑制方法对梯度幅值进行处理；④边缘提取，采用双阈值算法检测和连接边缘。下面介绍 Canny 算子的边缘检测过程。

Canny 算子边缘检测实例如图 11-2 所示，首先，采用高斯滤波器对图 11-2a 所示的原图像进行图像平滑处理，得到图 11-2b。然后，采用一阶有限差分计算梯度，获取其幅值和方向，结果如图 11-2c 所示。接着，采用非极大值抑制方法对梯度幅值进行处理，得到图 11-2d。最后，连接边缘点获取边缘检测图像，得到图 11-2e。

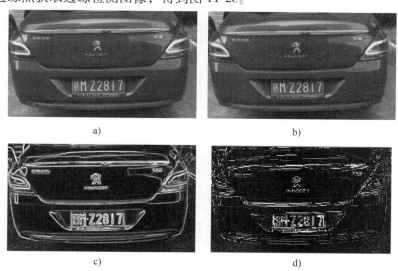

图 11-2　Canny 算子边缘检测实例

a）原图　b）高斯滤波后的图像　c）梯度处理后的图像

d）非极大值抑制方法处理后的图像

e)

图 11-2　Canny 算子边缘检测实例（续）

e）边缘检测结果

2. 车牌粗略定位

对于车牌粗略定位介绍两种方法：基于车牌颜色特征的定位方法和基于车牌长宽比特征的定位方法。

（1）基于车牌颜色特征的定位方法

该方法不用对整幅图像进行边缘检测，而是直接寻找图片中颜色、形状及纹理符合车牌特征的连通区域。通过对车牌图像分析，发现对于具有某种目标颜色的像素，可以直接通过对 H、S、I 这 3 个分量设定一个范围来把它们提取出来，无须进行较复杂的色彩距离计算，这样可以在色彩分割时节省大量的时间。这种提取操作对蓝色和黄色车牌效果明显，但对于黑色和白色车牌的提取效果不是很理想。这是因为对于纯色的黑色和白色车牌，它们的色调和饱和度没有意义，所以和其他颜色相比缺少了两个可提取指标。实验数据表明，汽车车牌中的 HSI 值与颜色的关系可由表 11-1 确定。

表 11-1　HSI 值与颜色的关系

HSI	颜　色			
	蓝色	黄色	白色	黑色
色调（H）	200°~255°	25°~55°	—	—
饱和度（S）	0.4~1	0.4~1	0~0.1	—
亮度（I）	0.3~1	0.3~1	0.9~1	0~0.35

由于该算法的特殊原理，蓝色在 HSI 模型的色调处于 200°~255° 区间内，与其他颜色差距较大，因此能对家庭小型车的蓝底白字车牌进行识别。但是空间中两点间的欧氏距离与颜色距离不成线性比例，在定位蓝色区域时不能很好地控制范围，会造成定位出错。另外，当车牌图像中出现较多的蓝色背景时会导致识别率下降，不能有效提取车牌区域。此时可根据车牌的长宽比实现车牌粗略定位。

（2）基于车牌长宽比特征的定位方法

该方法的原理是：使用形态学的开运算和闭运算合并被包围的边缘区域，根据车牌长为 440mm、宽为 140mm，筛选出长宽比为 3：1 的矩形，实现对车牌的定位。实际上，在具体的过程应用中，一般会筛选出长宽比在 2：1~5.5：1 之间的矩形，这会导致不是车牌的矩形区域入选，可使用颜色特征排除非车牌区域，得到完整的车牌位置信息。

下面举例基于蓝色区域以及蓝色区域长宽比的车牌定位，如图 11-3 所示。

首先，对原图像灰度化得到图 11-3a，并求得车牌灰度直方图 11-3b；然后，利用 Canny 算子进行边缘检测，得到图 11-3c，根据彩色图像 HSI 模型中的各值定位出近似蓝色的候选区域（图 11-3d），并对图 11-3d 进行二值化处理，得到图 11-3e，根据车牌蓝色区域长为 440mm、宽为 140mm，筛选出长宽比为 3∶1 的矩形；其次，利用图像的腐蚀和膨胀去除车牌其他区域，将图 11-3h 与图 11-3a 进行逻辑与操作，得到车牌实际区域（图 11-3i），利用平滑轮廓和移除小的背景对象得到仅含车牌的图像；移除原图像中长宽比不为 3∶1 的区域，余下的区域即是车牌定位结果。

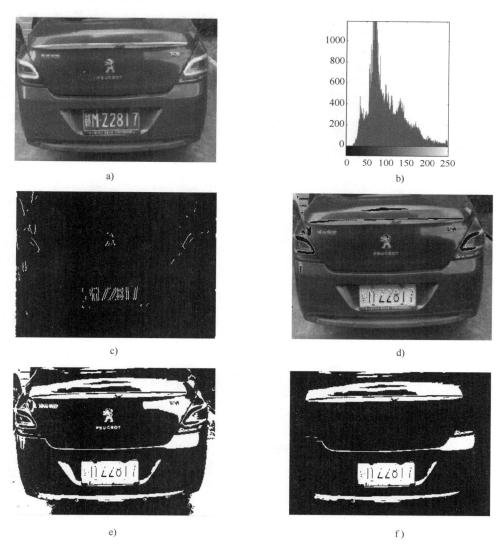

a)　b)　c)　d)　e)　f)

图 11-3　基于蓝色区域以及蓝色区域长宽比的车牌定位

a）车牌灰度图像　b）车牌灰度直方图　c）边缘检测图像　d）RGB 图像中的蓝色区域
e）蓝色区域二值化　f）蓝色区域长宽比

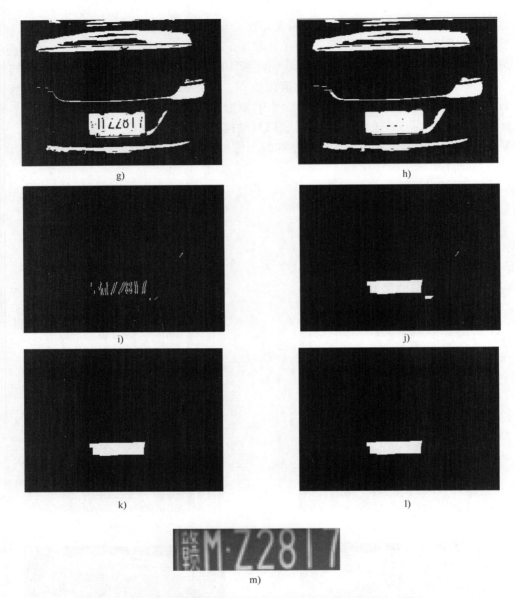

图 11-3　基于蓝色区域以及蓝色区域长宽比的车牌定位（续）

g）图像腐蚀　h）图像膨胀　i）图像取交集　j）平滑图像轮廓

k）移除小的背景对象　l）移除比例不对区域　m）车牌定位图像

3. 车牌图像倾斜校正

Radon 变换常用于车牌图像倾斜校正，主要包括水平倾斜校正和垂直倾斜校正。图 11-4 所示为旋转角度为 θ 时的束投影。间距为 1 个像素的平行光穿过图像，使用 Radon 变换计算穿过图像光线的线积分为

$$R_\theta(x') = \int f(x'\cos\theta - y'\sin\theta, x'\sin\theta + y'\cos\theta)\,\mathrm{d}y' \tag{11-1}$$

式中，$\begin{pmatrix} x' \\ y' \end{pmatrix} = \begin{pmatrix} \cos\theta & \sin\theta \\ -\sin\theta & \cos\theta \end{pmatrix} \begin{pmatrix} x \\ y \end{pmatrix}$。

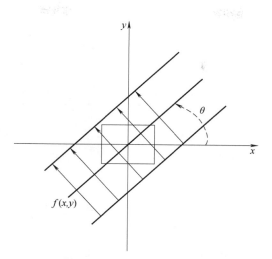

图 11-4　旋转角度为 θ 时的束投影

在图 11-4 中，$f(x,y)$ 在垂直方向的线积分是 $f(x,y)$ 投影到 x 轴，在水平方向的积分是 $f(x,y)$ 投影到 y 轴。可以沿任意角度 θ 计算投影，图 11-5 所示为 Radon 变换沿角度 θ 的几何形状。

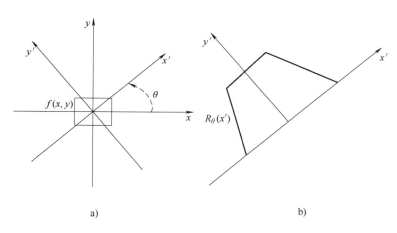

图 11-5　Radon 变换沿角度 θ 的几何形状

a）坐标旋转角度 θ　b）Radon 变换沿角度 θ 的几何形状

如图 11-5 所示，Radon 变换就是图像在不同方向上的投影，$f(x,y)$ 代表图像，$R_{\theta}(x')$ 为图像向右下方的投影。数学上按投影方向进行线积分，在图像领域，按照投影方向累加像素得到图 11-5b。

Radon 变换的本质是将原来的 xy 平面内的点映射到另一个 AB 平面上，原来在 xy 平面上的一条直线的所有点在 AB 平面上都位于同一点。变换后 AB 平面上的点具有积累厚度，说明变换前 xy 平面中的这些点在一条直线上。

下面举例说明通过 Radon 变换校正倾斜车牌，如图 11-6 所示。

如图 11-6 所示，在对倾斜车牌进行校正时，根据 Radon 变换原理，将车牌图像朝各个方向投影，进而通过分析各方向的投影特性确定车牌的倾斜角度。其具体操作流程如下：首

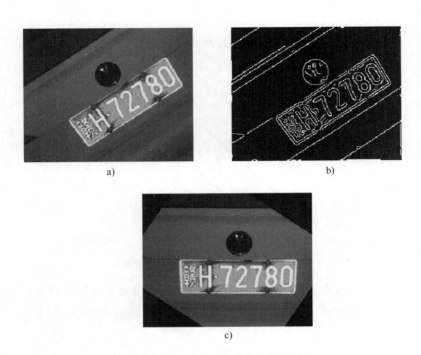

图 11-6 Radon 变换校正倾斜车牌

a）原倾斜车牌图像 b）Canny 边缘检测后的车牌 c）校正后的车牌

先，进行图像预处理，读取图像，转换为灰度图，去除离散噪声点；然后，利用边缘检测对图像中的水平线进行图像增强处理；其次，对图像进行 Radon 变换，获取倾斜角度；最后，根据倾斜角度对车牌图像进行倾斜校正，得到的车牌校正结果如图 11-6c 所示。

4. 字符分割

根据阈值分割原理对车牌字符进行分割。对灰度图像进行阈值分割时，阈值分割算法主要有以下两个步骤：一是确定需要进行分割的阈值；二是将阈值与像素点的灰度值比较，以分割图像的像素。图像分割公式为

$$g(x,y) = \begin{cases} 1, & f(x,y) > T \\ 0, & f(x,y) \leqslant T \end{cases} \tag{11-2}$$

分割后的两类像素一般分属图像的两个不同区域，所以对像素根据阈值分类就达到了区域分割的目的。式（11-2）中有一个阈值 T，用 T 将图像的像素分成两部分：灰度值大于 T 的像素集合，设置为前景目标集合，用灰度值 1 表示；灰度值小于等于 T 的像素集合，设置为背景目标集合，用灰度值 0 表示。最后得到二值化图像。

车牌字符图像的分割是将车牌的整体区域分割成单字符区域，以便后续进行识别。车牌字符分割的难点在于噪声对字符的影响，以及字符断裂等因素的影响。可使用均值滤波实现去噪，其原理是在图像上移动均值滤波模板，覆盖图像中的每个像素，该模板包括像素周围的一个邻域，通过模板中像素的平均值来代替原来的中心像素值，实现去噪声的效果。

5. 字符识别

车牌字符识别方法基于模式识别理论，常用的有以下 4 类：

1）结构识别方法。该方法主要由识别及分析两部分组成：识别部分主要包括预处理、

基元抽取（包括基元和子图像之间的关系）和特征分析；分析部分包括基元选择及结构推理。

2）统计识别方法。该方法的目的在于确定已知样本所属的类别，以数学上的决策论为理论基础，建立统计学识别模型。其基本方式是对所研究的图像实施大量的统计分析工作，寻找规律性认知，提取反映图像本质的特征并进行识别。

3）BP 神经网络方法。该方法以 BP 神经网络模型为基础，属于误差后向传播的神经网络，是神经网络中使用最广泛的一类。它基于输入层、隐藏层、输出层 3 层网络的层间全互连方式，具有较高的运行效率和识别准确率。

4）模板匹配方法。该方法是数字图像处理中的最常用的识别方法之一，通过建立已知的模式库，再将其应用到输入模式中，寻找最佳匹配模式的处理步骤，得到对应的识别结果，具有很高的运行效率。下面就常用的模板匹配方法展开讲解。

如图 11-7 所示，在使用模板匹配的车牌识别中，包括以下几点主要内容：

1）建库。指建立标准化的字符模板库。

2）比对。将归一化的字符图像与模板库中的字符进行比对，在实际实验中充分考虑了我国普通小汽车牌照的特点，即第 1 位字符是汉字，代表各个省的简称，第 2 位是 A ~ Z 的字母，后 5 位则是数字和字母的混合搭配，因此为了提高比对过程的效率和准确性，分别对第 1 位、第 2 位和后 5 位字符进行识别。

3）输出。在识别完成后输出所得的车牌字符结果。

图 11-7　模板匹配的车牌字符识别

在边缘检测中，若彩色图像的数据量较大且底色不同，则会对实验结果造成误差，所以先将原始图像转换为灰度图像，然后利用 Canny 算子检测出车牌的边界。

11.1.3　车牌识别案例实验分析

对景德镇陶瓷大学某老师的车牌"赣 H72780"进行识别，利用模板匹配方法所得车牌识别结果如图 11-8 所示。

根据上述模板匹配车牌识别原理，首先对该车牌图像进行粗略定位，可利用 Canny 算子对图像进行边缘检测、灰度化以及腐蚀来实现车牌粗略定位。其次对车牌图像进行精确定位，结构元 SE 选用长方形的样式，结构元 SE 小于该长方形面积值，并使用闭运算，闭运算通过填充图像的凹角来滤波图像。闭运算完成之后，车牌部分被连接在一起。最后，对小面积进行切除，即可得到完美的车牌区域，从而实现精确定位。对于车牌倾斜的图像，需对图像的角度进行修正，这里主要用到了 Radon 变换来对倾斜车牌的水平方向和垂直方向校正。然后进行字符分割，从而得到车牌中的每个独立的字符，切割之前先将图像进行二值化及均匀化处理。实例中把图像的长度进行等分，只有中间的圆点占一个位置，其余部分的字符都占用两个位置，这样不仅能去除圆点，还可以顺利地分割出字符。对分割之后的字符进行归一化处理，并采用模板识别的方法，对切割之后的图像和模板的像素点逐一进行比较，相同则加 1，逐一进行匹配，输出最高的匹配度，最后得到车牌识别结果。用公式表示为

$$score=\begin{cases} score+1, & 像素灰度值=模板灰度值 \\ score, & 其他 \end{cases} \quad (11\text{-}3)$$

式中，score 表示匹配度得分。

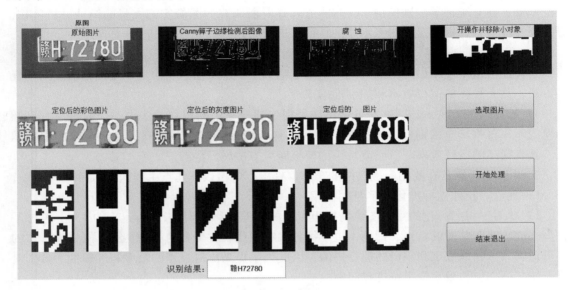

图 11-8　模板匹配车牌识别

11.2　陶瓷碗口圆度检测综合案例分析

11.2.1　陶瓷碗口圆度检测概述

随着社会的发展和人们生活水平的提高，现在市场不仅对陶瓷产品数量提出新的要求，还在质量上提出了更加严苛的标准。然而，由于日用陶瓷制品具有韧性较低，生产工艺比较特殊，成批生产时质量不易控制等特点，因此对陶瓷制品进行缺陷检测，尤其是无损缺陷检测，意义重大。目前，大部分企业的日用陶瓷缺陷检测仍然停留在人工肉眼检测水平，检测效率低，劳动强度大，产品质量不稳定，漏检率较高。因此，拥有一套日用陶瓷无损检测系统十分必要。基于此，这里将分析日用陶瓷生产过程中的一种典型缺陷——圆度，并设计一套高效率、低成本的基于计算机视觉的日用陶瓷缺陷检测系统，解决日用陶瓷行业暂无智能检测系统的问题。

11.2.2　陶瓷碗口圆度检测原理

基于计算机视觉的日用陶瓷缺陷检测系统由硬件和软件两部分组成。该系统硬件主要完成日用陶瓷的传送、传感、图像采集以及硬件设备的智能控制等功能。系统软件主要由日用陶瓷图像的特征提取及缺陷检测两部分组成。下面将分别介绍系统硬件平台搭建、智能控制系统实现以及陶瓷检测软件设计 3 大模块。

1. 系统硬件平台搭建

搭建一个模拟陶瓷生产流水线的硬件仿真平台，该平台能够实现日用陶瓷的传送和图像的采集两大功能。如图 11-9 所示，本模块通过小型传送带模拟陶瓷企业的生产流水线，完成日用陶瓷的动态传送功能。为实现传送带的通断和变速功能，选择变速电动机来控制传送带的运动情况，其中通过改变输入模拟电压量可以动态改变电动机的转速。为了将传送带上待检陶瓷的数据传给上位机（PC）进行分析，将在传送带上安装一些数据采集设备（如工业相机）进行数据采集。为提高陶瓷的检测精度，同时考虑到开发成本等问题，可采用高精度的 CMOS 工业相机进行数据采集。

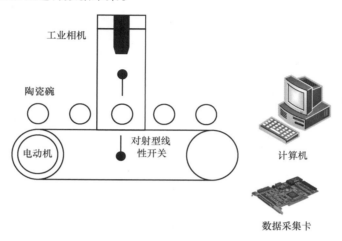

图 11-9　圆度检测系统的硬件平台结构示意图

2. 智能控制系统实现

本模块嵌套在硬件仿真平台之中，协助实现陶瓷图像数据的同步采集以及陶瓷生产流水线的智能控制两大功能。由于陶瓷随传送带动态移动，因此在合适的时间利用数据采集设备对线上陶瓷进行图像摄取以获得一张完整、几何形变较小的图片至关重要。基于此，本模块的功能就是协调完成传送带和陶瓷数据采集设备的同步控制。本模块在传送带合适的位置安装一个定位传感器件（限位开关），当随流水线运动的日用陶瓷触发定位传感器件的瞬间，由智能控制系统接收信号并向上位机的系统检测软件发出图像采集信号，由系统检测软件控制相机采集一幅图像并保存。随后，上位机的系统检测软件将对保存的原始图像进行处理分析并给出最终判定结果。此时，生产线智能控制系统将完成另一功能：接收上位机给出的检测信息，并据此生成不同的模拟电压量。依托不同的模拟量可实现控制传送带电动机的通断和变速的功能。综上所述，本模块主要完成两路信号的传输与识别，即数据的上行（生产流水线的数据传递至上位机）和数据的下行（上位机的检测结果反过来控制生产线的执行机构，并通知用户显示界面），具体的数据流程图如图 11-10 所示。

3. 陶瓷检测软件设计

本模块是系统的核心，其功能是利用计算机视觉技术在上位机上设计一套针对陶瓷圆度的缺陷检测算法，以便上位机对接收的陶瓷图像进行处理、识别并做出智能判断。本模块分为陶瓷边界的提取、外边界的圆心定位、陶瓷圆度检测 3 大部分。

（1）陶瓷边界的提取

陶瓷边界的提取流程图如图 11-11 所示，其中包含图像打开→图像预处理（去噪、去运动模糊）→图像的几何形变校正→区域填充→边缘检测 5 大部分。

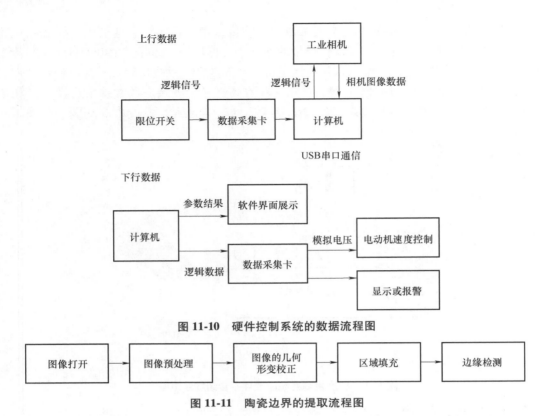

图 11-10　硬件控制系统的数据流程图

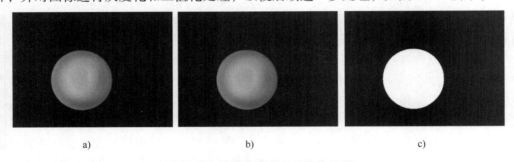

图 11-11　陶瓷边界的提取流程图

第一步：图像打开。将数据采集设备传送的日用陶瓷图像按照位图格式（BMP 格式）打开，并对图像进行灰度化和二值化处理，以便后续进一步处理，如图 11-12 所示。

图 11-12　图像灰度化和二值化处理
a）采集图像　b）灰度图像　c）二值化处理

第二步：图像预处理。为了去除图像在采集过程中可能出现的高斯噪声和椒盐噪声，本系统可能需要对图像进行均值、中值滤波等去噪处理。由于陶瓷图像是在动态流水线上直接拍摄的，所以可能会产生运动模糊。基于此，本部分需要对图像进行复原操作以去除一些单方向的运动模糊。去除噪声以及运动模糊复原可以参考第 4 章的相关内容。

第三步：图像的几何形变校正。任何理论物理模型都是在特定假设上对真实事物的近似，然而在实际应用中却存在误差，普通相机的成像模型也不例外（透视投影）。实际中，普通相机成像误差的主要来源有两部分：一是传感器制造产生的误差，比如传感器成像单元不是正方形、传感器歪斜；二是镜头制造和安装产生的误差，镜头一般存在非线性的径向畸变，枕形失真和桶形失真都属于这类径向畸变，另外，镜头与相机传感器安装不平行，还会产生切向畸变。为了避免数据采集设备与待测物体之间的成像角度所导致的物体几何形变，保证陶瓷检测的精度，可借助计算机视觉领域常用的"几何标定板"来校正陶瓷图像在拍摄构成中存在的几何畸变，如图 11-13 所示。

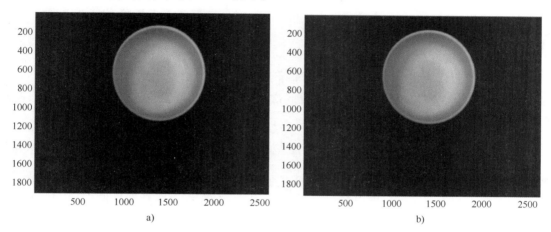

图 11-13　使用"几何标定板"校正失真图像

a）原失真图像　b）校正后的图像

第四步：区域填充。鉴于仅关注陶瓷外边界的圆度，不关注陶瓷内部的花纹信息，所以这里使用外边界填充技术可将陶瓷外边界以内的区域填满，去除干扰，方便外边界的提取。

第五步：边缘检测。利用边缘检测算子可以快速提取可能存在圆度缺陷的陶瓷外边界。边缘检测算子有 Roberts、Sobel、LoG、Canny，使用两种边缘检测算子进行边缘提取如图 11-14 所示。

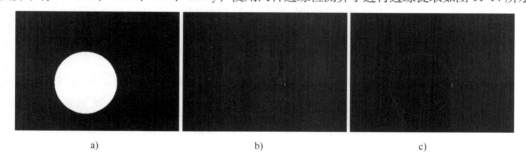

图 11-14　使用两种边缘检测算子进行边缘提取

a）区域填充后的图像　b）利用 LoG 算子提取边缘　c）利用 Canny 算子提取边缘

（2）外边界的圆心定位

从陶瓷外边界上随机提取 3 个点，并以其行列位置为横纵坐标构造 3 对坐标点，记为 $A_1(x_1,y_1)$、$A_2(x_2,y_2)$ 和 $A_3(x_3,y_3)$。利用此 3 点可确定三角形外心，记为 $O(x_0,y_0)$。显然，外心 O 即为经过上述 3 点的外接圆圆心，并可按照下式计算：

$$\begin{cases} \sqrt{(x_0-x_1)^2+(y_0-y_1)^2}=R \\ \sqrt{(x_0-x_2)^2+(y_0-y_2)^2}=R \\ \sqrt{(x_0-x_3)^2+(y_0-y_3)^2}=R \end{cases} \tag{11-4}$$

式中，x_0 和 y_0 为圆心的位置坐标；R 为标准圆的半径。

在实际中，有以下两种情况会导致上述算法无法准确计算圆心的坐标：一是当陶瓷外边界不圆时，每次利用随机选择的 A_1、A_2 和 A_3 确定的圆心均会不同，边界圆度越差，圆心 O 的稳定度越低，根据圆心的稳定度判定陶瓷的圆度；二是当陶瓷外边界存在其他缺陷（如陶瓷缺口）时，随机选择的 A_i（$i \in [1,3]$）可能存在一点或多点恰好位于外边界的缺口位置。

（3）陶瓷圆度检测

基于以上分析，给出如下的圆度检测和圆心计算步骤：

1）重复进行 n 次圆心计算实验。重复 n 次试验，获得 n 个圆心坐标，记为 $O_i(x_{oi}, y_{oi})$，并以此构造圆心数列 $O = \{ O_i \mid i \in [1,n] \}$。

2）圆心数列排序。计算各圆心 O_i 横纵坐标的均值 $m = \dfrac{1}{2}(x_{oi} + y_{oi})$，并以此重新排列数列 O 中各元素的已排序数列 O'，记为 $O' = \{ O'_i(x'_{oi}, y'_{oi}) \mid i \in [1,n] \}$。

3）陶瓷外边界圆度的判定以及最终圆心的确定。去除 O' 中首尾两个圆心 O'_1 和 O'_n，并分别计算中间 $n-2$ 个圆心的横纵坐标的均值和方差，记为 $\bar{x}$、$\bar{y}$、σ_x 和 σ_y，如式（11-5）和式（11-6）所示。

$$\begin{cases} \bar{x} = \dfrac{1}{n-2} \displaystyle\sum_{i=2}^{n-1} x'_{oi} \\ \bar{y} = \dfrac{1}{n-2} \displaystyle\sum_{j=2}^{n-1} y'_{oi} \end{cases} \tag{11-5}$$

$$\begin{cases} \sigma_x = \dfrac{1}{n-2} \displaystyle\sum_{i=2}^{n-1} (x'_{oi} - \bar{x})^2 \\ \sigma_y = \dfrac{1}{n-2} \displaystyle\sum_{j=2}^{n-1} (y'_{oi} - \bar{y})^2 \end{cases} \tag{11-6}$$

令 $Var = \sigma_x + \sigma_y$，并预设阈值 T_1。若 $Var \geqslant T_1$，表明中间的 $n-2$ 个圆心较分散，判定该陶瓷器件外边界不圆，直接丢弃。若 $Var < T_1$，则表明该陶瓷外边界较圆，此时将中间 $n-2$ 个圆心的平均值作为最后的陶瓷圆心 $O(x_0, y_0)$，其中 $x_0 = \bar{x}$，$y_0 = \bar{y}$。

11.2.3　陶瓷碗口圆度检测实验分析

1. 外边界提取

外边界提取过程如图 11-15 所示。图 11-15a 为待检测的原图像，经过图像的灰度化、二值化可获得一个清晰的含有外边界的陶瓷图像，如图 11-15b 所示，其中二值化过程中的预设阈值 $T_0 = 170$。由于仅关注陶瓷外边界的圆度，不需要了解陶瓷内部花纹信息，这里利用形态学的孔洞填充来填充陶瓷外边界以内的内容，如图 11-15c 所示，最后借助 Canny 算子提取出封闭的单像素外边界，如图 11-15d 所示。

2. 圆心的确定以及圆度判定

令 $n = 5$，即利用式（11-5）和式（11-6）计算圆心，实验结果如表 11-2 所示。由表可知，算法能够在 0.5s 左右完成整个缺陷检测过程，从而证明了算法的有效性和实时性。

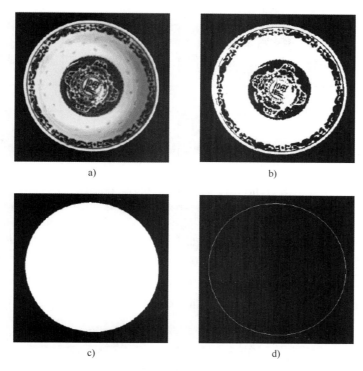

图 11-15　外边界提取过程

a）原图像　b）灰度化和二值化后的图像　c）填充陶瓷外边界后的图像　d）提取的封闭的单像素外边界

表 11-2　圆度检测结果

实 验 次 数	$n=1$	$n=2$	$n=3$	$n=4$	$n=5$
水平方向方差	101.82	0.98	52.58	31.33	5.80
垂直方向方差	85.11	2.66	38.68	19.58	7.13
门限	$\sigma_x+\sigma_y>T_1$	$\sigma_x+\sigma_y<T_1$	$\sigma_x+\sigma_y<T_1$	$\sigma_x+\sigma_y<T_1$	$\sigma_x+\sigma_y<T_1$
结果	不圆	圆	圆	圆	圆
运行时间/s	0.52	0.51	0.47	0.50	0.44

11.3　陶瓷碗口缺口检测综合案例分析

11.3.1　陶瓷碗口缺口检测概述

11.2 节对陶瓷碗的圆度检测综合案例进行了分析，本节将介绍陶瓷碗口缺口的检测综合案例分析。陶瓷碗出厂前需要做的质量检测工作还包括对陶瓷碗口是否有缺口的检测。

11.3.2　陶瓷碗口缺口检测原理及实验分析

陶瓷碗口缺口检测的技术框图如图 11-16 所示，包括的处理模块有图像获取、图像复原、图像增强、图像形态学、图像分割、缺口的提取算法。下面分别讲解该处理模块的作用。

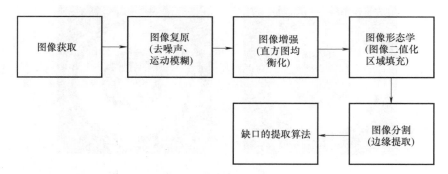

图 11-16 陶瓷碗口缺口检测的技术框图

1. 图像获取

在陶瓷产品传送带上安装数据采集设备如工业相机，进行图像数据采集。为提高陶瓷的检测精度，考虑到开发成本等，采用高精度的 CMOS 工业相机进行数据采集。对图像进行灰度化处理，图 11-17a 所示为采集到的原彩色图像，对原彩色图像进行灰度化，将 RGB 的 3 通道的彩色图像转换为单通道的只有灰度值的灰度图像，如图 11-17b 所示，以便后续进一步处理。

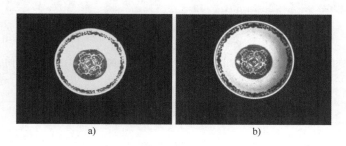

图 11-17 彩色图像灰度化

a）采集的原彩色图像 b）灰度化后的图像

2. 图像复原

为了去除图像在采集过程中可能出现的高斯噪声和椒盐噪声，本案例中需要对图像进行均值、中值滤波等去噪处理。由于陶瓷图像是在动态流水线上直接拍摄的，所以可能会产生运动模糊。基于此，需要对图像进行复原操作以去除一些单方向的运动模糊。图 11-18a 所示为采集的有 x 方向运动模糊并含有高斯噪声的图像，对其进行约束最小二乘方滤波复原，得到图 11-18b，可以看出复原效果较好。约束最小二乘方滤波复原原理可以参考第 4 章中关于约束最小二乘方滤波复原的相关知识。

3. 图像增强

在采集图像的过程中，可能会由于采集图像环境中的光源照射不足，导致采集的图像对比度不足，图像视觉效果较暗的情况，此时可以进行直方图均衡化或直方图规定化。图 11-19a 所示的原图像对比度低，图 11-19c 所示为其直方图，可以看出灰度范围过于集中。图 11-19b 所示为对原图像进行均衡化后的图像，图 11-19d 所示为其直方图，可以看出均衡化后各灰度级分布均匀，图像视觉效果有改善。关于直方图均衡化和直方图规定化的知识请参考第 3 章。

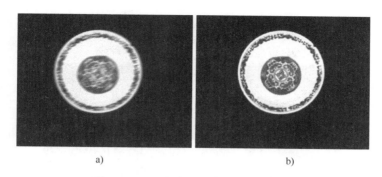

图 11-18　运动模糊和噪声图像的复原

a）x 方向运动模糊并含有高斯噪声的图像　b）约束最小二乘方滤波复原后的图像

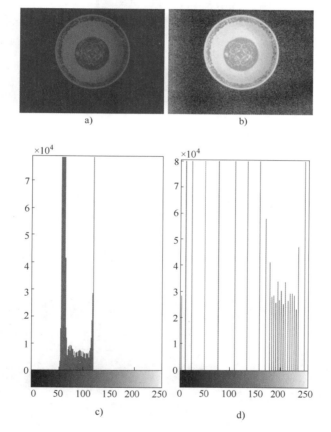

图 11-19　直方图均衡化

a）原图像　b）直方图均衡化后的图像　c）原图像直方图　d）均衡化后的直方图

4. 图像形态学

对得到的灰度图像，需要进行二值化处理和区域填充。二值化涉及两个步骤：一是对图像进行分割，将图像分割成目标和背景；二是对分割后图像进行区域填充。本例中的背景为黑色，直方图有明显的双峰，可以通过基本的全局阈值分割法将图像分割为背景和目标。基本的全局阈值分割法相关知识见第 8 章的 8.3.2 小节。将目标区域值设置为 1，背景区域值设置为 0，得到图 11-20b。此时，图像中碗内的花纹与本案例的检测目标无关，只需要碗的边界信息。对图 11-20b 进行区域填充，使用形态学中的孔洞填充原理，得到图 11-20c。孔洞填充的相关知识可以参考第 7 章的 7.4.2 小节内容。

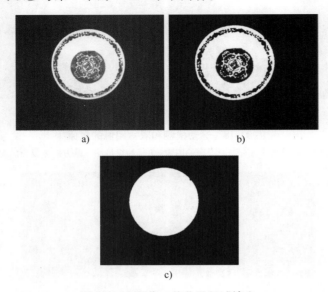

图 11-20　图像二值化及区域填充

a）原灰度图像　b）二值化后的图像　c）区域填充后的图像

5. 图像分割

由于是对碗口进行缺口检测，因此只需要碗口的边界信息即可。得到陶瓷碗区域填充后的图像，对图像进行边缘检测。在图像的边缘中，可以利用导数算子对数字图像求差分，将边缘提取出来。本案例采用 Canny 边缘算子进行边缘提取，图 11-21a 为原图像，图 11-21b 为使用 Canny 算子提取的边缘图像。Canny 算子具有低错误率，边缘点能被很好地定位；单一的边缘点响应，仅存在一个单一边缘点的位置等优点。

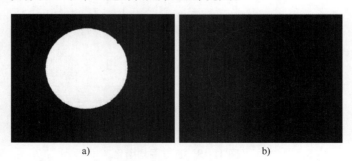

图 11-21　边缘提取得到碗口边缘

a）原图像　b）边缘提取后只含碗边界的图像

6. 缺口的提取算法

可以通过 11.2 节的圆度检测算法计算出碗口的圆心。针对之前提到的碗口缺口较小，随机选点落在缺口上的情况，提出了碗口缺口检测算法。根据缺口的特点以及简单的几何先验知识（当圆形外边界上存在缺口时，其到圆心的距离会出现一个突变），本方案设计了半径曲线和半径残差曲线等来检测缺口的存在。如图 11-22 所示，通过 11.2 节的知识确定圆

心 $O(x_o, y_o)$ 之后，求出圆心与边界上顺时针方向旋转的每个点 (x_i, y_i) 的欧式距离，即

$$L_i = \sqrt{(x_o - x_i)^2 + (y_o - y_i)^2} \qquad (11\text{-}7)$$

式中，(x_o, y_o) 为圆心坐标；(x_i, y_i) 为边界上每个点的坐标；L_i 组成边界半径集合；$L = \{L_i \mid i \in [1, size]\}$，$size$ 是边界的尺寸。

绘制集合 $\{(i, L_i) \mid i \in [i, size]\}$ 的曲线，横轴为 i 步长，纵轴为 L_i 半径。图 11-23 所示为碗口理想半径曲线。图 11-23a 所示为正常碗口理想半径曲线，为一条常数直线；图 11-23b 所示为缺口碗口理想半径曲线，曲线上有一个减小的波动，而波动的曲线位置可以定位缺口位置。

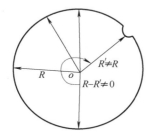

图 11-22　陶瓷碗口缺口检测示意图

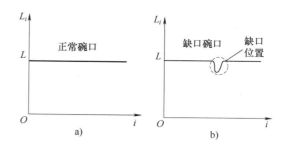

图 11-23　碗口理想半径曲线

a）正常碗口理想半径曲线　b）缺口碗口理想半径曲线

由于实际中数据采集装置的数字化操作可能会使陶瓷轮廓变得粗糙，导致半径曲线不光滑，局部毛刺较多，如图 11-24a 所示，这会加剧干扰，增加缺口检测的难度。此时使用改进的半径曲线方法来减小干扰。

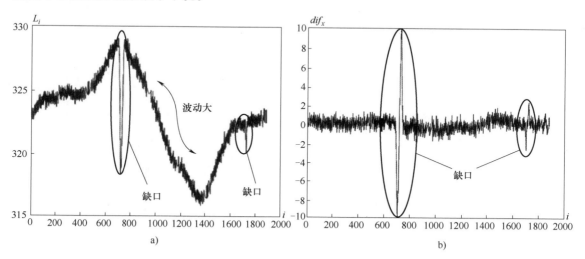

图 11-24　实际的半径曲线和半径残差曲线

a）实际的半径曲线　b）半径残差曲线

改进的半径曲线方法为半径残差曲线方法，定义为一个残差矩阵，即

$$dif_i = \begin{cases} L_i - L_{(i-leg)}, & i \in (leg, size] \\ L_i - L_{(size-leg+i)}, & i \in (0, leg] \end{cases} \qquad (11\text{-}8)$$

式中，leg 为半径残差曲线的步长；$size$ 为碗口边界轮廓上的像素点数目。根据集合 $\{(i,$

$dif_i)|i\in[i,size]\}$ 点定义并绘制半径残差曲线，如图 11-24b 所示。由于相邻半径的相关性较强，通过式（11-8）对两个相邻像素点进行差分运算，可以有效降低原半径曲线的不稳定趋势，使生成的半径残差曲线保持稳定。比较图 11-24a 和图 11-24b，就可以很容易地验证这一点。虽然半径残差曲线表现出较好的稳定性，但局部毛刺仍然存在，严重影响后续的缺口位置和尺寸估计的过程。因此，采用指数运算来扩大差异可从根本上实现局部毛刺抑制和突出缺口处的突变，有

$$dif_i^x = (dif_i)^x \tag{11-9}$$

式中，x 为指数参数。计算出的最大的 dif_i^x 的值，记作 max_dif。计算 dif_i^x 的值在 $\left[\frac{1}{2}max\_dif, max\_dif\right]$ 区间的点的坐标，构成一个突变脉冲定位序列 $location = \{loc_i \mid loc_i \in [1, size]$ 与 $dif_{loc_i} \in \left[\frac{1}{2}max\_dif, max\_dif\right]\}$。然后，依次计算每一个相邻元素在位置上的差值来构建另一个数组，称为突变脉冲差分定位序列，记为 $location\_dif = \{loc\_dif_i = loc_i - loc_{(i-1)} \mid i \geqslant 2\}$。$dif$ 预先定义一个阈值 T_{loc}。指定以下的条件来确定碗口边界上是否有缺口存在：

1）一般情况下，当 $location\_dif$ 序列中的 loc_dif_i 元素有一半大于阈值 T_{loc} 时，说明在半径残差指数曲线中只存在波动，不存在由缺口产生的突变脉冲，如图 11-25a 所示。此时可以得出结论，陶瓷制品没有缺口。简单地说，在最大值 max_dif 及最大值的 $\frac{1}{2}max\_dif$ 之间波动的像素点数量大于总像素的一半时，说明波动是由数据采集数字化造成的，而不是缺口造成的。

2）如果 $location\_dif$ 序列中的大多数连续元素（50%以上）小于阈值 T_{loc}，则意味着超出阈值的元素位置集中且有一个或多个突变脉冲出现在曲线上，其中的每个尖脉冲都对应于相应的缺口位置，如图 11-25b 所示。简单地说，在最大值 max_dif 及最大值的 $\frac{1}{2}max\_dif$ 之间波动的像素点数量小于总像素的一半时，说明波动是由缺口造成的，而不是数据采集数字化造成的。

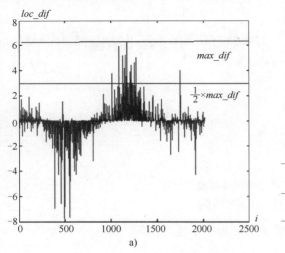
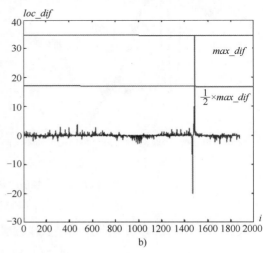

图 11-25 碗口缺口的检测及缺口位置的确定

a）无缺口时存在的曲线（离散波动） b）有缺口时存在的曲线（集中突变）

综上所述，通过图像获取、图像复原、图像增强、图像形态学、图像分割、缺口的提取算法等，数字图像处理的基本模块及设计的缺口提取算法可用在工业生产中进行计算机视觉的陶瓷产品缺口检测。

11.4　墙地砖外形检测综合案例分析

11.4.1　墙地砖外形检测概述

墙地砖外形检测是墙地砖生产线上一道必不可少的检验工序，关系到墙地砖的质量等级。目前，国内墙地砖生产企业所采用的检验手段以人工检测为主，利用量具对墙地砖外形进行检测。这种检测方法除了需要增加人工成本外，检测的项目和检测数量也比较有限，不能反映所有墙地砖的统计外形特征。基于计算机视觉检测墙地砖系统具有检测效率高、功能丰富、重复性好等特点。

11.4.2　墙地砖外形检测原理及实验分析

墙地砖检测内容包括轮廓尺寸、边直度和直角度特征。检测墙地砖系统的技术框图如图 11-26 所示，包括的处理模块有图像获取、图像复原、图像增强、图像形态学、图像分割、外部轮廓检测算法。

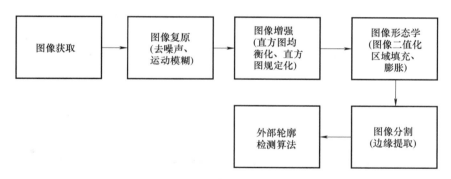

图 11-26　检测墙地砖系统的技术框图

下面分别讲解各个处理模块的作用。

1. 图像获取

墙地砖外形检测硬件系统主要由工业相机、光源、瓷砖位置检测电路和上位机组成，如图 11-27 所示。为了提高检测精度和稳定性，系统采用的是较高精度的高速工业相机以用于抓取墙地砖表面轮廓图像，通过 USB 接口向上位机传送图像数据；由于瓷砖表面光滑，为了获取高质量图像，系统采用漫射场光源；反射式光电开关用于触发工业相机，其状态信号送至光电开关状态检测板。当反射式光电开关状态改变时，光电开关状态检测板将该状态信号通过 RS232 串行接口送入上位机处理。上位机是整个系统的核心，其上安装的软件控制自动检测的整个过程。

在图像测量过程以及视觉应用中，为确定空间物体表面某点的三维几何位置与其在图像中对应点之间的相互关系，必须建立相机成像的几何模型，这些几何模型参数就是相机参

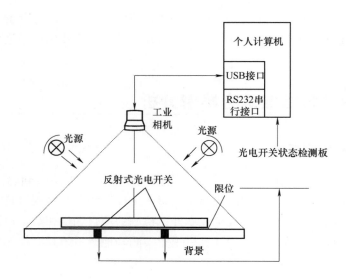

图 11-27　墙地砖外形检测硬件系统

数。在大多数条件下，这些参数必须通过实验与计算才能得到，这个求解参数的过程就称为相机标定（或摄像机标定）。用相机采集已知空间关系的标定板进行标定。在采集图像之前，利用标定板对工业相机进行了标定，标定的参数包括相机内部参数（焦距、径向扭曲系数、列方向放大系数、行方向放大系数、主点的列方向偏移量、主点的行方向偏移量）和外部参数（x 轴平移量、y 轴平移量、z 方向平移量、绕 x 轴的转动角度、绕 y 轴的转动角度、绕 z 轴的转动角度）。利用这些参数可以校正图像采集后产生的畸变，图像校正的知识内容可以参考第 4 章 4.5 节内容。

图 11-28a 所示为采集后完成校正的原彩色图像。对原彩色图像进行灰度化，将 RGB 3 通道的彩色图像转换为只有灰度值的单通道灰度图像，如图 11-28b 所示，以便后续进一步处理。

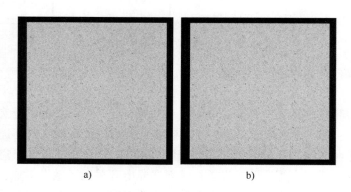

a)　　　　　　　　　　　　　b)

图 11-28　彩色图像灰度化

a）采集的彩色图像　b）灰度化后的图像

2. 图像复原

为了去除图像在采集过程中可能出现的高斯噪声和椒盐噪声，本案例中需要对图像进行均值、中值滤波等去噪处理。由于墙地砖也是在动态流水线上直接拍摄的，所以可能会产生运动模糊。也可以对图像进行约束最小二乘方滤波进行复原。本案例中使用图像平均法去噪，通过实验观察，图像采集中由电子元器件产生的通常是一种高斯噪声，因此用图像平均法可减轻这种噪声的影响。设对某块砖连续拍摄 n 幅图像，去噪声后的图像为

$$f(x,y) = \frac{1}{n} \sum_{i}^{n} g_i(x,y) \tag{11-10}$$

式中，$g_i(x,y)$ 表示拍摄的第 i 幅图像。随着 n 的增加，噪声在每个像素位置所产生的影响减小。图 11-29 所示为对含有高斯噪声的图像求平均，发现在对 100 幅图像求平均时，图 11-29c 所示的图像接近无噪声污染的图像，噪声对图像的影响可以忽略不计。

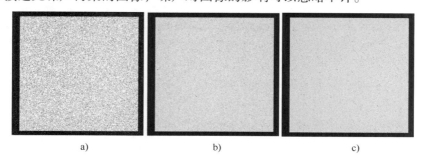

a)　　　　　　　　　　　　b)　　　　　　　　　　　　c)

图 11-29　利用图像平均法去噪声

a）含有均值为 0、方差为 0.02 的高斯噪声图像　b）10 幅含噪声图像的平均　c）100 幅含噪声图像的平均

3. 图像增强

本案例中使用的光源为漫射场光源，在采集图像的过程中，更容易出现采集图像环境中光源照射不足的情况，从而导致采集的图像对比度不足，图像视觉效果较暗。此时可以进行直方图均衡化或直方图规定化。11.3 节介绍了利用直方图均衡化进行图像增强，本节介绍利用直方图规定化进行图像增强。图 11-30a 为原图像，对比度低；图 11-30d 为其直方图，可以看出灰度范围过于集中；图 11-30b 为直方图规定化的模板图像，此图像为已采集的视觉效果较好的图像；图 11-30e 为模板图像直方图，需要通过直方图规定化变换将对比度低的图像直方图变换成与图 11-30e 接近的直方图，达到改善视觉效果的目的；图 11-30c 为规定化后的图像，视觉效果得到改善；图 11-30f 为规定化后的直方图，此时的直方图与模板直方图的分布较接近。关于直方图均衡化和直方图规定化的知识可参考第 3 章。

4. 图像形态学

得到的灰度图像需要进行二值化处理和区域填充，涉及两个步骤：一是对图像进行分割，将图像分割成目标和背景；二是对分割后的图像进行区域填充。本案例中的背景为黑色，使用基本全局阈值分割法将图像分割为背景和目标，也可以使用最大类间方差法对图像进行分割，几种阈值分割法的相关知识见第 8 章 8.3 节。本案例使用最大类间方差法进行图像分割，将目标区域值设置为 1，背景区域值设置为 0，得到图 11-31b。此时，图像中瓷砖内部的花纹与本案例的检测目标无关，只需要瓷砖的边界信息。对图 11-31b 进行区域填充，使用形态学中的孔洞填充原理，操作的本质是对图像进行有限制条件的膨胀，得到图 11-31c。此时，图像中瓷砖内部的几个小黑点使用膨胀去除。孔洞填充的相关原理和知识可参考第 7 章的 7.4.2 小节。

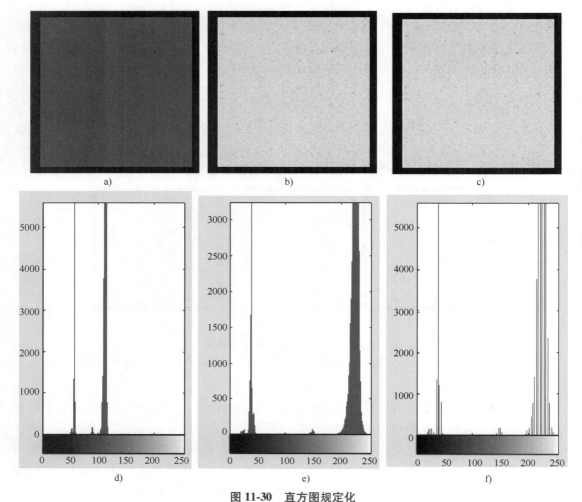

图 11-30　直方图规定化

a）原图像　b）直方图规定化模板图像　c）规定化后的图像
d）原图像直方图　e）规定化模板的直方图　f）规定化后的直方图

5. 图像分割

在图像边缘中，可以利用导数算子对数字图像求差分，将边缘提取出来。本案例采用 LoG 算子和 Canny 边缘算子进行对比。图 11-32a 为使用 LoG 算子提取的边缘图像；图 11-32b 为使用 Canny 算子提取的边缘图像。从图像的 4 个直角信息可以看出，使用 LoG 算子提取的边缘图像的边缘信息不完整。本案例中，瓷砖的 4 个直角信息很重要，Canny 算子提取到的 4 个角的边缘信息丰富，定位准确。Canny 算子的优点为：边缘点被很好地定位，已定位的边缘接近真实边缘；单一的边缘点响应，仅存在一个单一边缘点的位置。Canny 算子和 LoG 算子的相关知识可查阅第 8 章 8.2.4 小节。

6. 外部轮廓检测算法

在利用 Canny 算子得到墙地砖轮廓后，必须进一步将轮廓线精确分段成墙地砖的 4 条边，从而得到墙地砖轮廓尺寸、边直度和直角度指标。可采用如下算法步骤实现：

1）选择较高阈值，利用 Ramer 算法将轮廓线用多边形（Polygon）近似。

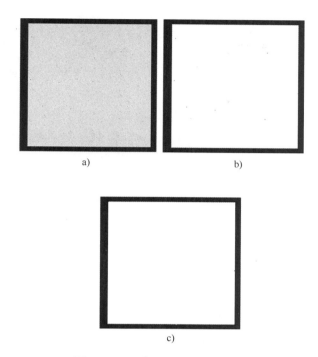

图 11-31　图像二值化及区域填充

a）原灰度图像　b）使用最大类间方差法进行分割后的二值图像　c）区域填充后的图像

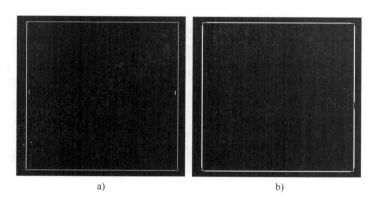

图 11-32　边缘提取得到瓷砖边缘

a）使用 LoG 算子提取的边缘图像　b）使用 Canny 算子提取的边缘图像

2）如果多个轮廓直线段能被圆弧近似，则用圆弧代替。

3）选择较低阈值，利用 Ramer 算法将未被圆弧代替的轮廓线用多边形（Polygon）近似。

4）重复步骤 2），结束。

上述算法可以将轮廓线进一步分割成直线、圆弧等基本形状，从而可以获取墙地砖尺寸、方向等基本信息。上述算法用到了 Ramer 算法，Ramer 算法的目标是对曲线进行采样，即在曲线上取有限个点，将其变为折线，并且能够在一定程度上保持原有的形状。Ramer 算法示意图如图 11-33 所示。其基本步骤为：

1）在曲线首尾两点 A、B 之间连接一条直线 AB，该直线为曲线的弦。

2）得到曲线上离该直线段距离最大的点 C，计算其与 AB 的距离 d。

3）比较该距离与预先给定的阈值 T 的大小，如果小于 T，则该直线段作为曲线的近似，该段曲线处理完毕。

4）如果距离大于阈值，则用 C 将曲线分为两段 AC 和 BC，并分别对两段曲线进行步骤1）~步骤3）的处理，本例中，$d>T$，因此被分为 AC 和 BC，并找到距离最大点 E 和 F。

5）当所有曲线都处理完毕时，依次连接各个分割点形成的折线，即可以作为曲线的近似，本例中，E 和 F 的距离 $d_1<T$，$d_2<T$，用包含 C 点的两段折线 AC 和 BC 代替原曲线。

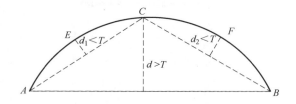

图 11-33　Ramer 算法示意图

提取瓷砖的轮廓边长后，计算出图像中瓷砖的边直度和直角度特征。对规格为 300mm×300mm 的墙地砖进行外形检测，检测的条件为：工业相机为 500 万像素，距离墙地砖 1m，工业相机的安装位置与背景板是垂直的。图 11-34 所示为对该墙地砖经过一次检测后在软件中所呈现的结果。将设计算法测量的数据与标准量具实测数据对比表明：轮廓的长度和宽度方向的误差≤0.3mm，墙地砖的边直度和直角度重复性好，能较好地反映墙地砖外形特征。

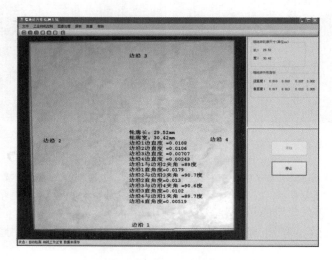

图 11-34　墙地砖外形自动检测结果

综上所述，通过图像获取、图像复原、图像增强、图像形态学、图像分割、外部检测算法等操作，数字图像处理的基本技术模块和设计的外形轮廓提取算法可以在工业生产中进行计算机视觉的墙地砖外形检测。

11.5　本章小结

　　本章介绍了 4 个特色应用案例：车牌识别、陶瓷碗口圆度检测、陶瓷碗口缺口检测、墙地砖外形检测。分析这 4 个案例可以发现，图像处理包括图像获取、图像复原、图像增强、图像分割、图像形态学等，这是每个案例中通用的预处理技术。这些技术可以将采集的图像按照应用中的需求转换成符合后续特征提取要求的图像。另外，根据不同的应用进行不同需求的特征提取，比如碗口检测和墙地砖外形检测中都需要对目标的边缘进行提取。最后对提取的特征进行分析计算，完成检测任务。

附 录

附录 A 图像均衡化的原理

图像的灰度可视为区间 $[0, L-1]$ 内的一个随机变量。令 $p_r(r)$ 和 $p_s(s)$ 表示两幅不同图像中灰度值为 r 和 s 的概率密度函数（PDF）。p_r 是灰度值 r 的函数；p_s 是灰度值 s 的函数。概率论的基本结论是，若已知 $p_r(r)$ 和 $T(r)$，且 $T(r)$ 是连续的且在感兴趣的值域内是可微的，则均衡化变换（映射后）的变量 s 的 PDF 是

$$p_s(s) = p_r(r) \left| \frac{\mathrm{d}r}{\mathrm{d}s} \right| \tag{A-1}$$

因此，输出灰度变量 s 的 PDF 是由输入灰度的 PDF 和所用的变化函数确定的（r 和 s 是由 $T(r)$ 关联在一起的）。

均衡化的变换函数是

$$s = T(r) = (L-1) \int_0^r p_r(w) \, \mathrm{d}w \tag{A-2}$$

式中，w 是一个假积分变量。右侧的积分是随机变量 r 的累积分布函数（CDF）。由于 PDF 总为正，且函数的积分是函数下方的面积，因此可以证明式（A-2）所示的变换函数满足条件：$T(r)$ 在区间 $0 \leqslant r \leqslant L-1$ 上为单调递增函数。这是因为函数下方的面积在 r 增大时并不减小。当这个公式中的上限是 $r = L-1$ 时，积分结果为 1，因为对于 PDF 这是必需的。因此，s 的最大值为 $L-1$，并且也满足条件：当 $0 \leqslant r \leqslant L-1$ 时，$0 \leqslant T(r) \leqslant L-1$。

用式（A-1）来求对应于刚才讨论的变换的 $p_s(s)$。根据莱布尼茨积分法则可知，定积分对于其上限的导数是在这一上限处计算的积分，即

$$\frac{\mathrm{d}s}{\mathrm{d}r} = \frac{\mathrm{d}T(r)}{\mathrm{d}r} = (L-1) \frac{\mathrm{d}}{\mathrm{d}r} \left[\int_0^r p_r(w) \, \mathrm{d}w \right] = (L-1) p_r(r) \tag{A-3}$$

用这个结果代替式（A-1）中的 $\dfrac{\mathrm{d}r}{\mathrm{d}s}$，并注意到所有的概率值都是正的，有

$$p_s(s) = p_r(r) \left| \frac{\mathrm{d}r}{\mathrm{d}s} \right| = p_r(r) \left| \frac{1}{(L-1) p_r(r)} \right| = \frac{1}{L-1}, \quad 0 \leqslant s \leqslant L-1 \tag{A-4}$$

发现在式（A-4）中，$p_s(s)$ 的形式是一个均匀概率密度函数。因此，执行式（A-2）中的灰度变换将产生一个随机变量 s，它由一个均匀的 PDF 表征。重要的是，式（A-4）中的 $p_s(s)$ 始终是均匀的，而与 $p_r(r)$ 的形式无关。图 A-1 说明了这些概念。

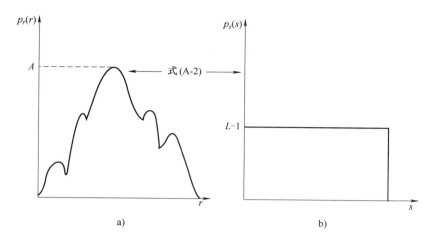

图 A-1　得到的 PDF 总是均匀的，与输入的形式无关

a) 一个任意输入信号的 PDF　b) 对输入信号的 PDF 应用式（A-2）后的结果

下面是关于式（A-2）和式（A-4）的说明。

假设图像中（连续）灰度值的 PDF 为

$$p_r(r) = \begin{cases} \dfrac{2r}{(L-1)^2}, & 0 \leqslant r \leqslant L-1 \\ 0, & \text{其他} \end{cases} \tag{A-5}$$

由式（A-2）得

$$s = T(r) = (L-1)\int_0^r p_r(w)\,\mathrm{d}w = \frac{2}{L-1}\int_0^r w\,\mathrm{d}w = \frac{r^2}{L-1} \tag{A-6}$$

假设形成一幅灰度值为 s 的新图像，其中 s 是用均衡化变换得到的，即 s 值通过取输入图像的对应灰度值的平方，然后除以 $L-1$ 得到。可以将 $p_r(r)$ 代入式（A-4）并使用 $s = r^2/L-1$，来验证新图像 $p_s(s)$ 中灰度的 PDF 是均匀的，即

$$\begin{aligned} p_s(s) &= p_r(r)\left|\frac{\mathrm{d}r}{\mathrm{d}s}\right| = \frac{2r}{(L-1)^2}\left|\left[\frac{\mathrm{d}s}{\mathrm{d}r}\right]^{-1}\right| \\ &= \frac{2r}{(L-1)^2}\left|\left[\frac{\mathrm{d}}{\mathrm{d}r}\frac{r^2}{L-1}\right]^{-1}\right| \\ &= \frac{2r}{(L-1)^2}\left|\frac{(L-1)}{2r}\right| \\ &= \frac{1}{L-1} \end{aligned} \tag{A-7}$$

最后一步成立是因为 r 是非负的，并且 $L>1$。不出所料，结果是一个均匀的 PDF。

对于离散值，用概率与求和来代替概率密度函数与积分（但前面声明的单调性要求仍然适用）。在数字图像中出现灰度级 r_k 的概率近似为

$$p_r(r_k) = \frac{n_k}{MN} \tag{A-8}$$

式中，MN 是图像中的像素总数；n_k 表示灰度值为 r_k 的像素数。在直方图的知识中讲到，$p_r(r_k), r_k \in [0, L-1]$ 时，通常称为归一化图像直方图。

式（A-2）中变换的离散形式为

$$s_k = T(r_k) = (L-1) \sum_{j=0}^{k} p_r(r_j), k = 0, 1, 2, \cdots, L-1 \tag{A-9}$$

因此，数字图像均衡化的变换可以通过式（A-9）得出。

附录 B 图像规定化的原理

直方图均衡产生一个变换函数，试图生成一幅具有均匀直方图的输出图像。有时，在应用中需要能够规定待处理图像的直方图形状，而此时使用直方图均衡化是不合适的。用于生成具有规定直方图的图像的方法，称为直方图匹配或直方图规定化。

图像的灰度级可视为区间 $[0, L-1]$ 内的一个随机变量。令 $P_r(r)$ 和 $P_z(z)$ 表示两幅不同图像使用灰度值 r 和 z 的概率密度函数（PDF）。其中 r 和 z 分别表示输入图像和输出（处理后）图像的灰度级。可以由已知的输入图像计算 $P_r(r)$；$P_z(z)$ 是规定的 PDF，它是人们希望输出图像具有的。

s 为一个具有如下性质的随机变量：

$$s = T(r) = (L-1) \int_0^r p_r(w) \, \mathrm{d}w \tag{B-1}$$

式中，w 是积分假变量。该式与式（A-2）相同，只是为了方便而重写在此处。

定义关于变量 z 的一个函数 $G(z)$，具有如下性质：

$$G(z) = (L-1) \int_0^z p_z(v) \, \mathrm{d}v = s \tag{B-2}$$

式中，v 是积分假变量。由前面两个公式可以证明，z 必须满足条件：

$$z = G^{-1}(s) = G^{-1}(T(r)) \tag{B-3}$$

使用输入图像算出 $P_r(r)$ 后，就可以使用式（B-1）得到变换函数 $T(r)$。类似的，函数可由式（B-2）得到，因为 $P_z(z)$ 已经给出。

式（B-1）~ 式（B-3）表明，使用如下步骤可以得到一幅灰度级具有规定 PDF 的图像：

1）由输入图像得到式（B-1）中使用的 $P_r(r)$。

2）在式（B-2）中使用规定的 PDF，即由 $P_z(z)$ 得到函数 $G(z)$。

3）计算反变换 $z = G^{-1}(s)$，从 s 到 z 的映射中，z 是具有规定 PDF 的值。

4）用式（B-1）均衡化输入图像来得到输出图像，输出图像中的像素值是 s。对均衡化后的图像中灰度值为 s 的每个像素执行逆映射 $z = G^{-1}(s)$，得到输出图像中的对应像素。使用该变换处理完所有像素后，输出图像的 PDF（即 $P_z(z)$）将等于规定的 PDF。

因为 s 与 r 是通过 $T(r)$ 相联系的，所以由 s 得到 z 的映射可以直接用 r 表示。然而，一般来说，求 G^{-1} 的解析表达式并不容易。所幸的是，使用离散变量时，根据最接近原则可以求出对应的离散值。

将刚才推导的连续结果转换为离散形式，这意味着要用直方图替代 PDF。在直方图均衡化中，在转换过程中会失去保证结果具有规定直方图的功能。尽管如此，即使是近似，也可以得到一些非常有用的结果。

附录 C　分类问题中的贝叶斯决策理论

1. 最小风险决策

贝叶斯公式为

$$P(W_i \mid X) = \frac{P(W_i) P(X \mid W_i)}{P(X)} \tag{C-1}$$

决策代价定义为

$$L_{ij} = L(\alpha_i \mid w_j) \tag{C-2}$$

条件风险定义为

$$r_j(X) = \sum_{i=1}^{M} L_{ij} P(W_i \mid X)$$

$$= \frac{1}{P(X)} \sum_{i=1}^{M} L_{ij} P(W_i) P(X \mid W_i) \tag{C-3}$$

式中，$P(W_i)$ 为 W_i 的先验概率；$P(X \mid W_i)$ 为 X 属于 W_i 的条件概率。对于二分类问题，即 $M=2$，若将模式 X 分类到 1，则有

$$r_1(x) = L_{11} p(W_1) p(x \mid W_1) + L_{21} p(W_2) p(x \mid W_2) \tag{C-4}$$

若将模式 X 分类到 2，则有

$$r_2(x) = L_{12} p(W_1) p(x \mid W_1) + L_{22} p(W_2) p(x \mid W_2) \tag{C-5}$$

当 $r_1(x) < r_2(x)$ 时，将 x 判为 W_1；当 $r_1(x) > r_2(x)$ 时，将 x 判为 W_2。

在大多数模式识别问题中，利用损失函数判断进行分类，有

$$L_{ij} = 1 - \delta_{ij} \tag{C-6}$$

$$r_j(X) = \sum_{i=1}^{M} L_{ij} P(W_i) P(X \mid W_i)$$

$$= \sum_{i=1}^{M} (1 - \delta_{ij}) P(W_i) P(X \mid W_i)$$

$$= P(X) - P(W_i) P(X \mid W_i) \tag{C-7}$$

式中，δ_{ij} 表示损失函数，于是贝叶斯判决准则可以写为

$$P(W_i) P(X \mid W_i) > P(W_j) P(X \mid W_j) \qquad i, j = 1, 2, \cdots, M, i \neq j \tag{C-8}$$

则 X 被判决为 W_i。

2. 最小错误率决策

1）已知先验概率

$$P(error) = \begin{cases} p(W_1), & \text{若决策 } x \in W_2 \\ p(W_2), & \text{若决策 } x \in W_1 \end{cases} \tag{C-9}$$

对于最小错误率决策，如果 $p(W_1)>p(W_2)$，则决策 W_1，否则 W_2。

　2）基于后验概率决策

$$P(error)=\begin{cases} p(W_1 \mid x), & \text{若决策 } x \in W_2 \\ p(W_2 \mid x), & \text{若决策 } x \in W_1 \end{cases} \qquad (\text{C-10})$$

对于最小错误率决策，即最大后验概率决策，如果 $p(W_1 \mid x)>p(W_2 \mid x)$，则决策 W_1，否则 W_2。

参 考 文 献

[1] GONZALEZ R C, WOODS R E. 数字图像处理：第四版 [M]. 阮秋琦, 阮宇智, 等译. 北京：电子工业出版社, 2020.

[2] GONZALEZ R C, WOODS R E, EDDINS S L. 数字图像处理：MATLAB 版 [M]. 阮秋琦, 等译. 北京：电子工业出版社, 2013.

[3] 贾永红. 数字图像处理 [M]. 3 版. 武汉：武汉大学出版社, 2015.

[4] 胡学龙. 数字图像处理 [M]. 4 版. 北京：电子工业出版社, 2020.

[5] 蔡利梅, 王利娟. 数字图像处理：使用 MATLAB 分析与实现 [M]. 北京：清华大学出版社, 2019.

[6] 李俊山, 李旭辉, 朱子江. 数字图像处理 [M]. 3 版. 北京：清华大学出版社, 2017.

[7] 徐志刚, 朱红蕾. 数字图像处理 [M]. 北京：清华大学出版社, 2019.

[8] 王俊祥, 彭华仑. 基于计算机视觉的陶瓷圆度快速检测系统研究 [J]. 陶瓷学报, 2015, 36 (5)：530-535.

[9] WANG J X, LIU Y. A New Computer Vision based Multi-indentation Inspection System for Ceramics [J]. Multimed Tools Appl, 2017 (76)：2495-2513.

[10] 王俊祥, 张影. 一种基于同态滤波的陶瓷防眩光处理技术研究 [J]. 陶瓷学报, 2019, 40 (1)：62-66.

[11] 曹利刚, 唐磊. 基于计算机视觉的墙地砖外形检测系统设计 [J]. 陶瓷学报, 2018, 39 (3)：332-335.

[12] 郑南宁. 计算机视觉与模式识别 [M]. 北京：国防工业出版社, 1998.

[13] 赵登福, 庞文晨, 张讲社, 等. 基于贝叶斯理论和在线学习支持向量机的短期负荷预测 [J]. 中国电机工程学报, 2005, 25 (13)：8-13.

[14] 卢宏涛, 张秦川. 深度卷积神经网络在计算机视觉中的应用研究综述 [J]. 数据采集与处理, 2016, 31 (1)：1-17.

[15] DUDA R O, HART P E, STORK D G. 模式分类：英文版 第 2 版 [M]. 北京：机械工业出版社, 2004.

[16] 边肇祺, 张学工. 模式识别 [M]. 2 版. 北京：清华大学出版社, 2000.

[17] 周志华. 机器学习 [M]. 北京：清华大学出版社, 2016.

[18] 周志华, 王珏. 机器学习及其应用 [M]. 北京：清华大学出版社, 2009.

[19] 孙即祥. 模式识别中的特征提取与计算机视觉不变量 [M]. 北京：国防工业出版社, 2001.

[20] 边肇祺, 张学工. 模式识别 [M]. 2 版. 北京：清华大学出版社, 2000.

[21] 谢剑斌. 视觉机器学习20讲 [M]. 北京：清华大学出版社, 2015.

[22] KRIZHEVSKY A, SUTSKEVER I, HINTON G. ImageNet Classification with Deep Convolutional Neural Networks [C]. London：MIT Press, 2012：1097-1105.

[23] GOODFELLOW I, BENGI Y. 深度学习 [M]. 北京：人民邮电出版社, 2017.

[24] LOWE D G. Object Recognition from Local Scale-Invariant Features [C]. Piscataway：IEEE Press, 1999 (2)：1150-1157.

[25] 程佩青. 数字信号处理教程 [M]. 5 版. 北京：清华大学出版社, 2017.

[26] HOUGH P V C. Methods and Means for Recognizing Complex Patterns. U. S. Patent. 3, 069, 654 [P]. 1962-11-18.

[27] KOHLER R J, HOWELL HK. Photographic Image Enhancement by Superposition of Multiple Images [J].

Photogr Sci Eng. 1963, 7 (4): 241-245.

[28] PREWITT J M S. Object Enhancement and Extraction [M]. New York: Academic Press, 1970.

[29] SOBEL LE. Camera Models and Machine Perception [D]. Palo Alto: Stanford University, 1970.

[30] FREEMAN H. Computer Processing of Line Drawings [J]. Comput. Surveys, 1974, 6 (1): 57-97.

[31] ANDREWS H C, HUNT B R. Digital Image Restoration [M]. Englewood Cliffs: Prentice Hall, 1977.

[32] GONZALEZ R C, FITTES B A. Gray-Level Transformations for Interactive Image Enhancement [J]. Mechanismand Machine Theory, 1977, 12 (1): 111-122.

[33] OTSU N. A Threshold Selection Method from Gray-Level Histograms [J]. IEEE Trans. Systems Manand Cybernetics, 1979, 9 (1): 62-66.

[34] WOODS RE, GONZALEZ RC. Real-Time Digital Image Enhancement [J]. Proc. IEEE, 1981, 69 (5): 643-654.

[35] CANNY J A. Computational Approach for Edge Detection [J]. IEEE Trans. Pattern Anal. Machine Intell, 1986, 8 (6): 679-698.

[36] WOLBERG G. Digital Image Warping [M]. Los Alamitos: IEEE Computer Society Press, 1990.

[37] BASART J P, GONZALEZ R C. Binary Morphology [M]. Bellingham: SPIE Press, 1992.

[38] BEUCHER S, MEYER F. The Morphological Approach of Segmentation: The Watershed Transformation [M]. New York: Marcel Dekker, 1992.

[39] GONZALEZ R C. Woods RE. Digital Image Processing [M]. Boston: Addison-Wesley, 1992.

[40] CASTLEMAN K R. Digital Image Processing [M]. 2nd. Englewood Cliffs: Prentice Hall, 1996.

[41] POYNTON C A. A Technical Introduction to Digital Video [M]. New York: John Wiley & Sons Inc, 1996.

[42] LOWE D G. Distinctive Image Features from Scale-Invariant Keypoints [J]. International Journal of Computer Vision, 2004, 60 (2): 91-110.

[43] ACHANTA R. SLIC Super-pixels Compared to State-of-the-Art Super-pixel Methods [J]. IEEE Trans. Pattern Anal. Mach. Intell, 2012 (11): 2274-2281.

[44] HUGHES J F, ANDRIES V D. Computer Graphics: Principles and Practice [M]. 3rd ed. New York: Pearson, 2013.

[45] GUNTURK B K, LI X. Image Restoration: Fundamentals and Advances [M]. Boca Raton: CRC Press, 2013.

[46] FENG J, Cao Z, PI Y. Multiphase SAR Image Segmentation with Statistical-Model-Based Active Contours [J]. IEEE Trans. Geoscience and Remote Sensing, 2013 (51): 4190-4199.

[47] SHI J, MALIK J. Normalized Cuts and Image Segmentation [J]. IEEE Transactions on Pattern Analysis and Machine Intelligence, 2000, 22 (8): 888-905.

[48] 苏金玲, 王朝晖. 基于 Graph Cut 和超像素的自然场景显著对象分割方法 [J]. 苏州大学学报（自然科学版）, 2012, 28 (2): 27-30.

[49] COMANICIU D, MEER P. Mean Shift: A Robust Approach toward Feature Space Analysis [J]. IEEE Transactions on Pattern Analysis and Machine Intelligence, 2002, 24 (5): 603-619.

[50] LEVINSHTEIN A, STERE A, KUTULAKOS K N, et al. Turbo-pixels: Fast super-pixels using Geometric Flows [J]. IEEE Transactions on Pattern Analysis and Machine Intelligence, 2009, 31 (12): 2290-2297.